Zoom:

How Everything Moves: From Atoms and Galaxies to Blizzards and Bees

萬物運動——大歷史

人體的運作、
宇宙的擴張、
生物的演化，
自然界的運動如何改變世界？

Bob Berman

鮑伯·博曼 著

林志懋 譯

以此紀念我的母親
寶拉・鄧恩（Paula Dunn）

目次

前言   11

序言   災損與避難   13

第一部
描摹運動的圖像

第 1 章   **虛無增長**   19
爆炸宇宙之旅

第 2 章   **慢得跟糖蜜一樣**   43
我們是怎麼學會愛上懶散的？

第 3 章   **南北極跑掉了**   63
它們真的在位移——我們玩完了嗎？

第 4 章   **非沙不愛的人**   77
還有亞他加馬沙漠引人好奇的現象

第 5 章   **沖下排水孔**   95
赤道上的怪事和英年早逝的法國人

第 6 章   **凍結**   109
雪與冰從容不迫之謎

第 7 章   **4月的隱藏之祕**   123
破解春天的祕密

第二部 ————————————————————————————

加快腳步

第 8 章　解開風中密碼的那幫人　143
一個沙漠之民的空氣魔咒延續千年，兩個怪咖逃過宗教審判

第 9 章　隨風而逝　163
一位狂熱航海家把世界帶到猛暴邊緣

第 10 章　墜落　179
最遠距力量之謎

第 11 章　人體尖峰時刻　197
內視所得到的啟示

第 12 章　小溪與浪花　215
地球的最大資產是液體

第 13 章　看不見的同伴　237
快速穿透我們身體的怪東西

第 14 章　定格殺人犯　255
還有他的剎那之爭

第 15 章　**聲光之障**　　　　　　　　　　　　　　275
　　　　　天雷勾動了三千年探尋

第 16 章　**廚房裡的流星**　　　　　　　　　　　299
　　　　　以及其他特殊的流星墜落地

第 17 章　**無限速度**　　　　　　　　　　　　　319
　　　　　當光速也到不了那兒時

第 18 章　**在爆炸宇宙中沉睡的村落**　　　　　331
　　　　　回到一切的起點

謝辭　　　　　　　　　　　　　　　　　　　　　339

附錄一　　自然速度選錄表　　　　　　　　　　341

附錄二　　單位的精確性與選用原則　　　　　　345

參考資料　　　　　　　　　　　　　　　　　　347

萬物運動大歷史

∞

前言

諸天因動而喜。

——鄧約翰（John Donne），《哀歌集》（*Elegies*），約 1590

我們身處不斷運動的神奇母體之中。雲形變幻，海嘯夷城。自然界的賦動現象（animation）生生不息，其能量如泉湧，而源頭看不出在何處。我們漸漸知道，這種現象同樣是永不衰竭的，毫無疲態。

就像看魔術表演一樣，我們變得習慣自然界無休無止的偽裝。太習慣了，我們很少會多想一下。但這和我們關係極為密切。連我們眼、腦的運作，也就是閱讀這些文字，也是自然界運動的例子。以我們的思維為例，則是電子和中子的動作，100 毫伏（millivolt）電力使腦部一百兆個突觸產生各式各樣的連結，其結果為：我們的知覺能力。

所以，本書講的就是自然界所有形式的活動。這其實是一本奇蹟之書。為了替這種動態活力描繪出其應有的生動色彩，我會運用

從古代到 21 世紀科學家的發現,對於種種自發動作最為奇妙、壯麗、引人入勝但也鮮為人知的運作方式,提供近距離的窺視。

因為運動無所不在且無形不有,這裡所做的考察不可能盡其所有,雖然我已盡我所能涵蓋自然界所有的大劇場,像是風、消化作用和極移(pole shift)。

光是乾巴巴地引述事實和資料沒什麼好玩,所以,就讓我們發出由衷的讚嘆——不是針對人造的運動,即便我們的火箭和子彈列車的確很了不起,而是針對那種自己開展出來的運動。在一開場的高速連發之後,這本書自己也在移動,從最慢之物到最快之物。這一路上,我也會停下腳步,細說幾則奇人奇事,這些人帶給我們各種不同場域的諸多發現。他們有些人是天才,有些則是幸運。有許多人超前其所處時代如此之遙,以致被斥為無稽。

那麼,這就是我們的故事——關於始終在我們身旁、無窮無盡的運動,以及在世紀長河中揭櫫這些啟示的傑出人士。還有命運自身曲折多變的動能,是如何引領了他們的人生。

鮑伯・博曼
紐約州威洛鎮

∞

序言
災損與避難

是暖風，是西風，風中盡是鳥鳴聲……
　　——梅斯菲爾德（John Masefield），〈西風歌〉（The West Wind），1902

暴風雨狂烈得嚇人。

儘管它在侵襲我這座上紐約州的小鎮時已不復颶風的威力，但風勢仍以 88.5 公里的時速呼嘯而過，狗都躲到床底去了。但我們大家擔心的是雨，這下個不停的雨。到第二天，已經下了超過 20 公分的雨。在第一道曙光來臨之前，我們山區的溪流已經氾濫。許多木造橋梁，加上兩座鋼筋混凝土橋，沒能捱過這一夜。就這麼不見了，消失得無影無蹤。當局稍後估計，這些橋一定是躺在下游 32 公里那座大水庫的池底。

各聚落都與世隔絕。那天中午，那些還守著家園的人家，水已經漲到他們的窗台。在此同時，地面變得如此鬆軟潮濕，暴風毫不費力便擊倒了一排排的樹木、球根類等所有植物。

電在第一天晚上就斷了。在我們鄉下地區，即使大晴天也不會

有郵件寄送或行動電話的服務，這下完完全全孤立了。所有人都沒水、沒電、沒電話，根本回到了西元 1500 年嘛。

　　天亮才發現有樹橫在我家屋頂上，碎玻璃散落在玄關石板地上。但風所造成的破壞，比起水漫過這些谷地所造成的毀滅，便相形失色了。我的姪女整棟房子都沒了。那棟房子屹立四十年都沒事，就這麼不見了。洪氾水深 1.5 公尺，以不到 6.5 公里的時速一路慢吞吞地爬行。但這股慢吞吞的褐水所造成的破壞，遠遠超過我家後院那陣時速 88.5 公里的暴風。

　　從某方面來看，這真是諷刺。這幾十年來，我靠著講述自然界的活動為生，好似體育節目主播一般。身為《老農年鑑》（ *The Old Farmer's Almanac* ）天文學編輯，以及《發現》雜誌（ *Discover* ）和後來的《天文學》雜誌（ *Astronomy* ）專欄作家，計算月球與各行星如何運動並描述它們五花八門的天體合（conjunction），是我的例行事務。〔譯注：天體合是兩星有相同的黃經或赤經，也就是天文觀測上兩星非常接近的現象〕自然界的運動讓我餐桌上的麵包不虞匱乏。現在，這些運動調頭衝我而來。我和其他人一樣，滿腦子想的是這下得花多少不在預算裡的維修費。

　　如果自然界的活動已經替我付了這麼久的貸款，現在卻要把我趕出家門，我聞到其中的故事味，其戲劇性——悲喜劇——和相關人物故事不輸任何小說。我早就知道移動速度僅有時速 6.5 公里的水與風力中等的龍捲風破壞力相當，這便是為什麼洪水害死的人比暴風更多。水的密度是空氣的 800 倍，推動物體也就容易得多。但最先發現這一點的科學家是誰？他們是因個人遭遇，像我一樣，而被動發現的嗎？他們自己的生命和奮鬥過程有戲劇性的情節嗎？

　　即使風勢還沒平靜，我已經被自然界的隨心所欲現象給迷住了。我明白，我關於物理和生物賦動現象的想法，本身就是神經電流這個層級的運動形式。所以，一**切**都是運動，每一樣有趣的事物都是，一直都是。

　　暴風雨過後，電還是沒來，要一個多星期才會恢復。我的筆記在燭光下草草手寫而成，這是湯瑪斯‧傑佛遜用過的方法，因為他也迷上了自然科學。（在 1962 年某次召集四十九位諾貝爾獎得主的會議上，甘迺迪總統做了如下注腳：白宮此前不曾有如此才智齊聚一堂，「除了湯瑪斯‧傑佛遜獨自用餐時可能是個例外。」）

　　於是，我畢生對天體運動的專注擴展至沙漠的沙子、疾病和楓樹汁液。大雨繼續下著，我想起這雨是以時速 35.5 公里落下。在自然界，同樣的這個數字一再重複，如同音樂動機的重現。還有沒有其他的遞迴模式？界限何在──宇宙中和日常生活中的最快和最慢為何？

　　我知道，在工人修理房子期間，我有的是時間。我做了決定。我會掏空自己的存款，用來環遊世界。我會利用我的記者證，找出那些探索自然界最驚人運動的專家和研究人員。我會探索並揭露任何輕移微動或自我賦動的事物，從最怪、最慢之物到最最最快的。我也會研究早期各種文化揭開這些祕密的方法。

　　一段歷險勉強算是結束，更加浩大的一段正要開始。

　　而我清楚知道，第一步要往哪裡去。

第一部

描摹運動的圖像

第 1 章

虛無增長

爆炸宇宙之旅

這令人敬畏的運動意味著什麼？

——果戈里（Nikolai Gogol），《死靈魂》（*Dead Souls*），1842

安地斯山頂的一座天文台，一個無月的午夜，不會閃爍的星星撒滿天空。天界地產再小都不會沒星星。銀河以如此熾烈的光輝將宇宙一分為二，使天文台巨大圓頂向地面投下模糊、夢幻的陰影。

天文台的金屬通道上響起鏗鐺鏗鐺的腳步聲，打破了寧靜。那是天文台台長婁特（Miguel Roth）。他停下腳步，漫不經心地眺望這幅景色，彷彿過去這二十年他不是在這裡度過的。婁特帥得像電影明星，對這群生活在稀薄空氣中、在地表最完美天文場址全神貫注凝聽諸天宇宙的研究人員來說，他是無人質疑的教父。那天晚上，婁特博士大方地陪同一位有幸來訪、對世界的運動方式感興趣的美國記者。

那個記者就是我。

為了追尋運動，我全力以赴。

從我們當地的公共圖書館開始，那兒的事物以一種美妙的慢速在移動，我一直在尋找紀錄中最早有關自然界賦動現象的想法。我把弄著由病毒、指甲或地殼板塊著手的邏輯進路——這些東西移動和成長得這麼慢、這麼勉強，根本難以察覺。就從那兒慢慢開始並增長。

但動作片從來不以呆滯、了無生氣開場。從慢到快的移動，這個點子我喜歡，但何不拍一個**所有事物**都以呼嘯而過的速度猛衝飛馳的開場？只有自然界的瘋狂之心設想得出來、豪氣干雲的打帶跑？畢竟，所有已知運動之最大者涵蓋了我們能想到的一切事物。

但那種歇斯底里的領域不屬於我們這個地球。一切運動之母是這整個正把自己爆開的宇宙。宇宙一邊爆開，一邊創造出各自區隔的運動場域，就像急流中的諸多漩渦。

闖出地球外，而蠻荒當道。連最小的太陽望遠鏡都顯示，即使是我們附近的太陽，這可愛的生命之源，也一直是末日般的情景。當我們注目於最遙遠的星系，看到的是旋轉、碰撞、崩塌得比光速還快的事物。

但終有一死的凡人，到底是如何能察知宇宙正在他們周遭炸開？我需要拜訪那些擁有全世界最佳工作配備的頂尖天文物理學家，這些人習慣跳出框框思考。而且，這個「框框」不是什麼循規蹈矩的容器，而是這顆有如被空中丟包的貨物、無特定目標瘋狂猛衝的地球。一個多世紀來，沒有人在密西西比河以東建造大型天文台，這意味著我將有一場長途的漫遊。不只是雲的問題，天文學家需要的是穩定的「看見」（不會模糊的影像），這得要頭頂上的空

氣免於多重溫層亂流時才會出現。山頂很好，但最理想的地點不在美國中部或歐洲——甚至連亞洲的喜馬拉雅山都不行。這種地點在南美洲。南美大陸在天文學上的頂尖地位有其古怪的淵源，與一位過世多年的蘇格蘭人頗有瓜葛。

這個蘇格蘭人就是工業家卡內基（Andrew Carnegie, 1835-1919），是個容易招人怨恨的傢伙。他的工人過著勉強餬口的日子、反抗老闆吝嗇減薪又不成功，他就成了全世界最有錢的人。到了 19 世紀末，卡內基鋼鐵公司（Carnegie Steel Company）——後來叫做美國鋼鐵公司（United States Steel Corporation）——把個子矮小的老闆，只有恰恰 150 公分高，送進蘇格蘭城堡去過國王般的生活。

但人人都愛暴君改過向善、罪人變聖人。正當世紀從 19 翻面成 20 之際，卡內基做了一百八十度的轉變。在一篇又一篇新聞報導中，這位強盜男爵的表現把狄更斯筆下的小氣財神史古基（Ebenezer Scrooge）都給比下去，開始倡議反戰和無黨無派的免費教育。〔譯注：史古基為狄更斯小說《小氣財神》的主角，在耶誕夜一夜之間從小氣財主變成大善人〕他捐獻的金額令人難以置信，到最後總共捐出他全部 3 億 8000 萬美元的財產——相當於今日的數十億美元——設立了超過三千所不收費圖書館、資助非裔美國人接受教育、建造許多舉辦音樂會的場所（讓我想到曼哈頓的卡內基音樂廳），並且（如果你認為這樣永遠輪不到科學的話）成立各種尖端研究的基金會。卡內基天文台就此誕生，一個獨一無二的機構，至今仍在全力研究宇宙最大的謎團，而我們很幸運，這些謎團是以最大規模的運動為軸心。

　　卡內基聘用了他所能找到的最佳人選擔任這所新設機構的首任台長——海爾（George Ellery Hale, 1868-1938），再由他來召集當時最聰明的頭腦。海爾首先聘用了大名鼎鼎的沙普利（Harlow Shapley, 1885-1972），此人發現，地球並非如赫特族賈霸（Jabba the Hutt）那般動都不動地座落於我們銀河系的中心。這是剛誕生的 20 世紀與運動相關的最大頭條。他發現，太陽與地球比較靠近銀河系邊緣而非中央，因此當銀河系旋轉時，太陽與地球如漩渦般繞行。〔譯注：海爾為美國天文學家，發現太陽黑子磁場，歷任葉凱士天文台（Yerkes Observatory）和威爾遜山天文台（Mount Wilson Observatory）台長；沙普利為美國天文學家，推算出太陽系在銀河系中的位置；賈霸為《星際大戰》第六集中出現的外星人，長得像有尾巴的巨大蟾蜍，因過於肥胖而行動遲緩〕

　　接著，卡內基聘用了剛從牛津研究回來的美國天文學家哈伯（Edwin Hubble, 1889-1953）。他在那兒學了一口英國腔，而且惱人的是，他始終不改回來。這把他的同事們逼瘋了。

　　海爾和卡內基相信，偉大的發現要靠全世界最大的望遠鏡，他們也做好了建造計畫。1903 年開始進行威爾遜山周邊地區的場址測試，然後是洛杉磯外圍一塊昏暗催人眠的區域。他們很快就完成一座龐然大物，有著全世界最大的 1.5 公尺鏡片。接著在 1917 年，也是在威爾遜山，他們超越自己，完成 2.5 公尺巨型虎克望遠鏡，4082 公斤重的光學鏡面是以酒瓶玻璃熔製而成，這也解釋了那座望遠鏡的鏡片為何是綠的，這樁事實真相足以難倒美國電視益智競賽節目《危險邊緣》（Jeopardy!）所有贏家。在鄉村電氣化以前的那個時代，每一座望遠鏡都是憑藉 2 噸重錘推力所驅動的機械裝置

來精準追蹤恆星。

就在那兒，傲慢、討人厭卻是 20 世紀頂尖觀測天文學者之一的哈伯，拍攝到一顆型態特殊的變星，並斷定仙女座內一個有名的橢圓形明亮團狀物不只是一個鄰近的星雲，而是一個自成一格的「島宇宙」（island universe）──一個有著數十億顆太陽的遙遠帝國。他進而推論，所有螺旋星雲一定也同樣是一個個獨立的星球王國，一直向遠方延伸下去。宇宙當場變大 100 萬倍。[1]

我致電卡內基天文台台長芙瑞曼（Wendy Freedman），她告訴我，這發現「與哥白尼革命同樣重大」。

「沒錯，哈伯或許自大，」她承認：「但歷史上改變宇宙定性的時刻沒有幾次，你不能抹煞了他。」

你也不能抹煞年輕的卡內基科學研究院（Carnegie Institution for Science）所做的貢獻，他們立下一座又一座里程碑，彷彿從魔術師袖子裡變出紙牌一般。台長海爾一手創立了美國國家科學院（National Academy of Sciences），他麾下的天文學者發表研究成果指出，橢圓星系只有老恆星，螺旋星系則還在製造新恆星。這些發現引發震撼。但其中最大的發現與我們的追尋有關：1929 年發表的成果指出宇宙正在擴張。

從來沒人這麼想過。沒有任何宗教的神聖經典、沒有任何文藝復興時代的科學家、沒有任何哲學家曾寫過整個宇宙越變越大。真的，古希臘人雖是優秀的邏輯學家，但他們會毫不懷疑地把這個想法斥之為不知所云。如果所有事物同時擴張，那又怎麼可能有人知道這件事正在發生呢？[2]

關於宇宙扭動不安的第一個暗示在 1915 年浮現於愛因斯坦的腦海裡，因為當時他精心打造出廣義相對論，而他的數學在一個靜止的宇宙裡就是行不通。但當時假定宇宙是靜態的——這是一個「既定條件」，一個自明之理，而愛因斯坦沒有理由加以質疑，所以他加上了一個著名的附加數字，他稱之為**宇宙常數**。此後，他的方程式運作良好。但當哈伯發現，其實每一個星系都呈現紅移（redshift），顯示星系快速退離我們，則無可迴避的結論是：宇宙正在爆開。相鄰星系團正在分離。愛因斯坦沒有用任何一具望遠鏡看，就在他的腦袋裡預測到這件事，要是他對自己更有信心一點，早就加以發表了。「我這輩子最大的錯誤，」他對每個願意聽的人碎唸牢騷，唸到人人皆知。

這是作夢都想不到的運動規模。即使是相鄰星系，那些和我們最接近、占宇宙星系總數十萬分之一、在所有星系當中移動最慢的，也以每秒約 2250 公里的速度咻地奔離我們。那些存在於距離地球「僅僅」10 億光年處的，則以每秒 22,500 公里快速遠離。這比高速子彈還要快上 28,000 倍。

布滿夜空的可見恆星**不可能**移動得比每秒 965 公里還快，否則就會脫離銀河重力的掌握，永不回頭。在 1929 年，像每秒 2250 公里這樣的速度——意思是，你講「親愛的，繫上妳的安全帶吧？」這句話所花的時間，就可以讓你從倫敦跑到紐約了——已經讓人不知如何是好。但這樣的運動，和戰後新一代望遠鏡不久後便要披露的比起來，有如癱坐在沙發上一般悠閒慢活。

最新觀測到的速度令人驚訝得喘不過氣來，也讓人沮喪氣餒。這下很明顯了——且至今依然如此——無論未來發明什麼樣的推進

內含兩千億顆恆星的草帽星系（Sombrero）以每秒 905 公里的速度奔離我們。（*Matt Francis*）

系統，絕大多數的星系是我們永遠無法造訪的：這些星系溜走的速度快到我們永遠無望得以接近。

海爾雖因嚴重的健康問題受苦多年，但還沒被擊倒（到 1938 年終於屈服），他籌錢建造了新一代的大傢伙：南加州帕洛瑪山（Palomar Mountain）上面的 5 公尺望遠鏡。這座望遠鏡在 1949 年開始觀測，有一塊寬如一間客廳大小的聚光鏡片。接下來的四分之一個世紀，帕洛瑪一直是全世界最大的望遠鏡。

　　卡內基天文學家長期以來還是一直想在南半球有一處觀測站，這樣他們就能接觸隱藏在加州地平線另一邊的許多神祕標的。1980年代，他們心不甘情不願地放棄他們對威爾遜山的監護權，現在從那兒看星星，比好萊塢附近更模糊，這要感謝野馬脫韁般的發展，以及街燈數量每年10％的成長。[3] 他們轉而指望另一處場址——安地斯山脈中的一座山，卡內基研究院在1969年便已購入，當時披索的匯率低到3分錢就能買到一杯原味含糖可樂。這座天文台命名為拉斯坎帕納斯（Las Campanas）——西班牙語的「鐘」——很快成了研究院的重要設施，在這座山上建造了兩座名列世界前幾大的望遠鏡。

　　這對6.5公尺望遠鏡完成於2002年，合稱為麥哲倫望遠鏡（Magellan Telescopes）。〔譯注：第一座沃爾特巴德望遠鏡（Walter Baade Telescope）於2000年開始觀測，第二座蘭頓克雷望遠鏡（Landon Clay Telescope）於2002年開始觀測〕其引以為豪的反射式望遠鏡出色之處，在於觀景窗的半度視野能將整顆月球攝入一幅照片中。近乎完美的影像是拜獨特的電腦驅動活塞之賜，這種活塞使鏡片每分鐘變形兩次，以維持其完美的拋物線形狀。同樣著名的是這個場址如磐石般穩定的影像品質，全世界無出其右。說是全太空大概也沒什麼不可以。[4]

　　這種第一等的研究中心不接受臨時訪客，但我知道我可以利用我在天文學報導方面的信譽，在那兒逗留幾個晚上。這是探查宇宙最快速度的理想地點。我打電話到芙瑞曼位於加州帕沙迪納的辦公室，和她聊一聊，安排妥當後就啟程前往南美。

　　飛往聖地牙哥的航程似乎沒完沒了，但好運隨之而來。拉斯坎

帕納斯的台長在城裡，因此，在那座迷人城市的美麗近郊，我和婁特博士在一張戶外餐桌旁共進晚餐。擔任台長十七年，婁特顯然非常以這座設施為榮：「我們位於 8500 英尺（約 2590 公尺）高處，真的是一片漆黑。這個場址無與倫比。我們一年有三百個晴朗的夜晚。亞他加馬沙漠（Atacama Desert）一望無際，最近的零售雜貨店在 160 公里外。」

兩天後，經過一趟振奮人心的飛行，掠過安地斯山脈的鋸齒狀雪峰，並環顧座艙、讚賞我這位旅伴的品味後，終於抵達可愛的海濱度假小鎮拉塞雷納（La Serena），拉斯坎帕納斯天文台總部所在地。那一年，天文台工作人員花很多時間尋找超新星，這些超新星的「標準燭光」亮度（standard candle）有助於定出精確的星系距離，從而讓科學家了解宇宙擴張如何隨時間而變。〔譯注：標準燭光亮度是用已知天體的亮度作為標準與觀測天體的亮度做比較，以推算觀測天體的距離〕所以，這就是各個卡內基天文台當前的首要目標——解開宇宙命運的密碼。

這麼一來，我們便觸及了這個課題的實質內容。這堪稱是全科學界最大謎團，而謎團的核心就在速度。幸好，這個謎團可以簡單地加以陳述。哈伯常數——亦即星系奔離我們的速度——在六十億年前神祕地產生變化，當時宇宙的年紀只有現今的一半。星系團開始加快飛離的速度，彷彿這些星系團的火箭引擎突然點燃了。其原因常以暗能量稱之，但這個詞不過是一張標籤，貼在一個 1998 年首度披露的謎團上。就像芙瑞曼歎著氣說的：「這很難加以解釋。這是一個令人茫然費解的奧祕。」

宇宙學家很快做了修訂，草率改寫他們的「宇宙概要」手冊，

讓人想起蘇聯時期對百科全書粗暴的塗抹刪改。當時把宇宙的四分之三專門保留給某種詭異的反重力之物，而此前一年完全沒人想到會有這種東西存在。探測其強大的效應，遂成了天文學家一項突發、迫切的研究焦點。我猜，這個目標，特別正是這個目標，就是在智利這座山頂上等我的那些人全神貫注之所在。

第二天，我搭乘出租汽車離開拉塞雷納，取道泛美高速公路少有人走的一段北上。這條路直接進入廣大的亞他加馬沙漠南緣，地球上最乾燥的地方。荒蕪不毛的兩個鐘頭後，我轉進一條連續爬坡的泥土路，路旁有野驢和一種叫兔鼠的動物，看起來像是松鼠和兔子的混種，好似幻覺一般。拉斯坎帕納斯遼闊、乾透的峰頂點綴著白色圓頂。高海拔加上低濕度，形成萬里無雲的藍天。

我在中午抵達，時間抓得剛剛好。這是大家剛剛睡醒的時間。所有人都剛沖完澡，也餓了，他們列隊進入寬敞的大餐廳，彷彿要進行某種宗教儀式似的。他們用的語言類似英語，但這種方言充斥著外人難懂的天文物理學用語。

天文學家克爾森（Dan Kelson）和馬道爾（Barry Madore，芙瑞曼的丈夫）坐在我旁邊。這是難得的機會，我一點都不浪費時間，直接切入有關宇宙速度及其對於宇宙的未來有何涵義這類深奧主題。「我是來這裡湊熱鬧，」馬道爾謙虛地笑著說：「不是來提供終極答案的。」

但稍後在星空下，他變得嚴肅起來。「我們現在是懷著不確定感和宇宙的擴張共存，」我和他在一座巨大的圓頂裡碰面時他這麼說。圓頂的電腦風扇和驅動馬達嗡鳴聲成了我們對話的配樂。不確定性所指涉的不只是宇宙**何時**從減速變成加速，也涉及這種變速是

否會持續下去，到最後甚至反轉。不過呢，我認為如果要面對的最糟狀況只是不確定性，他沒什麼好抱怨。人類竟敢去觸及這快中之快的速度，還有以**每秒**約 8 萬公里快速遠離我們的所有恆星群落，這還不夠嗎？

我很高興這樣一個大型機構將其資源——卡內基慷慨捐出財產作為本金之遺愛——投入這樣看起來很棘手的目標，我也這麼對他說了。

當我請他比較拉斯坎帕納斯和其他公開募資的機構時，馬道爾說：「麥哲倫望遠鏡運轉一個晚上要花掉 4 萬美元，但我們還是可以帶著玩心求創新，還能冒點險。這是一個很大的不同。國家天文台，像基特峰（Kitt Peak），他們完全反對冒險。這裡則是整天都驚險刺激。」

夜晚給安地斯山脈和我們下方看不見的黑色沙漠帶來了晦暗。銀河——這個名稱應該沒讓天文學分心傷神吧〔譯注：指的是銀河系的英文說法 Milky Way〕——燦爛得驚人，仔細看還有很多的花紋斑點，好像印象派的點彩畫法。銀河主宰了智利的夜空。

此刻，在一具 6.5 公尺巨型望遠鏡外圍的高空通道上，婁特和我會合，我們抬頭凝視，一如古代的中美洲人，他們認為銀河是所有存在的中心。

婁特已經完全授權讓我可以到處去逛，所以我照著指示只亮霧燈就開車上路，沿著彎彎曲曲、沒有護欄的山路，違反了每一條交通規則。我從一座圓頂到另一座圓頂，拜訪了每一座圓頂裡的研究人員。在其中一具 6.5 公尺的儀器上，我找到了正是我一直在尋找的東西。在這兒，來自遙遠星系的微光，經過直徑 6 公尺望遠鏡的

巨大反射鏡放大強化 100 萬倍，已經持續聚光好幾個小時，但還有九小時要繼續；天文學家沒事可做，只能邊聊天邊等。

　　和我共進午餐的克爾森正在蒐集來自 80 億光年外的星系之光。他注意到我的採訪筆記，於是開始解釋：「這個儀器一次測量四千個星系。這是吃到飽式的資料蒐集。」

　　克爾森已經習慣這種收完資料接著就密集分析的無休止循環。他才華出眾、口齒清晰，三十八歲，來自伊利諾州，曾經協助開發新技術，在一塊金屬板上切割出數千道精確定位的細縫，以便同時分析特定的一組星系。如果在數千個恆星群落的一片星海中載浮載沉的某一個恆星群落，有任何值得一提之處，就好比梵谷畫作中的單一一朵向日葵，這項技術會讓它立刻跳出來並加以標示，以供進一步研究。

　　「我七、八歲時，爺爺奶奶給了我一具 Sears 牌的折射式望遠鏡，」他後來告訴我：「我把每一個星座都研究過，我那所小學圖書館裡的每一本天文學書籍都讀過。」

　　他著了迷。克爾森在加州大學拿到博士學位，同時也在那兒遇見日後的妻子，並以同等的耽溺不悔鑽研冰淇淋的製作：他每年都要吃上個幾百品脫〔譯注：美制 1 品脫相當於 0.473 公升〕。

　　但那些加起來好幾公斤的飽和脂肪並未拖延他熱情的腳步。他的論文研究包括許多個夜晚耗在夏威夷毛納基山頂凱克天文台（Keck Observatory, Mauna Kea）的新望遠鏡〔譯注：指凱克天文台兩座分別於 1993 年、1996 年啟用的全球口徑第二大的光學望遠鏡〕，還有分析哈伯太空望遠鏡的資料。

　　他正是哈伯會想要傳承香火的那種人——正是能把哈伯爆炸宇

宙這顆炸彈弄清楚的適當人選。他融合尖端光譜科技與數位分析的能力，形成理想的技術組合，並以之追隨遠去的卡內基傳奇天文學家跨向銀河的腳步。

在黎明第一道曙光到來之前，克爾森會持續偵測以每秒約 18 萬公里的驚人速度奔離我們的物體。那比光速的一半還快。事實上，克爾森在幾年前就已經發現歷來所知最遙遠、速度最快的星系。而且他那一組人在 2013 年又辦到一次，登上全球頭條。

那天晚上最朦朧的暗影，有些可能就位在可觀測到的宇宙最邊緣之處，也是人類**從古至今**所能看到速度最快之物。這是速度的外緣界限——萬物皆居於其內的運動包層。[5]

然而，令人吃驚的是，這些星系團根本沒有真正在移動。而是**我們與那些星系團之間的空間在膨脹**。星系只是坐在原地不動，就像拼字遊戲玩家在等發音。每一個星系都受到鄰近星系的重力推擠，但我們看到的真正超快速度是空間擴張的現象。

當然，可能有人會好奇，如果空間是純然空無，自己又如何能夠擴張？虛無如何能有所作為？即使奉命要探討所有樣態的運動，討論**虛無的賦動現象**還是很怪。

但空間並非空無一物。沒有空無一物這回事。事實證明，空間具有性質。虛擬粒子——瞬生瞬死的次原子粒子——突然存在又突然消亡。虛無具備內在能量，而且很多。根據目前的理論，一個裡頭空空如也的美乃滋空瓶所含的能量，足以一秒內把太平洋煮乾。

這個所謂的真空能（vacuum energy），或是零點能（zero-point energy），遍及宇宙各處。因此，看似虛無卻充滿力量。而且無論

那是什麼，它變得越來越大。

　　所以，在我們的自然運動這個跳棋遊戲中，第一步棋不只關乎最快的速度，也關乎空無的狂暴賦動現象。

　　宇宙學家最常被問到的問題是：宇宙會擴張**成為**什麼？

　　對許多人來說，這是和運動有關的詢問中最令人費解的，而科學家聽得都成習慣了。然而，問這樣的問題，意味著你已經把宇宙描繪成一顆膨脹的氣球，而你正從氣球外面觀看。就實況而論，並不存在這樣的視角。按照定義，宇宙沒有「外面」。會出現這樣的難題，是因為提問人已經設定一個並不存在的制高點。

　　相反的，人們應該想像的是這樣的畫面：從一個星系團內部觀察其他星系團。我們看見這些星系團全都直接飛離我們，各處的星系團間距都在變大。這是基本的真相，我們也都能想像這樣的畫面。無論我們認為是星系在移動，或是此處與彼處之間的空間在膨脹，結果都一樣。我們與遠處星系之間的隔閡正在穩定擴大。[6]

　　不僅如此，宇宙規模變大的**速度**本身也在增長。我們住在一場威力益增、自我延續的爆炸之中。大多數的天文學家都認為，這是導因於那種遍及宇宙每一個角落縫隙、反重力的神祕力量：不可見但必須處理的暗能量。從一開始就讓萬物向外爆開的，大概便是這東西。大霹靂還在霹靂中，這感覺很真實。整個宇宙這種野馬脫韁式的快速增長，是周遭其他所有運動的框架。[7]

　　我們的爆炸宇宙──其中也包含小範圍收縮、坍陷之物──是披著黑袍的縹緲幽靈彼此拉鋸的產物，而其中大部分的引力作用是暗物質所為，斥力則是暗能量所為。後者贏了這場爭奪戰。暗能量在六十億年前先占了上風，雖然我們一直要到撥號電話換成按鍵電

話的時代才獲知這個消息。

　　就算有一天我們能夠獲致光速能力——物理學家向我們保證這是不可能的——**依然**無法到達最遠的可見星系，就算我們永不停止地航行下去也辦不到。由於擴張宇宙的加速作用，等到我們抵達星系**此時此刻**的位置——為此得在太空船裡待上單調乏味的三百億年以上——我們和星系之間的距離已經變大到**比以前還要遠**。與這等徒勞無功相比，連推巨石的西西弗斯所受的挫折都不值一提了。

　　的確，我們這麼努力企及的星系，到時連星光都看不到。這趟旅程比漫無目標更糟糕。我們的獵物根本消失得無影無蹤。

　　為了不讓我們因為這個消息而覺得壓力太大，就在這些令人頭暈目眩的極限運動宇宙參數中，有著我們**已經**發現的驚人祕密。克爾森親口承諾，等他的資料弄完整了，他會揭露其中幾個祕密。然而，如我之後將學到的，發掘自然界的運動和速度的真實故事時，不乏一些可笑的謬誤、自私自利的野心和不足為外人道的悲劇。

　　犯錯和茫無頭緒從很久以前就開始了。以梵文撰寫於西元前1500 年左右的印度教最古老經文《梨俱吠陀經》（*Rigveda*），即思索著「水下游而入大海」是怎麼一回事。到了《舊約》落筆的時代，重點不在於運動，而在其反面。〈詩篇〉第九十三篇第一節說：「世界就堅定，不得動搖。」普世都認定地球靜止不動，太陽繞著我們轉而我們的星球維持不動，這似乎是無可爭議，因為連白痴都看得出來。你可以看到天空中的東西在移動，你也感覺得到我**們並沒有**在動。

　　通常的見解是，一如日常生活所見，看起來最快的物體一定是

最靠近我們的物體（沿著你這條街開下來的車子改變其角位置要比天空中的飛機快）。對古人來說，這意味著月亮一定比星星更靠近我們。月亮每天快速穿梭於星座間，橫越相當於自身寬度 26 倍的距離。另一個極端則是六千個發亮的點，其圖樣從不改變；這些光點一定離得最遠。這種派定距離的方式 —— 月亮最近而恆星最遠 —— 最終證明是正確的。所以，古人總算做到不是**樣樣**都錯。

到了古希臘時期，晚上繞著我們轉的星星被假定是嵌在某種水晶般透明的球體內 —— 在「不正確」的那一欄再挑一格。但光憑兩千三百年前既有的工具 —— 也就是沒有工具 —— 怎麼可能有誰能夠**著手推想真相呢**？

然而，這正是一位希臘人所獲致的成就。我很榮幸能夠介紹他出場，因為他是我的第一位英雄。

薩摩斯島的阿里斯塔克斯（Aristarchus of Samos）生於西元前 310 年，他思索著天空中這些移動物體並達致正確的結論，比其他人早了十八個世紀。數學家暨天文學家阿里斯塔克斯是第一個說太陽是太陽系中心的人。他還說，地球繞太陽軌道運行的同時，也像陀螺一樣旋轉。這在他同時代的人聽來，一定與瘋狂相差無幾。的確，阿里斯塔克斯遭到希臘同胞柏拉圖和亞里斯多德駁斥、甚至嘲弄，他的洞見 —— 根據月亮的陰晴圓缺和日月的相對位置而來 —— 未能「流行」起來，還得再經歷七十二代人的來來去去。就連與阿里斯塔克斯同時期的薩摩斯島同鄉伊比鳩魯（Epicurus）—— 沒錯，就是**那個**喜歡享樂人生的伊比鳩魯 —— 都聲稱太陽在不遠處徘徊，而且直徑只有 0.6 公尺。**0.6 公尺！**或許，這就是飲酒狂歡的享樂論者不適合研究數學的早期證據吧。[8]

在此同時，怪異的天文事件，像是日月蝕，加上地震及其他天災人禍，通常被看成是上帝或諸神之怒的顯現。而找出神祇何以如此震怒的原因、平息其怒氣，成了人類的職責。更有甚者，三十個世紀以來，對生命產生威脅或被認為可能如此的自然事件——包括彗星、行星合、日月蝕、暴風雨和瘟疫——都被當成是預兆。這些事件的發生並不單純，而是有其涵義。預兆解讀是一種廣受歡迎的活動，而且對那些能言善辯的人來說，還是一門有利可圖的生意。希臘文和拉丁文中都沒有「火山」這個字眼，這個例子說明了一點：比起人們所揣想的背後原因——神之怒，物理事件有多麼不受重視。

在此同時，對理性的希臘人來說，比起為何萬物伊始皆應能動這個根本問題，什麼動、什麼不動一直是個次要的課題。這個問題也許看似不可解，但古希臘哲學家留基伯（Leucippus），尤其是他的學生、生於西元前 460 年前後的德謨克利圖斯（Democritus），兩人率先提出萬物皆由名為原子（atom）的極微小移動粒子所組成，並推廣此一觀念。他們說，每一個原子都是無色且不可分割，而當原子聚集起來形成我們周遭的各種物體時，那些物體的動作就是這些原子運動的結果。

這個原子理論成了自然界賦動現象一個廣受好評的解釋。但這個信念持續的時間和現代「貓王沒死」的想法一樣久——只持續了幾個世代——理由在於最後撞上了亞里斯多德的天縱英才。

亞里斯多德生於西元前 384 年的希臘本土。他多產的著作包羅萬象、好壞參半，不過有許多謬誤是承自他的老師柏拉圖。這些謬誤有些算小錯，像是他相信重物落下的速度比輕物快，有些則是大

錯，像是他堅稱地球是所有運動不動如山的中心。

在那本開山立派的《物理學》（*The Physic*）一書中，他花了無數頁數探討運動的原因與本質。在其中一本分卷（卷二）中，亞里斯多德聲稱動作之肇始乃因自然界「企望達致某一目標」。

但問題就在這裡。不管是希臘原子論或亞氏哲學，自然界的運動皆**源自每一個物體內部**。這和我們現代思想倒反。現在科學斷定，除非受到**外力**作用，否則任何東西動都不能動一下。

亞里斯多德的許多觀念至今依然可供我們深思。卷四討論**時間作為運動的一項性質**，他說，這項性質並無屬己的獨立存在。他這句話也意味著時間必須有觀察者才能存在。這兩種概念都非常符合現代量子理論的想法。時至今日，少有物理學家認為時間除了作為動物的知覺手段之外，還有任何獨立的實在。

在《物理學》一書中，亞里斯多德後來以宇宙及其運動永恆長存之主張，處理了古老的「原動者」（prime mover）之謎。你不需要一個初始促動者來讓球開始滾動。萬物皆動，萬物隨時都受推動，動即其本質。

換言之，當我們凝視自然界無休無止的賦動現象，我們看到的是一場無需因果關係的盛大遊行慶典：每一個移動物都展示出永恆太一（the eternal One）的鮮活動力。這聽起來非常像印度教的不二論（Advaita）或佛教教義。

亞里斯多德還說，物質的能量永不消滅。關於這一點，亞里斯多德也得到現代科學證實。19 世紀以來，我們已經接受宇宙總能量永不衰減。

雖然有這一套五花八門、古怪深奧的概念，但對於亞里斯多德

那本論事物為何移動的皇皇巨著，人們記得最清楚的卻是另一個面向：元素。其實，他這個概念是借自西元前 490 年前後生於西西里島的恩培多克勒（Empedocles）。此後兩千年間被奉為圭臬的這個理論，扼要言之，就是萬物皆由土、氣、水、火（或其混合）所構成，亞里斯多德再加上一個神性的第五元素，只見於天上的乙太（ether）。

亞里斯多德說，**每一種元素都偏好存在於特定位置，如果可以就一定會往那兒去**。他說，這就是運動的核心緣由。

舉例來說，陶土鍋以土製成。這種元素本質上屬於宇宙中心的界域（亦即地底下），因而渴望回歸該處。所以，鍋子稍受引動便會墜落，**因其自然運動就是往下**。那會讓它離「家」更近。

水元素也想要往下走。其領域為海，對古人來說，海就是最下界──由泥土、黏土和岩石所組成──周圍的區域。這就是為什麼組成成分含有很多水的人們很容易跌倒撞傷。我們的身體**想要**墜落。但泡在海裡的時候，我們不會墜落、甚至不一定會沉下去，因為我們身體的水元素此刻已然「到家」，在其自然環境中安歇。

另一方面，火屬於在我們上方高處的神祕界域，因此其自然運動是往上。這說明了為什麼火和任何與其相關的事物，像是煙，很容易向上升。氣元素是另一種居於上方高處的實體，這說明了為什麼水中的氣泡總是往上衝。

「位置」的概念也由此而生──每一種事物皆有其偏好的位置且盡力要往該處去。亞里斯多德說，自然位置有一種**潛能**（dunamis），也就是產生運動的能力。

以前這全都說得通。現在**依然**說得通，即便是錯的。亞里斯多

德有關事物為何移動的概念支配了八十代人，一直盛行到文藝復興。觀察能力出色如達文西，依然奉之為典範，經常以暗喻的形式提到四元素。

達文西的著作把當時對於運動的信念說得透澈清楚，尤其是以明快易懂的文字思索**力**的本質：

「它因暴力而生，因自由而亡。」

「阻其破壞者一概怒而逐之。」

「力總是敵視任何想加以控制的人。」

「它樂於把自己耗盡。」

「它總是渴望變弱、渴望窮盡自身。」

根據這些出自 1517 年一份達文西手稿的引句來判斷，顯然他把力——運動的另一個促發因素——看成幾乎是有知覺的存在。它有審慎考量過的目標。就像蒙娜麗莎，它策劃，也夢想。

又過了一百七十年——一直到 1687 年，牛頓在《自然哲學之數學原理》（*Philosophiæ Naturalis Principia Mathematica*）一書中闡明他的三大運動定律——事物如何及為何移動的現代概念，才終於出現。

當然，我們身為自然界連續不停之動作的觀察者與參與者，真正的樂趣就在於冷眼旁觀這齣華麗大戲。而接下來我將學到的是，緩慢呆滯也會讓人驚奇到下巴掉下來。

注釋

1. 人們把 1929 年發現宇宙擴張歸功於哈伯，卻從未有人提到那位藏身幕後的女子。李維特（Henrietta Leavitt, 1868-1921）是 20 世紀初期傑出的天文學家，在一個女性如此受歧視的時代，她充其量只能在哈佛學院天文台從事下人做的「計算」工作，一小時掙 3 毛錢。儘管如此，她還是一手發現許多恆星家族，並且發現她可以從恆星所發出的色光確定恆星的絕對亮度。哈伯用她的資料和她的方法去計算星系距離，讓他能做出宇宙如氣球般膨脹的驚人宣告。她得到的聲譽呢？幾乎是零。

2. 如果宇宙萬物同時變大，這會意味著什麼？如果你的眼睛、你的身體、光的波長、房間、地球和整個宇宙，在接下來幾秒之間突然變成 3 倍大，你有沒有可能察覺到任何變化？答案是不可能。這樣的變動無可偵測。真的，說不定這種情況早就一直在發生。也許宇宙一直在膨脹又萎縮，一分鐘前還只有一顆原子大小呢。重點是，「宇宙正在擴張」是沒有意義的，除非只有宇宙的某些部分變大，而其他部分維持原狀。只有這種情況有可能偵測到，甚至是唯有如此在邏輯上才有意義。的確，這正是現在正在發生的狀況。星系及其內含物多多少少算是維持同樣大小，星系團也是如此，只有星系團**之間**的間距在擴大。

3. 儘管因光害導致觀測條件惡化，威爾遜山天文台至今依然持續運作。

4. 驚人的超級儀器、24 公尺（1000 英寸！）的大麥哲倫按計畫順利進行，將遠遠超越地球上所有的望遠鏡，不過歐洲太空總署正在規劃一座稍大一點的望遠鏡，這樣才保有講話比別人大聲的資格。大麥哲倫的第一塊鏡片已經完成，場址清理作業也是。整座望遠鏡的建造預訂在 2020 年完工，位址在智利的拉斯坎帕納斯山上。

5. 你可能認為最遠的可見星系看起來會最小，因為它們飄向極遠之處。但當它們的光在約一百三十億年前開始踏上向我們而來的旅程時，宇宙比現在小得多，當時這些星系和我們的間隔其實沒有很大。它們當時相對

接近，因此看起來比較大。即便從無數個年代之前，它們的影像就開始
朝我們而來，穿過不斷延伸的空間，使得這趟旅程超現實地越來越長，
但那些星系看起來還是一樣大。結論：當它們的光到達這兒，這些星系
看上去要比如它們此刻那般遙遠的物體在邏輯上應有的樣子大上許多。

6. 就我們所能觀測的極限，宇宙持續每秒變大 10 兆立方光年。

　　為了掌握宇宙每秒變大 10 兆立方光年這個概念，有必要先理解「兆」和
「立方光年」是什麼東西。1 兆就是一百萬個百萬。儘管事實上我們不時
會碰到這個數字（美國 2012 年國債為 14 兆美元），但它還是大得驚人。
單單從 1 數到 1 兆，以每秒飛快說出五個數字的速度，所需時間相當於
從建造金字塔的時代持續至今。立方光年同樣是一種會讓腦袋呆掉的體
積測量概念。你得畫一個立方體，每個向度都是 1 光年。每一邊都像
六百萬個太陽排成一排那麼長，但別忘了，太陽本身就有地球的 100 倍
寬。事實上，如果有人一秒丟一千個地球進一個立方光年中，並且在大
霹靂那一刻就開始丟，到了今天，離填滿這個巨大無比的立方體還差得
遠呢。

7. 其實，意識或知覺的起源，很可能比大霹靂的根源或暗能量的構成內容
更神祕。對於**感知**怎麼可能會從化學化合物或原子碰撞中產生，我們完
全摸不著頭緒，就連最離譜的亂槍打鳥都猜不到。而暗能量可是名列史
上最大謎團之一呢。

8. 儘管在接下來的幾個世紀裡，希臘和羅馬學者一再引述阿里斯塔克斯，
但對於這位說出我們世界在動的第一人，簡直可以說是一無所知。早在
哥白尼之前將近兩千年，只有薩摩斯島的阿里斯塔克斯主張，地球繞太
陽這個較大天體公轉的同時，也像陀螺一樣自轉，比宇宙萬物毫無例外
地繞著我們轉更有道理，即便兩種現實所產生的視覺觀測結果相同：天
體都會橫越我們的天空。遺憾的是，他的智慧來得不是時候，亞里斯多
德的地球中心教條已經散播得又遠又廣。我一時衝動下不惜重金，決定
前往薩摩斯島，去發掘我在美國國內所有書面或線上資料都找不到的阿

里斯塔克斯真相。於是在 2012 年 7 月，我出發前往那座愛琴海上的大島。我雇用一位翻譯，採訪了薩摩斯考古博物館館長及其他數十人，想要獲取一些新知。我原本估計這會是很酷的一章，但我錯了。儘管這趟漫遊啟程時充滿希望——薩摩斯島的機場叫做阿里斯塔克斯機場——結果卻是連薩摩斯島上都對他的生平、至少是對他青年期之後的生平一無所知。就算他有一本碩果僅存的著作流傳下來，也無濟於事。破紀錄的熱季，每天達到攝氏 40.5 度，是我的努力所換來的唯一獎賞。最先揭露我們的世界一邊自轉、一邊疾馳穿過太空的阿里斯塔克斯，依然是個謎。而你們的作者，原本期待寫出充滿啟示的一章，最後除了這條腳注之外別無所獲。

第 2 章

慢得跟糖蜜一樣

我們是怎麼學會愛上懶散的？

我準備好要走了，無論去向何方……
——巴布‧狄倫（Bob Dylan），〈鈴鼓先生〉（Mr. Tambourine Man），1964

人的大腦有偏見。我們天生就是會去注意突發動作。

當我們呆望窗外，想著要繳多少稅，如果突然有什麼風吹草動打破這寧靜時刻，馬上便會抓住我們的目光。比方說，兔子從灌木叢裡衝出來。這個場景裡可能早就有數不清的東西在慢速移動——毛毛蟲、樹枝微微晃動、雲影變幻——但我們不會去注意。真丟臉。雖然我們會注意突如其來的快動作，但地球上慢速緩步、匍匐行進的物體，對我們生活的影響遠大於兔子的衝刺。

我們對速度的偏見，最晚打從有書寫文字就開始了。儘管古時候的生活步調遠比今天悠閒，但古代的重要文獻資料也表現出對「慢」興趣缺缺。沒錯，大家都知道，太陽下山的地方與它黎明首次現身處差了 180 度。農業社會在乎麥子有沒有長得更高，但重要的是最後的結果。他們不知道、不然就是不在乎玉米一天長高 2.5

公分，一種難以察覺、連鐘的時針都比它快上 20 倍的動作。

　　我們全都是受縛於自身經驗的囚徒，而人類的運動便是我們名之曰快或慢的標準。速度最快的真實人物至今仍在世：牙買加的波特（Usain Bolt）。他在 2009 年柏林世錦賽的百米賽跑中跑出 9 秒 58，相當於每小時 37 公里的速度。這是人類只憑自己雙腿最快的行進速度。彷彿要證明這不只是曇花一現的僥倖，他在 2012 年倫敦奧運時把所有競爭者全甩在後頭，跑出幾乎分毫不差的速度。

　　當然，沒有人能長時間維持這樣的速度。1.6 公里的最快速度為 3 分 43 秒 13，相當於每小時 25.8 公里。馬拉松跑者所達到的最佳紀錄平均為每小時 20 公里。我們衡量動物快或慢，是根據「牠們能不能從後面趕上我們」這個古代重要課題。[1]

　　但我們此刻所要探索的，是比快普遍得多的懶散。說到懶散，那些三蹄哺乳類不應揹上一無是處的名聲。樹獺即使有充分動機，每小時也只走 0.1 公里。就像電影《西城故事》裡的 Ice 唱的：「腳步輕，聲音小，輕鬆把事辦」；單單 1.6 公里，最興奮的樹獺需要一整天漫長夏日才能走完。連大海龜慢慢跑都比牠快 25％。

　　速度感知這種事有點微妙。某物只要在短時間內移動相當於自己身體長度的距離，我們就認為它快。舉例來說，旗魚每秒游 10 倍自體長度的距離，因而被認為非常快速。但即將降落的波音 747 客機一秒內只能飛越 **1** 倍自體長度：70 公尺。它因為自身的巨大而在視覺上吃了虧。從遠處看，下降中的大型噴射機看似幾乎沒在動，那是因為它要花整整一秒才能完全離開現在的位置。但實際上，它移動得比旗魚快 4 倍。

現在來想想細菌。已知細菌有半數能夠自己前進，通常是靠著揮動其鞭毛——看起來像尾巴的螺旋狀長附肢。細菌慢不慢？在某種意義上，是慢。最快的細菌每秒能跨越一根人髮粗細的距離。我們應該要覺得印象深刻嗎？

不過，把鏡頭拉近來看，這種運動就變得不同凡響。首先，這種細菌每秒移動了 100 倍自體長度的距離，有些能做到 200 倍的自體長度。按其相對大小，細菌游得比魚快 20 倍，這等於短跑運動員突破音速障礙一樣。

而且，所行經的距離快速增加。微生物每小時可移動 0.3、0.6 公尺，難怪疾病會傳播。

其他令人害怕的運動也隨時在我們家中出現。例如空氣中的灰塵，許多灰塵的組成成分是細小的死皮碎片。注意看陽光穿過窗戶射進來的光線，你家裡無所不在的浮塵便會變得明顯。畢竟，單就其本身而論，光線是看不見的。在家裡，只有當光線擊中數不清的慢速飄浮粒子時，我們才看見光線。在非常潮濕的情況下，微細的水滴捕捉到光，但乾燥的空氣中都是灰塵。

乍看之下，懸浮微粒好像哪兒都不去。這些粒子隨著最微弱的氣流或上或下地移動。但要是讓房間空著——比如說晚上，那時候沒有人會去動任何東西——那麼這種死皮和其他碎屑會以每小時 2.5 公分的速率下降。那些到處亂竄的細菌都比這快 10 倍。有誰曾想過我們的家是這麼令人毛骨悚然？

在可見領域內，我們身邊的慢速運動典型就是我們的指甲。還有頭髮。

指甲每兩個月長 0.6 公分，這是頭髮生長速率的一半。如果我

們像牛頓和愛因斯坦那樣忘了與理髮師有約，便會發現自己的頭髮每年長 15 公分。

　　但指甲的變動方式很有趣。比較長的那幾根手指，指甲長得比較快速，小指指甲的進展拖拖拉拉。腳指甲的生長速率只有手指甲的四分之一，也就是說，它們以這種速率生長，除非你喜歡赤腳走路，這會刺激生長。手指甲也對刺激有反應，這就是為什麼打字員和電腦上癮的人有比其他人長得都快的指甲。或許，這也解釋了為什麼我們作家當中有這麼多人喜歡咬指甲。

　　指甲在夏天長得比較快、男性長得比較快、不抽菸的人長得比較快，還有懷孕的人長得比較快。但指甲在你死後就完全不長。死後傳說開始流傳，大概是因為一個人過世兩天之內，和死掉的手指相連的皮膚會往回縮，露出更多的指甲。

　　地球上慢速運動最戲劇化的例子，大概是地球本身吧。洞穴裡的鐘乳石和石筍，一般而言是以每五百年 2.5 公分的速率延長。相較之下，山則相當快速；它們──隨便啦，就說是喜馬拉雅山好了──每年把自己推高個 5 公分。[2]

　　2006 年的一項研究顯示，山脈隆起到最大高度，一般來說只需要兩百萬年左右。聖母峰自從第一次測量以來，長高之多已到可以測量出來的程度。某些活動只會越來越困難。

　　事實上，你自己也在移動，即便是癱在沙發上看電視的時候。所有陸塊都在移動，帶著你和你的電視西移，如果你住在美國的話。你可以躺在床上高唱：「加州，我來了！」但一年 1.3 公分，你最好把你的綜合堅果帶著。

維吉尼亞州仙納度山谷（Shenandoah Valley）的盧瑞洞穴（Luray Cavern）裡，鐘乳石映照在反射如鏡的池面上。這些尖端向下的構造長 2.5 公分，一般來說得花上五百年。

　　最先發現這種地殼漂移現象的是奧特柳斯（Abraham Ortelius, 1527-98），他是 16 世紀後期備受敬重的佛蘭芒（Flemish，今屬比利時）製圖師。他寫道：「地震與洪水……把美洲從歐洲與非洲撕裂開來」，接著又提到「如果有人拿出一幅世界地圖，並且細看這三個〔大陸〕的海岸線，這種分裂的痕跡就會自己顯露出來」。

　　19 世紀中葉，未曾聽過奧特柳斯理論的普魯士自然科學家洪保德（Alexander von Humboldt, 1769-1859）在繪製南美洲東岸地圖時寫道，地圖上所浮現的輪廓線與非洲西側看似兩塊相連的拼圖片。合乎邏輯的唯一結論是大陸位移。但這項驚人發現的功勞沒有算在這兩人身上，也沒有其他科學家接受這個想法加以發揚光大。一直到德國地球物理學家魏格納（Alfred Wegener, 1880-1930）在

1912 年提出大陸漂移理論，人們才開始認真看待，儘管在接下來的半個世紀裡，批評者還是多過支持者。

這個情況是你先看出結果——陸塊運動——卻還沒想出任何原因。但這個問題一直懸在我們眼前。地表底下是什麼？顯然是熔岩——我們現在稱之為岩漿。這是一種液體。突然一切似乎都說得通了：諸大陸皆漂浮在此濃濁、稠密的流體之上。而如果大陸會漂浮，則顯然有可能位移。這是一種可能會把這些大陸往旁推的機制或力量，問題馬上來了。有沒有試過推一輛拋錨的車？想像一下，移動一個像亞洲這樣的東西所需的力矩有多大。大陸可不是池塘裡的浮藻。

這就是為什麼漂移大陸的觀念在頂尖地理學家之間未被廣泛接受。事實上，這個觀念有好幾十年都被斥為無稽之談。沒有人提出似乎真正說得通的機制，至少沒有一個可以用數學來運算。一直要等到 1950 年代，尤其是 1960 年代，陸塊運動的真正原因才終於現身。這個原因一直隱身在數千英尺深、漆黑一片的鹹水之下。

那便是海床四散分裂這個戲劇性但無人知曉的實況。海中火山活動製造出越來越大的裂縫，並迫使漂浮中的大陸間隔日遠。大西洋中洋脊這個最大的斷層帶是主要的地殼分裂點。地震學的新技術，加上終於有了 GPS 追蹤系統，完成了最後確認。

如今我們知道有八塊分離的漂浮陸塊，各自朝不同方向嘎嘎響地推進。夏威夷島鏈是移動最快的，以每年 10 公分的速率朝西北方推進。我們現在也可以拿兩個大陸外沿的地理形狀來簡單配對，證明兩者在不很遙遠的過去是相連的。舉例來說，南美洲東部和非洲西部不只共有獨一無二的特有岩石構造，還有著別處找不到的同

類化石，甚至是活生生的動物。類似的情形還有阿帕拉契山脈和加拿大的勞倫山脈（Laurentian Mountains），與愛爾蘭和英國的岩石結構是完美的連續型配對。所有證據都證明，分裂的諸大陸一度是單一的超級大陸——著名的盤古大陸（Pangaea）。盤古大陸在三億年前形成，一億年後開始裂解。

在盤古大陸之前，是多塊漂移大陸被幾片海洋隔開的漫長歲月，再之前又是單一、無斷裂的超級大陸被覆蓋整個星球的水域環繞的時期，兩者輪流交替。盤古大陸之前的單一超級大陸各有名稱，像是烏爾（Ur）、尼納（Nena）、哥倫比亞（Columbia）和羅迪尼亞（Rodinia）。我們人類一個也沒看過。即使是十一億年前的羅迪尼亞大陸的住民，也絕不會在運動衫上印個 R 字、自豪地昂首闊步。他們是用顯微鏡才看得到的生物，只能生存在海中。

所以，大陸漂移的過程中有某種延續不斷且不可避免的東西，在數千萬年間大幅改變地球的樣貌。這是慢速、大規模、不休不止的運動——看不到也感覺不到。而文藝復興之前的天才們，沒有任何一位想過有這種可能。

我們人類對事物的度量與分類有強迫症，但談到速度，我們發現有一個非常明顯的終止點：最低速度。沒有任何東西可以跑得比「停止」還慢。但要找出有哪一種東西看不到任何層級的運動，卻驚人困難。

如果我們仔細看，連睡覺中的樹獺也有細微的動靜。牠在呼吸，而且牠的原子抖得可凶了。但很酷的是，我們發現，某物越冷，其原子就動得越慢，所以真正的無運動是意味著達到無限冷的

狀態。

在地球上最冷颼颼的地方（南極，1983年在那裡記錄到冷冰冰的攝氏零下89度），還是有很多的原子運動。原子只有到了攝氏零下273.15度才停止運動，那就是**絕對零度**。19世紀中葉，脾氣雖壞但才華洋溢的愛爾蘭裔英籍科學家克爾文爵士（Lord Kelvin, 1824-1907）最先確認這一點，而應用日廣的克氏溫標便是他的身後崇榮；這套溫標將其零度定在這個事關重大的點（而不是像瑞典天文學家攝爾修斯〔Anders Celsius, 1701-44〕定在水的冰點，或是鹵冰融泥的溫度，這是波蘭物理學家華倫海特〔Daniel Fahrenheit, 1686-1736〕選定為其溫標起點之處）。

一直到1960年代中期，天文學家認為，如果把溫度計放在遠離任何恆星之處，就會記錄到遍及宇宙各處的絕對零度。現在我們知道，大霹靂的熱能產生5度的暖度〔譯注：作者此處所說的5度或指1948年由阿爾菲（R. Alpher）與赫曼（R. Herman）推估的數字，目前最精確的數字是接下來所提的2.73度〕，充塞宇宙幾乎每一處隙縫，通常表之為克氏溫標2.73度（而且宇宙一直在變冷，之所以冷卻是因宇宙如噴罐噴出的發泡鮮奶油那般擴張：八十億年前是現在的2倍暖）。

宇宙已知最冷的地方，也就是宇宙的終極明尼蘇達〔譯注：明尼蘇達是全美最冷的州〕，就在地球這兒，某些研究實驗室於1995年首次製造出高於絕對零度不到十億分之一度的溫度。這種科技極凍引出愛麗絲夢遊仙境式的怪異狀態。當原子運動停止時，物質會喪失所有電阻，產生超導性（superconductivity）。也會出現奇特的磁性（邁斯納效應〔Meissner effect〕），使得磁鐵像魔術師助理

般飄起來。然後還有超流現象（superfluidity），液態氦反抗重力，沿著容器側邊往上流，像一隻逃跑的機靈老鼠跑上跑下。最後，任何物質趨近絕對零度時，便會形成新形態的物質。非固體、非液體、非氣體，也非電漿體（plasma，亦名等離子體），稱為玻色—愛因斯坦凝結體（Bose-Einstein condensate）。把光射入其中，光子本身近乎停止。[3]

但對自然界慢速物體的任何探索，如果沒有檢視過最常和遲滯聯想在一起的那一種物質，就不算完整。我們說的是糖蜜。慢得跟糖蜜一樣。

基於一絲不苟的科學精神，我們的目標是要針對糖蜜的精確黏度（黏性）找出實際的測量與定性方法。要挖出這項資訊並不容易。2004 年刊在《食品工程期刊》（*Journal of Food Engineering*）上的一篇文章有這段令人昏昏欲睡的摘要：

> 針對添加或未添加乙醇的糖蜜之流變學性質研究是利用黏度計就各種溫度下（攝氏 45 ～ 60 度）、每 100 公克糖蜜添加不同劑量乙醇之糖蜜乙醇混合物（1 ～ 5%）及 4.8 ～ 60 rpm 不等之轉速所進行。小於 1 的流態指數證實了擬塑性（n=0.756 ～ 0.970）……

就這樣繼續下去，最後終於到了關鍵的段落：

> 闡述表觀黏度的模型之適用性是運用各種統計參數加以判斷，

諸如平均百分誤差、均值偏差、均方根誤差、建模效率與卡方（χ^2）。

好吧，所以，糖蜜有多黏、多慢？還有，它到底是什麼？

糖蜜其實有三種形態，這三種形態全都源自於糖的精製。扼要言之，你榨甘蔗然後煮汁、萃取蔗糖並加以乾燥，剩下來的液體就是糖蜜。最初的流體剩餘物稱為第一糖蜜。如果你接著再次加以煮沸並萃取出更多的糖，便會得到第二糖蜜，這種糖蜜有一種非常淡的苦味，我希望你把這些都記下來。第三次煮沸糖汁會產生赤糖糊，這是 1920 年前後發明的詞。因為甘蔗原汁裡的糖此時大半已被取出，所以赤糖糊是一種低卡路里的產品，這是由於其中剩餘的葡萄糖含量低落之故。好消息是赤糖糊含有一些沒有在製程中被取出的優良成分，包括數種維生素和大部分的礦物質，像是鐵和鎂。但我們真正關心的不是這些。重要的是它有多慢。

黏度就是液體或氣體的濃稠度，即其內在摩擦的程度。流體越不黏，越容易進行運動。黏滯流體不只是「跑」得比較慢，在傾倒時還可以明顯看出比較不會飛濺。

理所當然，我們常會拿水的黏度來做比較。如果水在科學化黏度分級表上的級數被定為 1，那麼一般來說，血液的級數是 3.4。所以，血液真的比水濃稠一點。

硫酸的黏度為 24。你以前知道這種可怕的酸這麼像糖漿嗎？美國汽車工程師協會 SAE 級數 10 的冬季用稀薄機油黏度為 65。相較之下，炎熱地區使用的 SAE 40 濃稠機油黏度非常高，達 319。這在一般印象中是年輕人的玩意兒。

閒話說夠，言歸正傳。下面是真正慢速的流體：

常見流體黏度

橄欖油	81
蜂蜜	2,000 ～ 10,000
糖蜜	5,000 ～ 10,000
番茄醬	50,000 ～ 100,000
熔化的玻璃	10,000 ～ 1,000,000
花生醬	250,000

　　所以，把糖蜜忘了吧。「慢得跟花生醬一樣」比較能表達出對流動的阻抗。然而，大多數人可能不認為花生醬是液體，因而取消它的運動競賽資格。當無聊的孩子們能用一根湯匙把東西弄得尖而不倒，就很難認為這東西是流體。

　　糖蜜確實曾有過曇花一現的名氣。就是那次，它戲劇化地砸了自己遲滯緩慢的招牌。世界史上最壯觀的糖蜜事件發生在 1919 年的波士頓，在一個異常暖和的 1 月天，剛過中午。攝氏 6 度，比一年中這個時節的正常氣溫暖了 10 度。當時，在商業街上靠近北端公園的地方，有一個銲接不良的六層樓高巨型圓柱體儲存槽突然破裂，946 萬公升的糖蜜噴了出來。要不是有二十一條生命，有男、有女、有青少年，還有幾匹馬，因為遭吞陷淹沒在黏稠的巨浪中慘死，這倒是幅有趣的景象。

　　在災難現場上方，一列滿載的高架火車正好經過，車上無法置信的乘客眼看著儲存槽解體及黑牆般的滲出物逼近。黏稠的流體破

壞了高架列車的鋼構支架。當支架發出喀擦聲折斷時，軌道坍塌幾乎觸地——不過列車已經前進得夠遠，留在往前幾百碼處的半空中平安無事。

慢得跟糖蜜一樣，這種說法在 1919 年流行用語中已牢不可破，即使這四層樓高——那是因為糖蜜原本就疊那麼高——海嘯般流體的速度據估計有每小時 56 公里，追上每一個想逃離的人，這樣還是無法抹滅糖蜜作為遲滯象徵的老掉牙名聲。俗語照舊。

當然，當我們想著遲滯液體所引發的危險時，心裡第一個浮現的通常不是糖蜜，而是熔岩。

說到天災地變，自古至今沒有任何事件像龐貝和赫庫蘭尼姆（Herculaneum）的徹底毀滅那般，一直根深柢固於我們的集體意識之中。

且讓我們設身處地，想像西元 79 年提圖斯（Titus）稱帝那年的古羅馬。那是一個騷亂的時代，因為在他取得帝位之前、在他父親短暫統治期間，他一方面指揮猶太戰爭獲勝並摧毀耶路撒冷，同時與猶太女王碧荷妮絲（Berenice）發生桃色醜聞。真是面子要了、裡子也拿了。接著，就在他即位兩個月後，維蘇威火山染黑了天空。在當時，少有人不把這場天災聯想成諸神對新皇帝似乎靠不住的個性頗有意見。他的麻煩才剛開始。

當然，我們可能會好奇，為什麼今天在神志清明的狀況下，還會有人選擇住在比方說拿坡里，距離傾向爆裂式噴發的活火山才 8 公里，而且是普林尼式噴發（Plinian-type eruption）〔譯注：因古羅馬作家小普林尼〔Pliny the Younger〕在信中描述維蘇威火山爆發情形而得

名〕。更何況是在那座山的山坡上——不幸的龐貝和赫庫蘭尼姆所在地——購買房地產。

西元 79 年維蘇威火山的噴發使得沙諾河（Sarno River）改道、海岸上升，左右開弓讓地產價值驟降。此後，龐貝既不濱河，也不靠海。

科學讓我們得以回顧這座山的起源。鑽探約 2000 公尺到其側翼取得現代岩心樣本，並運用鉀氬定年技術測定年代，顯示維蘇威火山誕生於僅僅兩萬五千年前郭多拉山（Codola）的普林尼式噴發，儘管這整個地區歷經全面性火山活動已有約五十萬年之久。

這座山是由接連幾次的熔岩流所造成，其間散布著幾次較小型的爆裂式噴發。大約一萬九千年前，遊戲型態變得危險起來，當時維蘇威火山的定期噴發活動變得更加爆裂式、甚或普林尼式。

在龐貝之前，大約三千八百年前的阿韋利諾（Avellino）噴發摧毀了幾個青銅時期的聚落。2001 年，研究此一事件的考古學家發掘出幾千個人類腳印，這些人顯然都試圖往北逃，往亞平寧山脈的方向，放棄即將如同龐貝一般、埋葬在無數噸灰燼與浮石之下的村落。流動快速的火山碎屑狂潮沉積在 16 公里外，不幸的是，此處就是今天的現代拿坡里建城之地。

任何一位龐貝和赫庫蘭尼姆的居民要是能讀到典籍文件，應該都有充分的理由對此區位表示憂心。僅僅三個世紀前，西元前 217 年的一次普林尼式噴發，引發義大利各地的地震，普魯塔克（Plutarch）曾寫道拿坡里附近的天空著了火。

但到了西元 79 年，山麓低坡處處是花園、葡萄園，吸取肥沃火山土壤的滋養，其中含有高比重的氮、磷、鉀和鐵。這是一個繁

榮興盛、人見人愛的所在。靠近山頂的平坦處有陡峭的斷崖屏障，西元前 73 年，才幾年前而已，斯巴達叛軍在該處設立大本營。

後來提圖斯登基即位，僅僅八個星期後，至少造成一萬人死亡的天災地變就來了。我們不需要去猜發生了什麼事，小普林尼在寫給羅馬歷史學家塔西陀（Tacitus, c. 55–c. 117）的信中，提供了扣人心弦的第一手紀錄：

> 令人畏懼的烏雲被鋸齒狀的疾馳閃電撕裂，露出雲後形狀變化多端的一團團火焰……。過後不久，雲開始下沉，覆蓋海面。先前，雲早已包覆遮蔽了卡布列阿耶島（Capreae，即今之卡布里島）和米塞努岬（Misenum，即今之米塞諾）……。此時灰燼開始落在我們身上，雖然量不多。我回頭望，一片漆黑的濃霧似乎正跟隨我們之後，像雲一樣遍布鄉野。「我們轉向離開大路吧，」我說：「雖然現在還看得見，但萬一我們在路上跌倒，恐怕會在黑暗中被跟在我們後面的群眾推擠至死。」

普林尼接著寫道：

> 當夜幕降臨，我們很少坐下來，不是像天陰多雲之時，或是無月之夜，而是像房門關上且燈火盡滅的室內。你可能聽到女人尖叫、孩童哭喊、男人嘶吼；有的在找他們的孩子、有的在找雙親、有的在找丈夫，試圖藉由回應的噪音認出彼此……[4]

* * *

　　北邊 240 公里（走陸路）的羅馬城中，噴發的雲霧和關於這場噴發的驚狂之語，幾乎轉眼便至。提圖斯反應迅速。

　　雖然羅馬帝國行政官員的名聲，很難和今天的紅十字會這一類富於同情心的機構相提並論，但許多皇帝其實對於自然災難的反應真的滿慷慨。面對大型災變，提圖斯指派兩名前執政官組織一場令人印象深刻的賑災募款，並由帝國國庫捐贈大筆金錢，以援助火山受難者。不只如此，他還在噴發後不久就去探視被掩埋的城市，西元 80 年又去了一趟。原本這樣應該足以保住他的民意支持度，但他沒能把瘟疫處理好。

　　災難不斷降臨。緊接在維蘇威火山災變之後，就在第二年，羅馬大火。接著，以火災肆虐區為中心向外輻射的模式，毫無疑問是循鼠類逃竄路線而來，爆發了致命的腺鼠疫（俗稱黑死病）。連喜歡提圖斯的占卜師也想不出辦法幫他化解。似乎只要他坐在寶座上，帝國就會一直多災多難。於是，他幫大家鬆了口氣。第二年，他突然發燒，死於四十二歲之年。在提圖斯短暫、狂亂的統治之後，這座山持續平靜，時間超過一整代人的壽命長度。

　　當然，平靜只是一時。1631 年 12 月，在完全沒有活動超過三世紀之後，維蘇威火山噴發造成遍地傷亡，這座山重新成為目光焦點，不過這次是透過現代科學探索的透鏡。這次噴發成了許多學術論文的靈感泉源，尤其是拿玻里為數眾多的學院，因為文藝復興時代的科學家想知道地球如何從冷涼而穩固變質為流動又火爆。直到此時，科學才開始確認西元 79 年 8 月 24 日至 25 日的毀滅性事件發生了哪些事；一直要到 1990 年代，才達到接近透澈了解的程度。

　　今天我們知道，那次噴發是一齣兩幕式悲劇。最先來的是普林

尼式階段，熾熱物質往上爆發噴出成高聳圓柱，最後向外散開，再像冰雹般落下。一開始由噴出物質構成的蘑菇雲看起來就像今天的核爆，從 8 月 24 日中午開始，快速上升到約 2 萬公尺高度。接下來的十八小時出現灰燼與浮石的不祥黑雨——主要在維蘇威火山南方，這是因為那天風向的關係。落下的浮石每顆約有 1.3 公分寬，總計把龐貝埋了約 2.5 公尺深，但一開始並沒有對人命造成危害。

　　噴發最初的幾個小時是以慢動作展開。許多人躲在被火山落塵快速掩埋的家裡縮成一團，一邊十指交叉、一邊還是抱著生存的希望，希望他們的屋頂或許撐得住那重量，即使身旁的房屋結構開始往內塌陷。現代的估算顯示，當落下 40 公分深的浮石，將產生每平方英尺（0.09 平方公尺）23 公斤重的負荷，那個年代的屋頂就開始撐不住了。即使是少見的、蓋得超級好的原木屋頂，在整個浮石層的重量下也會坍塌，在那一刻所需承受的是不可能負荷的每平方英尺 216 公斤重。這遠遠超出現行混凝土倉庫建築法規的要求。因此，龐貝城內沒有任何結構物能撐過噴發一開始的普林尼式階段，我們只能期望居民早就被迫逃離，因而有可能他們並未親眼目睹下一個階段：再加上 1.2 公尺更沉重的灰色浮石，彷彿變態蛋糕上的糖霜。

　　第二天早上，8 月 25 日，一萬八千名龐貝居民為求活命而奔逃。我們知道這一點，是因為在遭掩埋的塌陷屋頂和樓板廢墟下只找到大約兩千具屍體。此時將展開的，是這齣悲劇極其致命的培雷式階段（Peléan phase）。

　　可憐那些尚未死亡的居民，這要命第二幕的特點是奔騰轟鳴的火山碎屑流（pyroclastic flow）——雪崩般的灼熱氣體和塵埃以每

小時 96.5 公里的速度，從山上緊貼地面直落而下。[5]

　　大多數的死亡都是這些氣體——過熱到 750 度、混合了幾乎是燒到發紅的塵埃顆粒——所造成。氣、塵混合物把肺給燒焦了。每一口呼吸都會致命，不可能做任何抵抗。比烤箱還熱的強烈熱度把這一帶許多有機物質都變成了碳。許多受害者被發現時，頭頂蓋不知去向，那是因為他們的腦部沸騰後在顱骨內炸開了。

　　所以，慢速運動的熔岩**不是**西元 79 年龐貝事件的元凶——熔岩後來在 1906 年害死了一百多人，當時維蘇威火山噴發產生歷來最多的熔岩，而因基拉韋厄火山（Kilauea）之故，熔岩接著又摧毀了夏威夷的地產。

　　但「慢速運動」不必然意味著「溫和」，細菌就是明證。的確，運動太過悠哉以致不知不覺，如今正令數百萬人憂慮日甚。而有一種這類型的運動，顯現於古往今來鮮少有人造訪之地——一個將來甚至可能不復存在的地點。

注釋

1. 有一則老笑話是關於兩名被熊驚嚇的露營客。其中一名全速跑掉，另一個緊跟在後。當他們氣喘吁吁地會合時，第二個傢伙說：「你幹嘛跑？你真的以為你跑得過熊嗎？」第一名露營客聳聳肩回答了這個問題：「我不需要跑得比熊快，只要比你快就行。」

2. 對任何研究人員、編輯或作者來說都很挫折的一種經驗，就是替某個本應眾所周知的物事找尋一槌定音的資料。有些權威說喜馬拉雅山每年升

高多達 6 公分，有些則說是每年 0.36 公分。你可能會認為，在我們這 GPS 的現代，這應該已經搞定了吧。這麼說好了：在你我這一生當中，聖母峰會長高 0.3 公尺，不然就是 4.8 公尺。

3. 過去十八年來，美國國家科學技術中心（National Institute of Science and Technology）的科學家和波士頓麻州大道上麻省理工學院德國物理學家克特勒（Wolfgang Ketterle, 1957–）的實驗室之間，存在著研究上的競爭關係。兩邊你來我往，每隔一段時間便製造出勝過對方的史上最低溫。

4. 讀者如果想對那場著名的災變有更全面的臨場感，下面是普林尼更完整的第一手紀錄。由於這份鉅細靡遺的描述有這麼多人讀過，現代的火山研究學者正式把所有爆裂式火山噴發都歸類為「普林尼式活動」。普林尼寫道：

> 您要求我送交一份關於我叔父之死的紀錄，期能將其更精確之關係傳予後世，我已經知道了……儘管他不幸去世，然因此事同時涉及至美國土淪為廢墟，且毀滅這麼多人口稠密之城，對他永懷不忘的追思似為可期……
>
> 我的叔父……當時和他所指揮的艦隊在米塞努。8 月 24 日，大約下午一點鐘，我母親要他去觀察一朵看起來大小、形狀很不尋常的雲。他才剛在太陽下轉了一圈，冷水沐浴並享用簡單午餐後回去看他的書。他立刻起身出去站在一處隆起地面上，大概從那兒可以把這極不尋常的景象看得更清楚。有一朵雲正在上升，從這距離看，不確定是從哪一座山升起（不過後來發現是來自維蘇威山），我沒法就雲的樣子給你更精確的描述，只能比之為松樹模樣，因為它以甚高之樹幹形態向上射至極高處，在頂端向外擴散成樹枝之類；我猜想起因或為空氣中突如其來的狂風所推動，其力量隨雲向上推進而遞減，又或為雲本身受其自身重量壓回，因而以我所提及之樣貌外擴；有時顯得明亮，有時黑暗且有斑點，端視其所含泥土和灰渣之多與寡。此種現象對我叔父這等學養與研究的

人來說，似乎異於尋常且值得更進一步觀看……在此同時，維蘇威山多處地點耀出大片焰光，夜晚的黑暗使之更加明亮、更加清晰。但我的叔父為了安撫朋友的不安，向他保證那只是村莊起火，那兒的鄉下人放棄救火。之後他就回去休息，而非常確定的是，他沒什麼不安，所以才能睡個好覺。因為以他的肥胖程度，他的呼吸相當沉又響亮，外頭的隨從都聽到了。通往其屋宅的庭院此時幾乎滿布石子和灰燼，如果他在那兒多待一會兒，就不可能逃出來……當時其他各地都是白晝，但在那兒，到處都是比最濃重的夜更深沉的黑暗；不過，這種情形因火把和各式各樣的亮光而得到某種程度的緩和。他們正確地想到要往下走得更遠到海邊，看看是否能安全上船出海，卻發現浪還是衝得極高，而且狂暴。我的叔父到了那兒，躺在一塊攤開供他使用的帆布上，兩度叫人拿些冷水來喝，但一陣硫磺味過後，緊接而來的火焰驅散了這群人，逼得他站起身來。他在兩名僕人協助下起身，立刻又倒下死了；我猜想死因是某種令人作嘔的有毒蒸氣導致窒息……這場可悲的意外發生後第三天，他的遺體被找到時完好且無任何暴虐痕跡，身著他倒下時所穿的衣物，看起來更像是個睡著而非死去的人。在這段期間，我和母親一直都在米塞努──不過這和您的歷史研究無關，您也無意於我的叔父之死以外的任何個別事件；所以我停筆於此，只再補充一點：我已如實陳述我親身所目擊，或災禍初發之後、有餘裕修改真相之前所獲知者……

普林尼也在給塔西陀的信中寫道：

很多天前便已注意到大地震顫，但並未給我們太多警訊，因為這在坎帕尼亞（Campania）頗為尋常；但那一夜，震顫如此劇烈，不只搖晃，實際上是打翻我們身邊所有事物……此時雖是上午，光線還是非常黯淡模糊；我們周遭建築物都搖搖欲墜，儘管我們站在空地上，然而此地狹隘偏促，殘存之地沒有一處無立即危險；因此，我們決心要棄城而去。

陷入恐慌的群眾跟著我們（當心智因畏怖而發狂，他人的建議似乎每一項都比自己的更深謀遠慮），而且擠成一團地推著我們，在我們出城來的一路上催促我們向前。等到與那些房子相隔一適當距離，我們停下來靜靜地站著，身處最危險、最駭人的場景之中……大海似乎往回捲，被大地發狂般的猛烈運動給驅離了岸邊；可以確定的是，至少海岸變大許多，若干海中動物被遺留在岸上。在另一邊，令人畏懼的烏雲被鋸齒狀的疾馳閃電撕裂，露出雲後形狀變化多端的一團團火焰……。過後不久，雲開始下沉，覆蓋海面。先前，雲早已包覆遮蔽了卡布列阿耶島和米塞努岬……。此時灰燼開始落在我們身上，雖然量不多。我回頭望，一片漆黑的濃霧似乎正跟隨我們之後……此時變得較為明亮，我們猜想那是正在逼近的爆焰前兆（確實是如此），而非白晝回返。然而，火在離我們有一段距離處減弱了，於是我們再次淹沒在濃重的黑暗中，一陣灰燼如雨般狂灑在我們身上，我們被迫不時起身甩一甩，否則應該會被壓垮埋在灰燼堆之中……終於，這可怕的黑暗逐漸消散，如雲霧一般；真正的白晝回返，甚至有太陽閃耀，雖然是慘白的光，有如日蝕即將降臨之時。在我們視力極弱的眼前現身的每一個物體似乎都變了樣，被如雪一般的灰燼深深掩埋……

5. **火山碎屑**是火山爆發時所形成的岩石碎片。培雷一詞源自著名的加勒比海馬丁尼克島培雷山（Mount Pelée, Martinique），當地 1902 年大噴發之後，**火山碎屑流**一詞首度在科學上被定義出來。

第 3 章

南北極跑掉了

它們真的在位移——我們玩完了嗎？

世界轉動，此點不動。

——艾略特（T. S. Eliot），〈焚燬的諾頓〉（Burnt Norton），1935

一分鐘 10 公分。

你大概認為這太慢了，誰理它啊。但沒有任何自然界的運動比**南北極正在位移**這則新聞標題更能引發恐慌，這是新世紀派驚悚文學與主流科學的聯姻。有些嫌高血壓還不夠他擔心的人害怕我們可能瀕臨全球性災難，而禍端根本不在天際星辰，卻是在我們的大地之母。

這些改變真實、可量度，都有蛛絲馬跡可循。這不是如果或何時的問題。兩極**正在**位移。這樣有讓你擔心了嗎？

成為鄰里間的極移專家，既簡單又有趣。只有幾件事要學。其中一項事實、也是基礎知識，我們四年級上地球科學課時就已經輸入我們的大腦皮質了。這項知識是：我們的地球有**兩組南北極**。兩組之間毫無相似之處。兩組都一直在運動，但效應截然不同。

一直在瘋狂運動、速度前所未見且引發「這什麼意思」的種種焦慮——這組南北極是磁極。但我們先來談談它們的競爭對手：地旋極，也就是地理極。

這兩個極點是地球旋軸與地表相交之處，是經線匯聚成一個針孔般小點的地方，位置就在北緯 90 度與南緯 90 度。這兩個極點是絕無僅有的無經度之地。[1] 北邊那個位置便是聖誕老公公住的地方。當你站在北極，你踏出的每一個方向、任何一步，都是向南。其他方向都沒有意義，你可以把你車上的 GPS 關了。

在南北極、也只有在南北極，你不會被地球帶著轉。

如果你住在赤道，你隨著地球轉動，以每小時 1670 公里向東飛馳（這和我們這顆行星快得邪門的每小時約 107,000 公里軌道運動是兩回事）。這個速度幾乎不因你移動而改變——**一開始是這樣**。往北 5 度，或是 560 公里，旋轉的時速少了不痛不癢的 6.5 公里。但接下來的 560 公里讓時速降低 19 公里。等你到了陽光普照的薩丁尼亞島，移動的速度只有每小時 1280 公里，而再跳個 560 公里會讓你再慢個 96.5 公里時速，首度低於音速。

（你在地球上的哪裡會**剛好**以音速轉動呢？紐約的胡士托。悠閒的嬉皮之地，依然熱中於音樂。誰說反諷不是處處有呢？）[2]

地球在高緯度減速之快，沒多久便一發不可收拾。阿拉斯加費爾班克斯（Fairbanks）僅以每小時 680 公里旋轉，在北極是零。你幾乎就是動也不動地站在那兒，像個白痴一樣，轉得太慢，誰都沒發覺，十二小時後面向另一邊。

因為 90％ 的人住在北半球，我們讓北半球偏見占占便宜，向我們的老澳、紐西蘭人、南非和南美的朋友們說聲抱歉，為求簡明

扼要，把焦點放在北極。不管從哪裡出發，你直直朝著正北就到得了那兒。馴鹿不住那兒，沒有人住那兒。北極位於北極海裡，北極海原本是隨時都結凍，但現在到了小孩放假在家的夏天就成了開放水域。

成為第一個到達該地點的人曾是你所能做到最有聲望的事。這要是在一個世紀前，你馬上成了名人。問題是，與外界沒有通訊，而且 1600 公里內杳無人煙，你，還有被你遊說到願意同行的不管是誰，一切都要靠自己。即便你不知怎的打通皇家地理學會的求救專線、找到小房間裡一個有血有肉的人，可以想見他們會被你的問題嚇成什麼樣子。

「嗯，記得畢爾德利嗎？他好像困在冰島西北方 3200 公里的冰塊裡。想知道我們是不是可以派個人去把他接過來。對，現在就去。」

哈德遜（Henry Hudson, c. 1565–1611）發現了後來沙林博格（Sully Sullenberger）迫降的那條河之後，渴望進行更多的探險，並於 1607 年來到離北極不到 1100 公里處。〔譯注：哈德遜為英國航海探險家，以尋找西北航道聞名，成功探勘哈德遜河、哈德遜灣等地；2009年，沙林博格成功將引擎故障的客機迫降在哈德遜河面上，全機生還〕這在那個年代是一項驚人的成就。（1611 年春天，為了繼續尋找傳說中通往中國的西北航道所進行的極地遠征途中，他的船員叛變，把哈德遜、他十幾歲的兒子和其他幾個人放到一艘無遮蔽的船上，進了我們今天所稱的哈德遜灣，再也沒人看見過他們。）

在接下來的兩個世紀裡，有幾個俄國和英國的探險家設法要再往前靠近個幾英里，但進展不大。19 世紀後期，這項競賽的熱度

升高——如果熱度這個字眼用得還算對的話——美國的洛克伍德（James Booth Lockwood）和他的雪橇隊走得比他之前的任何一個人都更北邊。他死於 1884 年 4 月、悲慘的三年遠征途中，在救援隊抵達的兩個月前，得齡三十一。他到達北緯 83 度 24 分 30 秒，離目的地只剩 725 公里。

兩年後，姓氏同韻的挪威探險家南森（Fridtjof Nansen）和約翰森（Fredrik Hjalmar Johansen），離開有如被桌鉗夾死在北極海盆浮冰中的探險船「前進號」（*Fram*），靠著滑雪板和狗拉雪橇到達北緯 86 度 14 分。他們只剩 320 公里，卻被迫停下來。

終於在 1909 年 4 月 6 日，美國人皮爾里（Robert Peary）拿下了北極，他是靠狗拉雪橇成功的。僅僅兩年後，1911 年 12 月，南極被挪威人阿蒙森（Roald Amundsen）的遠征隊征服。一個月後，可憐的史考特（Brit Robert Scott）抵達南極；他這趟顏面掃地的探險不只沒能讓他率先抵達，還賠上整隊人的性命，因為殘酷的噩運讓他們撞上十年來最寒冷的天氣。

探險家們所到達的極地並非固定之地。雖然地理極在兩種類型的極地中向稱穩重（瘋子般一直動來動去的是磁極），但的確會前後位移。不多，每年只偏離平均位置大約 12 公尺，最大移動量只比 30 公尺多一點點。然而，因為天文和大地測量，地契和丈量地圖更不用說了，都是以經緯線系統為基礎——就是地圖和海圖上那些水平和垂直線，用來精確定位地球上的每一個池塘、住家和廢車場——也因為極移使這些定位數值些微失真，所以這些變異備受注意並受到持續監控。

　　為了取得兩極運動的精確資訊，國際緯度服務（International Latitude Service, ILS）在 1899 年成立，1961 年更名為國際極移服務（International Polar Motion Service, IPMS），如今由國際地球自轉服務（International Earth Rotation Service, IERS）接手繼續進行研究。你想知道我們的地球怎麼了嗎？他們會告訴你。這個服務組織的各個分部致力於持續觀測緯度改變（還有自轉中斷和其他許多鮮為人知的事項）。他們隨時更新地理極的精確座標。這是一個嚴肅正經的組織，如果南北極出乎意料地位移 0.3 公尺，他們的成員會抓著電話說：「你坐穩了嗎？你一定不相信！」就像他們在某些重大事件如海嘯之後會做的那樣。

　　地理極，或物理極，只是隨著特別劇烈、導致我們這顆旋轉星球質量重新分配的地震「跳一跳」。比較常見的情形是，兩極運動只包含兩種變動流暢的部分。有一種循環式位移叫做錢德勒擺動（Chandler wobble），每 433 天或 1.2 年完成一個週期，還有一種似乎隨機前後移動的年度式運動。年度式的部分年年不同，不過都不超過 15 公尺。

　　為什麼地球會這樣？幾個世紀來，各種理論來來去去，沒有一個有堅實的證據。曾有一個概念最受支持：地球的橢圓形公轉軌道使得 1 月的太陽重力比 7 月強。如今我們認為，這是由於冰與空氣質量的季節性重分配。

　　那麼錢德勒擺動呢？因美國人錢德勒（Seth Chandler）於 1891 年發現此一行星迴轉現象而得名，終於在一百一十年後的 2001 年獲得解釋。噴射推進實驗室（Jet Propulsion Laboratory）的葛羅斯（Richard Gross）利用電腦模擬做出具說服力的分析，證明 433 天

或說 1.2 年擺動大多源自於溫度與鹽濃度變動所導致的海床壓力變化。鹽移動了南北極！其他的錢德勒擺動則導因於大氣波動。

地理極（也就是我們所知的物理極或自轉極）從來沒有顯著位移過，至少從四十億年前月球創生以後沒有過，而且也永遠不會。你用二十秒就能走完極點位置的最大變動距離。

顯然，當人們語帶恐懼談到極移時，他們指的不會是地理極。事實上，大多數老百姓甚至不知道是**哪個**極害他們憂心忡忡。上次的地球科學課至今已經太多年了。如果你問他們：「你指的是哪個極——地理極或磁極？」你得到的很可能是一臉茫然。

* * *

地理極要是突然來個大位移，可能會引發全球毀滅，但這種事從來沒發生過，物理上也不可能，所以說到這就夠了。

接下來要談的南北極，不只是像我岳母找車停在哪兒那樣，繞著圈圈遊蕩個幾十英尺。我們現在說的是**能動的**極點。

這就是羅盤所指之地。

地表下 4800 公里的液態鐵，繞著端坐地球中心、橄欖核般的固態鐵球晃蕩移動，產生出相當微弱的磁場（我們地球磁場的磁力大小平均約 0.5 高斯。做個比較，冰箱的強力磁鐵是 100 高斯）。即使把細長磁片擺在針尖上平衡，以便最輕微的撩撥也能使之旋轉，也只能虛弱無力地向北看齊。我們這顆行星的磁力不怎麼帶勁——比方說，比不上木星的磁力。

下面是只有大學物理教授才知道的一點點奧祕：地球的磁**南極**

位在遙遠的北方（磁南極是磁場線向下朝地心而去的那個極點）。但為了讓我們的老百姓保持常規、快樂、不受混淆的狀態，我們把這個極點稱為磁北極，我對此並無異議。這個極點位於北方，憑這一點就夠格掛上這塊名牌。

小時候，我們把鐵屑撒在紙上，下面放一塊磁鐵，便會看到磁場彎彎曲曲的特殊形狀。同樣的，地球的磁場線水平越過大半個地球，然後在～呃～北極直線下降。所以，磁極就是磁場線排列成垂直上下之處。但你不必費事想像磁力彎進地底的畫面，有一種更簡單的方式可以找出那個「垂直場線」的位置：羅盤會指向那兒。

磁北極位於何處很重要嗎？也不是真的那麼重要啦。極光環繞該處形成綠色光環，很美。阿拉斯加費爾班克斯的人要是看到極光遷移得太遠，會很遺憾。但除此之外，極光位移不影響任何人、任何事物。

而且還有好處。雖然最晚從伽利略和莎士比亞之前的年代開始，磁北極就位於加拿大領土內，但一直在移動，目前座落於距離自轉極 800 公里處。至少打從英語聽起來像個現代人耳朵聽得懂的東西以來，這兩個互爭正統的極點——地理極和磁極——就沒這麼靠近過。

其實在 17 世紀和 18 世紀期間，磁北極是往南漂移，直到它落腳於北緯 69 度，勉勉強強算是在北極圈之內。接下來它開始往北走。1831 年，英國探險家羅斯（James Clark Ross, 1800–62）最先發現磁北極位於加拿大北極群島中最北的島嶼埃爾斯米爾島（Ellesmere Island）。一個世紀前，磁北極的向北運動開始加速，而且從每年 8 公里增加到 60 公里，令人費解。如今，磁北極在全球第十

大島埃爾斯米爾的正西方，島上只有一百四十個愛好冬季運動的人住在那兒，大部分隸屬加拿大軍方。他們喜歡誇耀自己是世界上最北的一群人。

上個世紀，磁北極朝著幾乎是正北方急行 1046 公里之多，因此現在正要通過北緯 84 度，移動的速度是每小時 6.7 公尺。

磁北極最近跨越埃爾斯米爾的 320 公里疆界，這意味著磁北極不再屬於加拿大人。磁北極原本是他們名聞遐邇的原因之一，他們對這樣的發展不開心。他們先是經歷了楓糖漿收成不佳的一年，現在又這樣。

如果極點繼續往目前的方向走，就會在今天的青少年開始要弄掉自己身上的刺青時，大概是本世紀中葉，直衝過北極海，然後從另一邊往下進入西伯利亞。

佛陀教人平等捨心——我們應該對一切一切的事物都不要有意見。嗯？有誰應該關心這檔子事嗎？這些極點是原地不動或狂奔到新地點，有什麼打緊？下面是為什麼有些人真的很在乎的理由。

平均每一百萬年有兩、三次，地球的整個磁場會極性反轉。換言之，如果你活在一百萬年前，手裡拿著羅盤面朝我們今天所說的北方，指針會指向南方。即便你和我原本甚至感覺不到地球的磁力。大部分的動物也都不行。[3]

「極點翻轉」的想法**聽起來**既誇張又令人憂心忡忡，但其實背後的科學非常酷。

我們是從 1959 年之後才知道磁性反轉。磁性反轉一開始不容易偵測，因為過去七十八萬年一次也沒有。結果，當含有亞鐵磁性

礦物質的熔岩凝固時，其中的鐵質微粒順著地球當時占優勢的磁場進行排列。熔岩一冷卻到低於攝氏 768 度的**居禮溫度**（Curie temperature），就會出現這種情形。〔譯注：居禮溫度為磁性材料的磁性轉變點。低於該溫度時成為鐵磁體，磁體的磁場方向很難改變；高於該溫度則成為順磁體，磁體的磁場方向很容易隨周圍磁場改變〕所以，我們可以把這些岩石當成小說來讀。

研究人員越挖越深，興奮地翻動歷史書頁。這裡有一次反轉，還有這裡、這裡，直到他們在過去八千三百萬年裡挖出了一百八十四次極性反轉。

這些極點翻轉是某種怪異的新運動循環。而你也**知道**我們人類有多愛模式，又有多愛試試看不同模式是否同步協調。如果當成是耶誕節，這類節奏就像是綁上彩帶、絕妙的拼圖玩具。

但當我們一個一個拆開包裝，就變得越來越清楚：極點是隨機反轉。沒有節奏或理由，沒有模式。運用放射定年法，我們發現南北極平均每四十五萬年便會改變一次位置，但有時會快速**翻轉**。在將近兩百萬年前，僅僅一百萬年內就有五次反轉。在另一時期，三百萬年當中有十七次。岩石紀錄甚至顯示有一個例子是五萬年內翻轉兩次。

每一個地磁週期稱為 **1 時**（chron）。「時」與「時」之間有過渡階段：新極性的確立要花上一萬年到十萬年。與今天的妄想式新聞報導恰恰相反，磁極反轉從來都不是你喝一杯拿鐵的時間就能展現的東西。假設某次極點反轉在末次冰盛期開始，當時紐約中央公園還沉沒在 1.6 公里厚的冰下，那麼這次反轉到今天還沒完全確立呢。

　　研究人員也發現了兩、三次的**超時**（superchron），同樣的磁性排列持續超過一千萬年。白堊超時持續了四千萬年，更早的一次持續了五千萬年。[4] 至於其成因，就各吹各的號了。誰能弄清楚地表下 2900 公里、液態外核的起始處到底在進行些什麼？地震回波分析提供一幅地球內部分層的粗略圖像，我們只能期望未來經過仔細修改後，會讓我們了解磁場如何、何時產生與反轉。有一件事是確定的：無數噸流動液態鐵的宏大模式要為此負責，而且它們有自己的自然賦動作用。這些反轉確定與隕石大撞擊、海平面波動或我們所能發現的其他零星發生的全球事件無關，也與我們這顆行星的公轉軌道位移或自轉軸傾變動並不吻合，如果是這兩者，因其循複發生且可預測，應該會導致規律而非隨機的極移。

　　真正相關的是在此過程中的地球磁層狀態。要是我們的磁場暫時消失會怎樣？那東西不就是我們對抗宇宙輻射的防護罩嗎？要是這樣的話，會不會把地球上的生物給烤乾了，害我們身染如野馬脫韁般的異變和癌症？這一直是某些咖啡因過量的圈子裡近似歇斯底里症盛行的基礎。

　　科學的答案是：不會有問題。如果這些反轉真的有害，反轉期會與大滅絕時期吻合。沒有這種情形。化石紀錄顯示，極點翻轉從未對生物圈產生影響。那些反轉期也不是新生命形式突然出現的時期，演化並未在那些「時」間期（interchron period）受到激發。

　　最近有些比較安定人心的消息。在反轉試圖確立的那幾個世紀裡，我們的磁場似乎並未消失，而是許多新的磁極毫無規律地來來去去，我們的磁場樣貌改變，但好歹算是維持完整。

　　不管怎麼樣，分析顯示，即使沒有磁層，我們的大氣層還是阻

擋了大部分的入侵輻射。我們損失的只是保護層的表皮。這就像專業地毯清潔——滿好，但不是真的很需要。

上次極性反轉至今已七十八萬年了。很長的一段時間。無論極點翻轉與否，這些年月對我們哺乳類來說是美好的年代。就長期平均值而言，我們有點逾時了，但比起五千萬年的不中斷紀錄，我們還差得遠呢。而且翻轉過程一旦啟動，有可能會持續一千個世紀。

真的已經啟動了嗎？有一件事很怪，就是我們的全球磁場從1850 年以來已經減弱 10％，而且兩極的位置確實變動得非常快速。有些人從我們周遭所顯現的無數物理事件看出意義——通常是令人生畏的意義——但與這些人所信以為真的相反，沒有人真的知道這些改變是否預兆了什麼。或許，地球磁力一直上下波動，而 10％這事兒再正常也不過了。又或許兩極位移就是有時快、有時慢。我們這個時期是不是異常時期，是沒辦法知道的。

即使真的發生了，如果不運用測量設備，你也絕對沒辦法分辨自己是不是處在磁極反轉的「時」間時期。或許有些鴿子會飛得暈頭轉向，但也就那樣了。

加拿大北地部隊指揮官庫徹里耶上校（Colonel Norm Couturier）是負責保護加拿大極地主權的人，他在 2005 年就磁北極四處亂竄一事接受《艾德蒙頓新聞報》（*Edmonton Journal*）採訪。

「那是一種我們現有裝備無法處理的自然力量，」他開玩笑地這麼說。

承認如果失去極地會很難過的庫徹里耶指出，這件事也有光明的一面：隨著極地離加拿大而去，加拿大人比較不用負責照顧那些

準備不周、半瘋狂地冒險滑雪前往磁北極的探險者。

「這大概意味著我們所要籌畫的救援任務會變少，」他說：「以前極地在加拿大疆域內，每年我們都得去援助或治療某個拚命要到那兒去的人。既然現在是在國際水域上，我們的壓力減輕了一點。」

你聽到了吧，**有些**人因極地到處亂跑而開心著呢。

注釋

1. 下面是電視益智節目《危險邊緣》中一則很酷的「答案」：「伊斯坦堡象徵性地被稱為東西方交會之地，但只有在此地，這個稱呼才是字字為真。」那一題問的是：「什麼是地理極？」東、西方就是在此地合而為一，根本不再是有所區別的物事。

2. 音速有一項限制條款：會隨溫度而改變其速度。不是壓力或海拔高度，只有溫度。例如，本書從頭到尾提到的音速都是每小時 1236 公里，但只有在室溫或攝氏 20 度是如此。聲音的運動在冰點攝氏 0 度顯著較慢，只有每小時 1193 公里。在攝氏 22 度以每小時 1240 公里、在攝氏 24 度以每小時 1245 公里疾馳，而當攝氏 27 度時，則為每小時 1250 公里。

3. 儘管大多數動物都對地球磁場「盲目」，但行為研究已經證明，確實有某些動物可以感覺得到。這其中包括海龜、魟和蝠鱝、信鴿、候鳥、蜜蜂、鮭魚、鯊魚和鮪魚。研究人員發現，這些生物的神經系統全都含有磁鐵。這些小小的、天然產生的類磁晶體會順著磁場方向排列，像微型羅盤指針一般作動。這類晶體無疑是關鍵的生物學要素，讓某些動物得以感覺到地球磁場並藉以導航。

4. 只有我這樣覺得嗎？還是**白堊超時**這個詞聽起來就是不可思議的酷？我一有機會便用這個詞，即使時機並不恰當。然後人們會問我那是什麼意思，就讓我有理由再說一次。

∞第 4 章∞

非沙不愛的人

還有亞他加馬沙漠引人好奇的現象

逆風擲沙去，

風吹沙又回。

——布雷克（William Blake），〈譏笑吧伏爾泰，嘲弄吧盧梭〉
（Mock On, Mock On, Voltaire, Rousseau），1800–03

　　亞他加馬——一個全然寂靜但偶有怪異現象的區域——是地球上最乾燥的地方。和所在國智利一樣，亞他加馬持續不懈地從北向南延伸，以南緯 20 度為中心，占據一大塊廣袤之地，而幾乎所有主要沙漠，不論在哪一塊大陸上，都以這個緯度為家。亞他加馬在地理上的特異之處在其狹窄：亞他加馬從安地斯山脈西麓乍然而起，在僅僅 96.5 公里外、冰冷的太平洋岸倏然而止。

　　離開了智利的安地斯山脈，我別無選擇，只能把車開進亞他加馬。我運用可疑的判斷力，卻衝動地選擇一條沒走過的多沙小徑，朝西北而去。這條小徑在地圖上是以細到不能再細的線來標示，迤邐近 113 公里後抵達一處海邊的漁村。我的油箱幾乎滿桶，有一瓶水，嗯，那還缺什麼？

　　然而，孤單一人駕車行駛在沙丘與小石塊之間，別無他物，也沒遇到半輛車與我擦身而過、各奔前程，僅僅一小時後，一開始興高采烈的探險心情便代之以模模糊糊的不安。

　　杳無人跡、陽光熾烈，當然沒有行動電話服務。要是車子壞掉怎麼辦？沒人知道我的行程安排。什麼時候才會再有車子開上這條乾巴巴的塵埃小徑？下一次有交通工具出現會是這個月嗎？還是今年？我瞄了一眼旁邊座位上塑膠瓶裡僅僅 1 公升的水，心裡突然浮現一個念頭：我是白痴。

　　調頭，或繼續走？我估計自己大概走了一半，怎麼做都沒差。反正，絕不回頭。在當時，我並不知道自己的漫遊到後來會與一位傳奇的英國陸軍准將緊密相繫，這位傳奇人物名叫巴格諾德（Ralph Bagnold, 1896–1990）。

　　突然，黃色沙塵暴無預警地出現在我前方 36.5 公尺處，我猛踩煞車，製造出毫不遜色的塵雲。沙塵暴和龍捲風極為酷似，是縮小版的龍捲風。我下了車，得伸長脖子才能看清楚沙塵暴直上無雲青空的高聳程度。此時這個沙塵暴和我右邊的一個孿生沙塵暴相連，兩個都在瘋狂旋轉，以大約步行速度往前移動，而且看不出要消散的跡象。兩個都約有 1.8 公尺粗。在一成不變的沙漠中，其他樣樣事物都毫無動靜，甚至連一點風也沒有，此一突如其來、活蹦亂跳的動態令人大吃一驚。猛烈的旋風不只超現實，老實說，根本就是詭異。

　　不同於龍捲風，沙塵暴是從地面往上發展。沙塵暴偏好乾燥的地方，而且不是由雲所形成。的確，如同此刻我在觀察的那對，沙塵暴通常是在寧靜、無雲的天空下成形。[1]

　　我知道沙塵暴可達最高的摩天大樓之上，但這兩個高聳直立說不定有 91 公尺。三十層樓。

　　火星上乾燥且非常稀薄的空氣中，沙塵暴突然成形，橫越巧克力色又帶點橘的土壤往前進，彷彿鬼神所為。事實上，這些沙塵暴在阿拉伯語中就叫做 jinni，意思是「精怪」，這也是我們 genie（精靈僕人）一詞的語源。沙塵暴拔地而起，粗魯地給了這顆無生命的紅色星球一個暗示：沒錯，即使在那兒，地球僅是天空中一個小點，還是有大自然之手在攪和。

　　那些奇異的「精」靈「神」怪甚至還會好心幫忙。2005 年 3 月 12 日，監控火星漫遊車「精神號」（Spirit）的技術人員發現，「精神號」與沙塵暴的一次幸運相遇，把太陽能板上厚厚的積塵吹走了，這些厚塵之前一直阻斷許多電力供應。如今，發電量突然之間大幅提高，擴大進行的科學計畫開開心心地排上了日程表。先前，另一輛漫遊車「機會號」（Opportunity）的太陽能板也神祕地清除了積塵，原因同樣推測是沙塵暴。

　　我突然強烈渴望走進沙塵暴裡。會危險嗎？那些風到底有多快？[2]

　　我曾聽說沙塵暴有時會把野兔拋上半空。但在我親身經歷中唯一一個真正可怕的故事，是 2010 年德州艾爾帕索（El Paso）郊外三個小孩坐在充氣式玩具屋裡的那個經歷。這三人組連同玩具屋和所有東西被吹到空中，越過一座圍籬、三幢房屋後落地，傷勢並不嚴重。

　　這股衝動壓抑不住。那是我身為科學記者的研究職責，我替自己這麼自圓其說。我笨手笨腳地慢慢跑過沙地，朝向最近的沙塵

暴，一步一陷，但旋風移開了，好像惡作劇的 jinni 一樣。它一直逃避我，然後比較遠的那個突然消失了，好似作夢一般。

當我終於轉身，要回到我認為是車子和沙土路所在之處，兩者都無影無蹤。一定是藏在某個陷坑裡，我這麼想。隨著形單影隻的沙塵暴蛇行離去，崎嶇多石、陽光普照的沙漠鋪天蓋地而來。

我站在那裡，著迷於此種孤離。我有著與人類隔絕之感。

任何一個去過沙漠的人都知道沙漠的催眠魅力。我在 2006 年曾去過撒哈拉沙漠看日蝕，但那次日全蝕到最後也只有一開始還有點吸引力，而沙漠的魔力只增不減。更早之前，二十二歲那年背著背包遊歷世界，我在伊朗東南部位於克曼（Kerman）與扎黑丹（Zahedan）之間的廣大沙漠待了幾個星期；那兒的夜空墨黑且滿布星辰，一如我想像中月球背面的夜空。[3] 我也很喜歡印度西部拉賈斯坦荒原中的塔爾沙漠（Thar Desert），喜歡那兒的野駱駝群和友善的人們。每一處沙漠都獨一無二，而眼前這一個，亞他加馬，有幾個特殊之處。

對入門新手來說，這是所有沙漠中最乾燥的。某些地段過去五年沒有降下足堪測量的雨，因而就連灌木植物也絲毫不見蹤影。寒冷、豐饒的南太平洋，以及其著名的洪堡洋流（Humboldt Current），拍打著沙漠海灘；那兒的企鵝群落在受保護的海灣築巢，令人望而生畏的安地斯山巔則以陡峭之姿劃定了東邊的界線。這些山脈是導致乾燥的元凶。盛行東風被迫上升、變冷，然後把水氣傾洩於玻利維亞東南部和阿根廷北部。晚上，安地斯山脈上空幾近連續不斷的閃電籠罩著兩國之間肉眼看不見的邊界。當空氣從安地斯山脈降下來時，已經是乾巴巴了。

　　缺少降雨和植被是大多數沙漠的識別記號，但這些沙漠還共有另一項特徵：藍天烈日的經典舞台配置。無樹可供遮蔭的亞他加馬讓人難以喘息。

　　站在嚴酷、多沙、烈日曝曬、與世隔絕的 360 度全景影像之中，我明白自己輕忽了所有「動作角色」中最核心的那個，其自然運動給所有事物定下了規則：太陽。

　　對我們大多數人來說，太陽有時構成我們各種計畫中的要素：如果陰天的話，是不是該取消我們的海灘之旅？但在現代，我們很少因為太陽而調整行為，多半會視而不見。即便滿嘴科學的討厭鬼，也只是模模糊糊知道太陽的各種週期循環和古怪行徑。

作者似乎迷失在沙漠中。全世界沙質荒漠的沙都以精確的數學方式移動。

　　但在沙漠的此刻，別無他想，太陽掌控一切。如果你陷在此地，沒有逃脫之法，由太陽決定你最後是生是死。

　　太陽最基本的動態是日夜交替。終我們之一生，這個節奏維持穩定不變，但就我們這個世界的壽命長度觀之，其一致性差多了。第一批恐龍走過紐澤西州草原濕地時——當時是盤古超級大陸的一部分——那時的一年有四百天。

　　不可能嗎？那就再往回看，回到生命剛出現的時候。當時地球自轉要快上**許多**。這種環境真的很不一樣，認不出是今天這個世界

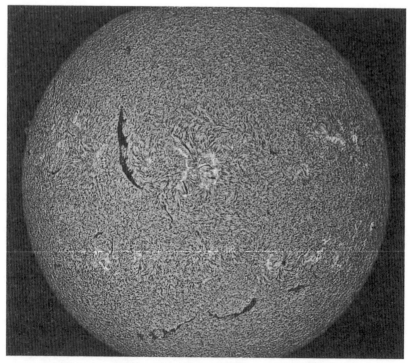

太陽一個月自轉一次，其表面上下脈動有如超低音揚聲器。（*Matt Francis*）

的前身。空氣中沒有氧，太陽黯淡 30％，而且每天花五小時就從這邊的地平線跨越到那邊的地平線，**其運動肉眼可辨**。陰影的移動察覺得出來，如同縮時自然攝影一般。

月球的潮汐牽引製造出下方的海面隆起，以及地球背面的另一處隆起。這些隆起隨著地球自轉而移動，在無數噸海水拍擊海岸線、對泳客與海灣發出「漲潮」訊息時施加一點力矩。藉由拖慢我們自轉的速度，月球所造成的潮汐不斷地把我們的一天拉長，使得太陽橫越天空的運動越來越懶散。

每一、兩年一次，當科學家宣布要在 6 月或 12 月的最後一分鐘插入一個「閏秒」時，就會讓我們想起這件事。電視台把這份工作交給他們的氣象專家，這些專家解釋這額外的一秒是必要的，因為我們的行星正逐漸平靜下來，最終將使得遙遠未來的每一次自轉、我們的每一天，相當於現在的四十天長。

但如果你是一絲不苟的正牌技客，一定會當場停下腳步、抓著你的計算機，對每一個聽得到你說話的人說：「等一下！每一、兩年多一秒？地球不可能慢得那麼快，絕對不可能！」你在計算機按鍵上噠噠噠一陣之後弄明白了，這顆行星的一天要是真的每幾年就變長一秒，我們在幾十億年前便會是有如凍結般的靜止狀態。有些事不是加總起來就行。關於我們這個世界的自轉，有些說法根本說不通。

因為媒體總是把這搞錯，下面是真正的獨家內幕。答案就在於美感，甚至是詩意。畢竟，設定正確時間的錶是與地球自轉同步的一種裝置。這種裝置讓獵戶座和天狼星踏著我們腕上計時器的拍點齊步行進，近幾年則更有可能是按我們智慧型手機上的超精準數位

時間，它的訊號與原子鐘的週期同步，即便我們並不在乎這樣的精準度。

1950 年代有一項重要的決策，是我們這個旋轉星球上所有國家之間的協定。簡單說，就是以地球自轉來校定時間，而非石英晶體振動或其他任何的計時方法。這意味著我們需要兩種保持相互同步的平行監測系統。其中一種是我們的行星自轉，由位於法國的一家機構持續不斷地檢視，不出人意表，這家機構就叫做國際地球自轉服務。

另一種系統需要每天仔細標記 86,400 秒，每一秒都要精確定義。這些公定的滴答聲是藉由維持銫 133 原子核的特定旋轉方向來加以計數，這只有浸浴在每秒 9,192,631,770 次微波脈衝之中才能做到，其他任何頻率都會使銫產生變化。所以，一部原子鐘只是一個真空室，其中的氣態銫原子噴泉浸浴在微波中，且銫的狀態受到持續監控。就是這麼一回事。如有必要，自動控制裝置會對微波頻率做些微變動。因此，公定的秒是 9,192,631,770 次微波，這是維持銫 133 於固定狀態所需。這個精確的微波脈衝數**就是**秒的定義。

公定的秒恆定不變。至於地球，嗯，不然。自轉不規律尚未得到充分理解之外，恆星觀測還顯示，每經過一個世紀，地球的一天便會延長七百分之一秒。

或許這似乎太過瑣碎，根本無關緊要。和你出生那天比起來，你開始領取州年金的那天變長了千分之一秒。當然，是有增加，但實在少到不需要每一、兩年就把鐘瞎弄一番。所以，還是一樣的問題：為什麼要有那些閏秒？

底下這個解釋保證你的街坊鄰居沒人知道。

在現行系統於 1950 年代啟用之前，天文學家一直用的是之前三百年所蒐集的地球自轉數據。公定的一日長度制定於 1900 年，但在幾個世紀的觀察期間，一日的長度慢慢在增加。如今經過仔細分析顯示，1820 年的一天剛剛好是 86,400 秒。在那之前，每往前一天就短一點，從那時起則越來越長。

一般來說，我們是在 86,400 秒等於一天的幻覺中做事情。但這有近兩百年間並非真實。現代的一天長 86,400.002 秒。所以，我們錯得一塌糊塗。現行系統在半個世紀前啟用，當時我們**是可以給**每一個公定秒加上幾百次那種微波脈動，藉以對每一秒做些微不同的定義。誰會在乎這些微的不同呢？而這麼一來，我們的鐘幾乎是永遠用不著閏秒。但我們沒那麼做。所以，現在每一、兩年，小小的每日誤差累積得夠多了，我們必須處理這自然增加的落差。

總而言之，真正的問題不是地球正在變慢，這件事的發生太過漸進，不會有多大的重要性。這裡的問題在於我們眼前的每一天都比 1820 年的一天長，而令人為難的是，後者正是我們的計時系統之所據。

因為我們愚蠢地依據 1820 年的數據來設計「秒」，現在我們必須彌補今日的一天與喬治四世稱王那一天的差距〔譯註：喬治四世於 1820 年繼任英王〕。這意味著每五百天左右就要增加一秒。這是為了維持地球自轉時間與原子秒時間一致所需的「補釘」。[4]

由於地球變慢，太陽橫越天空的運動也更加悠閒。以人類壽命長度當然不會注意到太陽慢了下來，反倒是太陽在天空中的位置，才是對我們有所影響的重要節奏。冬天的太陽低而微弱，夏天則高而熾烈。每天的明暗比——冬天日短夜長——也很關鍵。除此之

外，大多數老百姓都對太陽的運動不知不覺。又有多少人知道，在整個北半球，如美國、歐洲、中國等等，太陽**總是向右移動**？意思是太陽斜向右上方升起，然後在中午直接向右，再悄悄向右落入西方的地平線。

赤道居民所見有所不同。那兒的太陽向上直升，直到頭頂。然後，整個下午就像鉛球一樣直直落下。因此之故，日落時很快隱沒於地平線之下，熱帶地區的暮光總是短暫。在南半球，白天的太陽**向左**移動。萬一你被下了麻藥綁上船，醒來時人在另一座大陸上，這是一個知道自己身在何處的便捷之法。

＊　　＊　　＊

你還能再應付一件太陽的怪事嗎？一年當中，日與夜**並不平衡**。由於我們有大氣層使光彎折，太陽其實早已落下，卻看似仍在地平線上。在那一刻，我們看到的是幽靈，是太陽的魅影。這是空氣的戲法，**折射**，讓大部分地區每天多了七分鐘的陽光。這就是為什麼春、秋分的日夜**並不等長**──太陽占了上風。

此一份外的日照積少成多，**我們每年享受四十小時額外日光**。

除此之外，如我們所知，日落之後絕不會一下子陷入漆黑。月球上是，但在我們這兒不是。折射作用奉送了迷人的曙暮光（twi-light）之禮，其中最明亮的部分提供了額外一小時可用之光，分配給黎明與黃昏。

最明亮的落日餘暉稱為**民用暮光**（civil twilight）。儘管聽來模糊，**曙暮光**一詞可是定義精確、有憑有據，取決於太陽在地平線之

下不可見的運動。在傍晚是指日落到太陽下沉 6 度之間這一段，也就是太陽寬度的 12 倍。在大多數地區，民用暮光持續約半小時。到了民用暮光的尾聲，根據很多地方的自制條例規定，街燈就必須點亮了。[5]

但太陽運動的根本在其橫越天空的速度。大多數人不懂什麼是角度，所以我們直接拿太陽本身的寬度作為測量工具。想想你看過的所有日落吧。太陽移動一段相當其自身直徑的距離，要花多久的時間？或是換成月球來想也行，因為月球是以相同的目視速度在移動。答案是——

太陽在橫越天空時，跨越自身寬度所需時間正好是兩分鐘。

在日落過程中，因為太陽是以某個角度滑入地平線，從剛開始接觸到完全消失的間隔大約是三分鐘。**這正好是運動可察覺與不可察覺的分野**。太陽移動的速度，似乎和幾英尺外看廚房掛鐘分針的移動是一樣的。

我們最後一項沙漠運動現象是沙漠最負盛名的特產：海市蜃樓。我們都知道，海市蜃樓在高溫表面上很常見，像是夏日午後的高速公路，而主因是光速改變。儘管光速有恆定之譽，但通過冷空氣時跑得比較慢。不過，夏季路面或灼燙沙子上方的熱空氣會讓光在那兒移動得比較快，更接近真空速度，而此一變化使撞上熱空氣的影像轉彎或折射，其結果就是鏡射效應。空氣反射天空的影像，完全像是一潭水。

但是當我身處沙漠之中，要察覺**任何的**運動是一件不可能的任務。那些沙塵暴一消滅，就什麼都不動了。水不流、雲不動、鳥不

盤旋、蟲不叫，也沒有葉子沙沙聲，沙漠看起來就像凍結一般。一幅靜止的照片。這樣的地景成了賦動現象的反命題。

但稍後來了幾陣炎熱午後的狂風，短暫地吹起了些許的沙。靜止的生命活了起來。顯然，長期而言，沙丘會移動。而談到移動的沙，其變幻之莫測只讓我想到一個人：英國陸軍准將巴格諾德。

他是英國典型堅忍自抑、博學多才的軍事家。巴格諾德生於1896年，他的父親是敢於冒險的皇家工兵上校，曾參與1884年至1885年遠征救援的光榮任務，試圖從喀土木救出戈登少將（Major General Charles George Gordon）。〔譯注：戈登少將曾參與英法聯軍攻入北京燒毀圓明園之役，後出任常勝軍統帶、鎮壓太平天國。1885年任蘇丹總督時，於喀土木圍城戰中死於伊斯蘭反抗軍之手〕他的姊姊是伊妮德‧巴格諾德（Enid Bagnold, 1889–1981），著有1935年暢銷小說《玉女神駒》（*National Velvet*）。

配備此種奇特遺傳系譜的巴格諾德追隨其父，唸了馬爾文學院（Malvern College），加入皇家工兵，在悲慘的一次大戰法國戰壕服役三年而獲頒勛章。戰後，巴格諾德在劍橋大學攻讀工程並取得碩士學位。他在1921年回任現役軍職，之後全心投入他一生的志業。他服役於開羅和印度西北部的塔爾荒原，把空閒的每一分鐘都拿來探索沙漠。

巴格諾德在1935年出版的《利比亞之沙：死亡國度行旅》（*Libyan Sands: Travel in a Dead World*）一書中，描述他周遊各地的行腳足跡。他開發出一種特殊的羅盤，不會因附近有乾燥區域地底常見的鐵礦而出錯。是他發現我們真的可以開車橫越撒哈拉，只要你在深陷沙中時把輪胎裡的大部分空氣都排掉，然後一直猛踩油門

就行。你應該感覺得到，這是吃過苦頭得來的知識。

　　儘管全世界三分之一的荒漠有沙覆蓋，但少有人研究這些**珥革**（erg）〔譯注：沙質荒漠之義，字源為阿拉伯文的عرق，音近 arq，意思是沙丘地帶〕，這是沙覆蓋區域的古怪名稱──大概是因為在那兒旅行並不容易，許多沙漠甚至連去到那兒都有困難，在這種情況下，想要有大的實質進展可有得等了。巴格諾德以他 1941 年出版、至今依舊權威的著作《風吹沙與荒漠沙丘物理學》（*The Physics of Blown Sand and Desert Dunes*），改變了這一點，這是本聽起來無聊、確實也是從頭無聊到尾的書。我讀了前面兩、三章之後發現，儘管我是受亞馬遜五星評價的吸引去買，但這不是一讀就上癮的書。不過，至今沒有任何書超越這本書帶給我們的啟發。巴格諾德運用風洞實驗預測沙的運動，並以利比亞沙漠的廣泛觀測證實了這些預測值。

　　基本上，沙是以其大小為特徵，而非其組成成分。巴格諾德把沙定義為直徑 0.02 ～ 1.0 公厘的任何微粒，雖然後來的專家大方地把上限擴大超過 50％，達到 1.6 公厘。大小很重要，因為沙的定義是所含顆粒小到能被風移動，但重到無法像灰塵和粉砂那樣一直懸浮在空中。太重而無法被風吹走的微粒歸類為碎石或砂礫。如果微粒小於千分之一公厘，基本上會一直在大氣中飄浮，根本很少落下來。但這樣的話，就會被稱為煙塵，而不是沙。不難吧。

　　雖然幾乎任何東西都可以是沙的組成成分，但大部分是石英，基本上是因為石英很常見，而且，巴格諾德解釋：「不會因機械或化學作用而裂解成更小的尺寸。」

　　甭說，是風導致沙堆積成丘，也把每一顆沙粒磨圓（當然，河

底和海底的沙又是另一回事了，因為那兒的侵蝕力量是水）。由於沙比空氣重 2000 倍，要被吹走並不容易。這可不是家裡的灰塵。當風速小於每小時 16 公里，根本觀察不到任何動靜，這就是我在亞他加馬一開始的感受。但接下來當風吹到每小時 16 ～ 32 公里，很多活動一下子都顯現出來。

風以兩種方式移動沙子。主要的方式叫做躍移（saltation），也就是沙粒搭便車。以這種方式，沙粒跑沒多遠便會被自己的重量往下拉回來。仔細看這個過程，就像在觀察數以百萬計的袋鼠快速跳躍。另一種運輸方式叫做蠕移（creep），風捲動沙粒或使之彈跳。採取這種方式的沙粒，通常以大約風速的一半往前移動。如果你在沙質荒漠上度過微風輕拂的一天，這兩種運輸方式都明顯得讓你不看都不行。其實是沒有其他動靜可以觀察。

你也可能會認為——當你在一望無際的沙丘間遊蕩時——除了風之外，不可能會有聲音。通常確實如此，但在很罕見的情況下，沙漠會唱歌。巴格諾德在他廣泛詳盡的沙之物理學研究中說道：

> 現在，我們從少量海灘沙被踩在腳下所發出的嘎吱聲，進展到遠方某處驚動沙漠沉寂的巨大聲響。當地寓言故事已經把它編進幻想情節裡……有時說是地下一座被沙吞噬的修道院中依然敲響的鐘所傳上來；又或許只是魔神之怒！但傳說……也沒比事態本身嚇人多少。

巴格諾德接著分享他的個人經驗：「我曾在埃及西南部某個方圓 480 公里內杳無人煙的地方聽過這種聲音。有兩回，事情發生在

猶他州鮑威爾湖（Lake Powell）畔的岩石構造中，水平的深色痕跡是一度位於海面下的邊界層。古代思想家不知道的這種行星地表長期變化，就人類知覺能力而言，顯露得太慢。

寂靜的夜晚，事出突然——隆隆作響的振動聲大到我必須用喊的，我的同伴才聽得見。」

　　平安祥和的沙丘、巴格諾德一生的迷戀，突然間變得詭異駭人。在地球遙遠的那一端，這位一絲不苟的科學人，被非理性的神祕感所籠罩。他知道，這些聲音一定是運動所造成。但乾燥的沙子到底是怎麼製造出震耳欲聾的爆炸聲，或是同樣令人不知所措的「歌聲」？[6]

　　到最後，也就是七十五年前，巴格諾德只得承認，這些刺耳的沙漠噪音是個謎。儘管光是最近，就有兩個電視特別節目以此為題

材，但這個音聲之謎經過這麼多年，依然未解。不過，巴格諾德確實注意到一點，這種怪異的隆隆聲或歌聲有時持續超過五分鐘，「每次都發自沙崩的低處」。

完成他史詩級的研究之後，巴格諾德在二次大戰期間建立英國陸軍的長距離沙漠部隊（Long Range Desert Group, LRDG），並成為首任指揮官。他在 1980 年代撰寫多篇對科學研究有所助益的論文，而後在 1990 年以九十四歲高齡離開地球，出發前往廣大的宇宙沙漠。

在亞他加馬的特殊時光說得夠多了，我步履艱難地回到此時已被烤熱的車子，又花了一小時抵達漁村。我在那兒遇到朝氣蓬勃的人們，他們話說得這麼慢，連我都聽得懂他們的西班牙話。我雇用一名漁夫帶我出去看企鵝群落，坐在一艘看來勉強算是經得起這種大浪的船上，我們關掉引擎靜坐，聽著幾隻來到右舷旁的海豚呼吸。好極了。但悠閒、慢動作的時光，這樣就夠了。沒過幾天，我就設法回到聖地牙哥，搭機飛向我們這個星球轉得最快的所在。

我心中有個明確的目標：只有在赤道才找得到的獨特事件。然而等在我前方的，卻是個意料之外的驚奇。

注釋

1. 貼近地表的熱空氣穿過小範圍的貼近地表較冷空氣而快速上升時，就會形成沙塵暴。在接近無風的條件下，任何水平運動都會啟動旋轉過程。

快速上升的小團熱空氣沿垂直方向延伸，使氣團移向更接近旋轉軸，依角動量守恆定律強化旋轉——就像溜冰選手旋轉時把手臂拉近身體以提高轉速。上升熱空氣也在地面附近製造出局部真空，把附近的其他熱空氣拉進來，這些熱空氣水平向內快速吹進旋風底部，更增旋轉，旋風因而得到強化並自我延續。

2. 後來我知道，典型沙塵暴的風以每小時 72.5 公里在吹，大型沙塵暴達到每小時 96.5 公里，歷史紀錄是每小時 120 公里。回顧一下，我想，沒錯，我應該可以走進其中一個沙塵暴而不會有太大的危險。但我很確定我的律師，如果我有的話，會堅稱我明確陳述我**並未**建議你們嘗試這麼做。

3. 所以呢？相較於從太空或從月球所見，從一處優良、無光害的地面場址所見的星星看起來如何呢？我問了地球上這位理當處於最佳解答位置的人：湯瑪斯指揮官（Commander Andy Thomas），美國太空總署長期任務太空人，曾在太空中連續工作數個月。他在澳洲內陸長大，知道漆黑的天空是什麼樣子，不管是在地球上或地球外。他證實科學文獻所言，我們的大氣層讓恆星變暗的程度，只有肉眼勉強可察覺的三分之一星等。換言之，當我們從陰暗的郊區移動到更暗的郊區去數星星，其間的差別遠大於我們搭火箭進入太空、從大氣層之上觀星。就可見光的波長而言，空氣是非常透明的。

4. 不是每個人都覺得閏秒很有趣。眼前就有一場激烈的辯論，關於是否要一勞永逸把閏秒處理掉，並且改變我們的計時系統，好讓我們不再與我們的星球自轉同步。2012 年初，在一場國際專題討論中，兩方意見太過分歧，於是把這個議題擱到 2016 年，到時再重新辯論。

5. 至於其他階段的曙暮光，**航海曙暮光**（nautical twilight）持續到太陽下沉12 度，那是海平線消失之時，屆時水手無法分辨海、天。**天文曙暮光**（astronomical twilight）持續得更久，直到太陽落入海平線以下 18 度，最黯淡的星星也能冒出來。這個階段的尾聲預告著完全黑暗的到來。曙暮光三個階段的開始與持續長度都不是以時間單位來表示，而是以太陽

在地平線下的距離，這是因為曙暮光的長度會變化。曙暮光要看觀察者處於一年之中的哪個時間和哪個緯度而定，曙暮光可以不到一小時就結束，也可以遷延一整夜。曙暮光在熱帶地區總是最短，你所擁有的曙暮光總共就一小時。在紐約的緯度，平均約一個半小時，但在北歐，5 月到 8 月之間根本沒有夜晚。

6. 唱歌之沙是真實的現象，即便其成因依然是個謎。顯然，運動一定會製造聲音，但唱歌之沙的成因到底是什麼？必要的先決條件又是什麼？後面這個問題已經得到解答，因為唱歌或隆隆作響只發生在沙子顆粒圓、直徑介於 0.1 ～ 0.5 公厘之間、在特定濕度下，而且含有二氧化矽（沙子通常都有）。音調通常在音符 A 附近，類似蚊子嗡嗡叫，常帶有 60 ～ 105 赫茲的低沉音調。聲音會極端的大。而且這個現象已經在全球各地數十處沙漠都觀察到了。

∞ 第 5 章 ∞

沖下排水孔

赤道上的怪事和英年早逝的法國人

> 那是老天爺，老兄，弄得我們在這世上團團轉……
>
> ——梅爾維爾（Herman Melville），《白鯨記》（*Moby-Dick*），1851

高踞海拔近 3000 公尺處的基多（Quito），空氣如此稀薄，以致遊客若不先停下來喘一喘，很少能一口氣走完兩個高低起伏的路口。我會在這兒，很簡單，是因為厄瓜多的首都是世界上唯一不偏不倚座落於赤道上的城市；在這兒，我們這顆行星的自轉把每一個行人繞著地球軸心甩出去的速度，比任何地方都要快——每小時 1670 公里。[1]

赤道據說也提供了獨一無二的機會，讓我們目睹地球對水流的奇特效應。因為人體和人腦大部分是 H_2O，我想親眼看看我們最親密的伙伴們——旋轉的世界與漩流的水——之間的這種關係。我聽說厄瓜多政府把一座大型博物館蓋在赤道上，而且每天都有展示表演。

赤道不只是地球上轉得最快、月亮和星星飛掠天空最快速的地

方而已。拜離心力之賜，讓地球有點像旋轉木馬，而赤道上的人們稍微被抬離了我們的世界，就像坐在高速旋轉木馬的外圈一樣。一個壯漢在基多的體重會比他在費爾班克斯少 0.45 公斤，這讓基多成為保證立即見效的減重診所眼中有機會大賺一票的地點。

而且，因為我們的行星是卵形——腹部隆起使得地球在兩極的直徑比在赤道的直徑少了 42 公里——中央部位也是你最靠近月球和太陽的所在。那些浪漫情歌不是提到大大的熱帶月亮？那是真的——儘管大小相差僅僅一個百分點而已。我很好奇有多少這類的科學花絮會表現出來。

當我步出計程車（我**很喜歡**說這句話：「載我去赤道！」），擴音器傳來樂隊演奏騷莎舞曲音樂震耳欲聾的聲音，幾乎令我倒退三步，展現出這個地區對於寂靜出了名的不放心。我所駐足的大型複合廣場，有花崗岩台階、小禮品店和開放空間，叫做 Mitad del Mundo（厄瓜多赤道紀念碑），意思是世界的中央。在廣場中心，一座幾層樓高的石質方尖碑鎮住全場。一條嵌在地上的線從這座紀念碑向外放射，朝相反的兩個方向延伸了數百英尺。赤道在此！

以南美其他地區為主的觀光客叉著腿橫跨這條線，這樣才能拍到他們一腳在北半球、另一腳在南半球的照片。震耳欲聾的快樂音樂、燦爛的日照、繽紛多彩的衣著和空氣中始終朝氣蓬勃的笑聲，這不是地理學怪咖做書呆子式追根究柢的去處，而是嘉年華遊樂的場所。

只除了它不是真的在赤道上。

很久以前，在 GPS 精確定位之前的年代，政府單位把紀念碑蓋在錯誤的地點上。當然，沒有任何介紹手冊真的這麼說；你只有

在厄瓜多的基多市郊外，赤道的位置以一座五層樓高的巨大紀念碑標示。這裡就是我們的行星自轉速度最快的所在。但政府把這座紀念碑蓋錯地方了。

在導遊們的悄悄話裡才能得知，他們似乎是按捺著興奮在散布祕密。看不出有誰在乎這件事。

　　我很快就知道，真正的赤道要沿著這條路往北 0.4 公里，在那兒我們可以看到流水展示。離開官方蓋的這個夢幻複合廣場，及其巨大的石造物和繁忙的紀念品攤位，我順著窄窄的高速公路步行，直到抵達一處標示牌，上頭誇耀著赤道本尊就在布滿灰塵的泥巴路那頭。標示牌上的箭頭指向那條路。我一邊跳過坑洞、一邊在稀薄空氣中喘著氣，最後來到一座私人博物館，畫著它自己的赤道線。我遇到的第一位解說員說，沒錯，現代測量證明，這才是真正的赤

道。我查了我的手持 GPS，完全無法確定她對不對。

截至此時，我只知道一件事：我們這顆行星的赤道鬧雙胞，各擁眾多遊客。我很快從我的 GPS 蒐集到資料，並獲得一位官員證實：真正的、貨真價實的赤道不在這兩個地方，而是要再往北幾百碼，在空無一物的草地上。如果你正在尋找商機，把這塊地買下來，鋪上道路，然後畫上第三條赤道線。人群似乎多到足以支持很多條這樣的線。

博物館提供中場不休息的表演。這些表演多半很荒謬，包括一個穿牛仔褲的女人站在一張摺疊桌上，她唯一要做的就是保持托盤上的一顆蛋平衡，然後以雙聲道宣稱這只有在赤道才會發生。最後，我終於抵達我的朝聖地，那場的確每十五分鐘吸引十二位民眾的展示——據說可以證明水在南、北半球各以反向漩流而下。這種展示的即興變奏版也在許多非洲村莊演給觀光客看，已經成了赤道版的「時尚要事」，就像為了尋找綠光，已經把看夕陽從以往隨興所至的美事變成了科學大業。[2]

一名迷人的年輕女子探身到一個坑坑巴巴的金屬小盆上，拔掉了塞子，群眾看著水呈螺旋狀順時針往下流進下面一個大塑膠桶。然後她和助理把盆子拖行 3 公尺越過可疑的赤道線，腳架在水泥地上刮出刺耳的聲音，所有人都皺起了眉頭。我很好奇他們幹嘛不乾脆買一個有輪子的盆，顯然他們日復一日在做這件事啊。兩個面帶微笑的厄瓜多人又倒水進去，女子把塞子拔掉，當然，水反向漩流而下。群眾發出讚賞的低語，一廂情願地相信了。我必須承認，這滿戲劇性的，而且很有說服力。

這組觀眾往前移動，下一組正要走過來。我留住解說員，小聲

一名厄瓜多女子跨越赤道──據稱就是由左邊地上一條塗漆磁磚所排列的線標示──展示水從盆內排水孔漩流而下的方式。水在線的一邊朝某方向漩流，等她拖著盆子越過線，水在線的另一邊朝相反方向漩流。

地說：「我可以自己動手做做看嗎？」她的大眼睛對上我的，透露出一絲警戒的意味。於是她豎起手指表示「等一下下」，急忙去找負責人。

　　只不過幾秒鐘，一位笑容滿面、大腹便便的中年男子現身並伸出手要和我握手，我竭盡所能以結結巴巴的西班牙語介紹自己是個科學作家。我大概是把自己介紹成以小丑為業，因為他的反應是放聲大笑。我很快就知道他是那種稀有的幸運兒之一，在他眼中，世間萬事萬物皆有趣。

　　「你當然可以操作這個展示，」他咯咯笑著說，但接著稍稍降

低音調，瞄著正要過來的下一組觀眾：「只是務必要以正確方式把水倒進去。在赤道線另一邊要從右邊倒」——說到這兒，他擺了個從旁邊把桶子倒空的姿勢——「然後盆子在線的這一邊就從另一個方向倒。要讓水照我們想要的方式往下流，這是唯一的辦法。」

換句話說，他們整件事都在作假。

「但這樣的展示是場騙局！」我表示抗議。一聽這話，負責人笑得如此開懷，我突然希望能把他永遠留在身邊。我想如果他提出請求，我會在婚禮中把我女兒的手放到他手中。

「這個嘛，或許是吧！」他邊說邊咯咯笑著：「但我們只說這是**展示**。如果我們不這麼做，就行不通了。觀光客愛得很呢。」他瞄了一眼盆子附近的標示牌：「不然，我們要怎麼教他們認識科里奧利效應（Coriolis effect）呢？」〔譯注：科里奧利效應係指在轉動系統中出現的慣性力，例如地球的自轉偏向力，導致北半球氣流向右彎、南半球向左彎〕

博物館的標示牌確實解釋了水因為所謂的**科氏效應**，在南、北半球以不同方式往下流，標示牌還說這也影響了其他很多事物（這當然影響了很多富於企業精神的非洲村落，那些地方的居民根據同一項作假展示，進行了各種不同版本的表演）。

這整件事大概從 1651 年就開始了，當時義大利科學家里喬利（Giovanni Battista Riccioli, 1598–1671）出版了他的著作《新天文學大成》（*Almagestum Novum*），書中說因為地球自轉之故，加農炮彈軌跡應該會怪異地向右彎。這是個危險的命題，因為不過是十八年前，伽利略上宗教法庭接受審問，被迫發誓地球一動都不動。

公開談論地球自轉的自由，早在 1792 年法國數學家暨工程學

家科里奧利（Gaspard-Gustave de Coriolis, 1792–1843）生於巴黎時就已經確立，那是路易十六被送上斷頭台的幾個月前。他是個科學神童，在聲譽卓著的綜合理工學院入學測驗中高居第二，後來當了工程師，而且他年輕時儘管慢性健康不良，對於涉及運動的各種科學領域仍有重大貢獻，像是摩擦、液壓和水車。

到他四十之年，由於在力學和運動學方面的多篇開創性論文，其才華在科學院院士之間享有盛名。科里奧利發明並確立了**動能**和**功**等用語，這些用語至今仍獲普遍使用。他接下來又在想什麼呢？他在 1835 年對撞球遊戲的數學和物理學做了嶄新敏銳的分析，令科學院既驚且喜。（**這就是**不善交際的科里奧利在他太太外出買靴子時消磨閒暇時間的方法！）就在同一年，他發表那篇終將令他得享盛名的論文，他的名字將日復一日被 21 世紀無數的赤道遊客所提及。但今天沒有人記得論文的題目，因為這個題目似乎是刻意設計來治療失眠用的：〈論物體系統之相對運動方程式〉（Sur les équations du mouvement relatif des systèmes de corps）。全文有三個章節，在其中的第二個章節裡，科里奧利談到運動物體如何轉彎，不過他從未提到地球的自轉或大氣層。

科學家很快就了解，科里奧利已經完美解釋何以加勒比海的颶風總是逆時針旋轉、何以炮彈會偏離目標，以及一輛平衡毫無問題的汽車在平坦的高速公路疾馳時，何以會惹人生氣地往右偏（每年不知有多少消費者付了幾百萬不必要的花費做四輪定位，無疑都是受了此一效應的愚弄）。20 世紀初期，氣象學家開始用**科氏力**（Coriolis force）這個詞，來描述大型風力與暴風系統的變化無常。

但時至今日，科氏效應遭誤解仍是家常便飯。沖馬桶**不會**使得

水以配合我們所在位置的特定方向漩流而下。不過，這種效應的確會導致棒球選手到手的全壘打泡湯這類怪事。在打擊者面向北或南的球場上，球棒擊中的球會向右彎轉 2.5 公分，因而偶爾會飛出界外，如果沒有科氏力，這球就會留在界內。

不幸的是，在這個讓物理學盡可能單調乏味的偉大傳統下，有關科氏效應的解釋大半會扯到慣性、參考座標、角速度和所謂羅士培數（Rossby number）等等的討論。真是遺憾，因為科氏效應其實很容易理解。想像兩個小孩坐在旋轉木馬的兩端，拿一顆球丟過來、丟過去。如果這座旋轉木馬轉動方式和地球一樣——由上往下看是逆時針——那麼丟球的小孩會觀察到球明顯往右彎。如果想讓他的朋友接到球，所需要的修正量可不小。

在大多數古希臘人的想像中，要是地球會自轉，那麼往上跳的人下來時會落在不同的位置上。但事實上，所有物體都參與了局域運動（local motion）。就說你住在邁阿密好了，那兒的地面及其上所有事物都以每小時 1500 公里向東疾馳。在你北邊的地點轉得比較慢，在你南邊的移動得比較快。現在假想你買了一管馬鈴薯炮筒，這東西利用可燃氣體或壓縮空氣，能把馬鈴薯射得老遠。0.8公里應該沒什麼問題，但我們就說你打造了一座大貝塔級（Big Bertha）馬鈴薯炮，可以把整個愛達荷州的馬鈴薯扔出緯度整整 1 度那麼遠，也就是 110 公里，接著你朝北邊發射。邁阿密往北才110 公里，地面的移動速度每小時便慢上 13 公里。〔譯注：大貝塔為一次大戰前夕德國開發的重榴彈炮；愛達荷州盛產馬鈴薯，有馬鈴薯州之稱，故作者有此說〕馬鈴薯不知道這一點，所以當它在飛的時候，同時也以出發地邁阿密的自轉速度向右飛，也就是向東飛。在它繼續

飛行的同時，它下方的地面移動得越來越慢。結果：馬鈴薯飛彈直直飛，但地面上不管是誰都看到它向右彎。

就說你調頭瞄準基韋斯特島（Key West）喧鬧的杜瓦街（Duval Street）好了，也就是朝南。邁阿密往南才 1 度，也就是 110 公里，地面移動速度每小時便比邁阿密**快了** 13 公里。所以，朝南的馬鈴薯所飛越的地面跑得比它快。馬鈴薯一直在落後，結果是它看起來又往右彎，地面上不管是誰都親眼目睹。

所以，彈道飛行物體無論向北或向南發射都會向右彎（在我們北半球是如此），只有那些向東或向西射的會直飛。這就是科氏效應。如果馬鈴薯以每小時 110 公里猛衝，而且神奇地在空中飛了一小時，它將會降落在預定目標右邊整整 13 公里遠處。

除非糧倉爆炸，一般來說，馬鈴薯不會在我們周遭飛來飛去，但雲和氣團會。想像一個低氣壓風暴，就像颶風，空氣試圖從周遭的高氣壓區衝進去。在這過程中，空氣飛越以不同速率旋轉的地面，結果是右轉傾向。答對了：一個逆時針旋轉的圓形暴風。[3]

這就是為什麼颶風從不在距赤道 560 公里內形成。那兒不存在足夠的科氏偏轉，因為地球自轉速度在熱帶地區相當一致。那兒的空氣移動控制在一條還算直的路徑上。[4]

科氏力也解釋了美國大部分地區為什麼每天都是風從西吹來。空氣因為赤道的熱而上升，然後朝北極而去。這麼一來，就會向右偏轉。瞧，這就是我們的盛行西風。

現在來看看你家的馬桶。馬桶槽內兩側的水也參與了地球自轉。如果你住在北美、歐洲或亞洲，馬桶南側的水移動得比北側的水快。這不是應該會對水產生推力，因此當你按下沖水開關時，水

就逆時針旋轉沖下排水孔嗎？

我們來算算數學吧。算出來的結果顯示，30 公分馬桶槽兩側的地球自轉速度**差值**和廚房掛鐘時針的轉速值相同。**時針**，基本上靜止不動。不是零，但顯然怎麼樣也推動不了 4.5 公斤重的液體。倒是渦流的方向完全取決於注入水流的方向，而這是由那些隱藏在馬桶磁嘴內側的小洞所決定。水槽或浴盆的排水渦流方向則決定於水槽或浴盆的水平程度。

科里奧利從未觸及這類問題，沖水馬桶他連聽都沒聽過。事實上，雖然他成了傑出的數學、物理學和機械工程教授，到最後還在聲譽卓著的綜合理工學院擔任研究指導，卻沒能在生前看到他所發現的效應冠上他的姓氏而為眾人所知。就像王爾德小說主角多瑞安・格雷（Dorian Gray），科里奧利英俊帥氣、面容白淨的外貌只是虛有其表，其實他的身體長年受病痛之苦。他在 1843 年春發覺自己的精力快速萎弱，拖到那年夏天就過世了，享年五十有一。

我們已經明白，這顆行星的運動並未展現在馬桶槽的水流漩渦中，真正加以展現的是每天拂過我們臉頰的西風。但我們有沒有任何辦法，就在這個房間裡，能確定我們住在一個旋轉球上？這個課題讓另一個法國人為之著迷，他是 1819 年生於巴黎的傅科（Léon Foucault）。

傅科運用每秒轉八百圈的多面鏡，進行了有史以來第一次的光速精確測定。他和另一位法國人也是最先拍下太陽照片的人，時為 1845 年。回顧當年那個銀版攝影的時代，即使是這麼明亮的物體，還是需要曝光很久，傅科運用了轉儀鐘，這是一種掛在望遠鏡底下

的齒輪裝置，能追蹤橫越天空的太陽。就是在運用這種常見的天文裝置時，他注意到，像單擺一樣擺盪的懸掛制動重錘似乎慢慢改變其定向。大吃一驚的傅科恍然大悟——讓人想大叫的一刻——改變的不是單擺的路徑，而是望遠鏡下方的地面。事實上，單擺相對於宇宙維持著近乎恆定的擺盪面。

出版商之子傅科是天賦異稟的教師與科普推廣者。他花了點時間打造一座巨大的單擺，把一顆 28 公斤重的巨大鐵球用一條線從二十層樓高處懸掛下來。然後，他讓單擺在巴黎萬神殿擺盪起來。（今天有誰會**做**這種事？）球的底部銲上一根銳利的金屬針尖，在他鋪於地板的沙子上刮出了線。眾人看著刮線位置改變，證明儀器底下的地球正在轉動。這是第一次能在一個房間內無可反駁地展示我們的轉動世界。

這個單擺不只在整個 19 世紀末一再一再被複製且大受歡迎，時至今日依然如此——即使是我們這個科技快速演進的年代。在預算嚴格受限的 2007 年，當時紐約州立大學要在最負盛名的榮譽學院傑納西奧分校（Geneseo）建造新的科學建築，他們可沒什麼錢可以用來矯揉虛飾。儘管如此，他們還是在大廳設置一座巨大的銅質傅科擺，前後擺盪以迎貴賓。[5]

儘管他是在家自學，儘管他捨棄原本要投身醫學的計畫，因而令家人失望（他對血有一種幾近恐懼症的神經質反應），但傅科改變了世界。是他造出**陀螺儀**（gyroscope）一詞、改善望遠鏡鏡片，並揭露光速的奇特行徑，包括光速如何在特定條件下變慢。最重要的，他以引人注目的單擺，作為我們這個世界正在旋轉的明證，取得了全球性聲譽，因而在 1855 年獲頒倫敦皇家學會的科普利獎章

（Copley Medal）——相當於那個年代的諾貝爾獎。

　　遺憾的是，傅科在長壽這方面表現得並沒有比科里奧利好。正當他聲望攀上高峰之際，身體突然出現令人吃驚的衰退惡化，很可能是進程快速型的多發性硬化症所導致，彷彿他的人生單擺戲劇性的一盪，親人至交皆感震驚。他在 1868 年過世，享年四十有八。

　　在我們這個旋轉世界的各地科學博物館中不停擺盪的單擺旁，如果你有本事找到傅科的名字，或許你也會注意到，艾菲爾在他那座鐵塔的第一層平台上銘刻了七十二位科學泰斗的姓氏——包括科里奧利——傅科大名便在其中。

注釋

1. 想知道在**你家**那個鎮上，地球把你轉得多快嗎？只要有任何一種工程用計算機，很容易就能知道。首先，把你家的緯度打上去（不知道？只要 Google 一下就行了。格拉斯哥是北緯 56 度，布里斯托是北緯 51 度）。接著，按 COSINE 鍵，你會看到一個介於 0 和 1 之間的數字。以格拉斯哥為例，是 0.599。把這個數乘上每小時 1670 公里，就完成了。

2. 綠光出現在最後一點落日由橘變綠之時，只有一、兩秒。如果我的經驗對其出現頻率有參考性的話，你可能每十六、十七次落日會看到一次。我看過十五次，不過我已經找了大約兩百五十次。之所以發生這種情形，是因為太陽的影像其實是由略有重疊的多重顏色所組成。當其他「太陽」全都下山了，最後一個的頂層末端應該會是藍色，只是不會有任何藍光殘留，因為藍光被地平線上厚厚的空氣給散射掉了。所以，最上面的太陽其實是綠色。但只有在空氣非常平穩且溫度均勻時才看得到，海上有

時就會看到。

3. 如果你從外側接近圓形、逆時針旋轉的暴風，就像空氣流入那樣，風是朝右偏轉。但如果你困在暴風內部，像我沒多久前那樣，那麼風是從右吹向左。

4. 從基多往北走 110 公里，所產生的地球轉速差異僅僅每小時 0.32 公里。但如果你從阿拉斯加巴羅角（Point Barrow）往北行進同樣是 110 公里，你會來到一個地球轉動變慢程度多達每小時 27 公里的地方。因此，諷刺的是，儘管所有觀光客都在赤道花了錢對科氏力大驚小怪，但科氏力在那兒小到可以忽略不計，以致絕不會形成像颶風這種旋轉暴風。

5. 你可能會認為地球轉動一個週期後，也就是二十三小時五十六分鐘，轉動的地球會讓傅科擺完成一趟 360 度的旋轉。但實際的情形是，這只對位於北極或南極的擺是如此。在其他任何地方，這種旋轉會花更久的時間，因為擺的方向出現進動（precession）。這是一個棘手的數學和物理難題，最終主要是歸因於科氏力，一開始曾令 19 世紀的物理學家很頭痛。就連愛因斯坦都覺得複雜到很難撰文討論。

第 6 章

凍結

雪與冰從容不迫之謎

一夜之冰不可信。

——赫伯特（George Herbert），《箴言集》（*Jacula Prudentum*），1651

　　如果你看著阿拉斯加地圖，在正中央插上一根圖釘，差不多就是費爾班克斯了。如果是在中國或印度，費爾班克斯會被稱為鎮，甚至是一個大村落。但在這個人口密度特別低的州，平均每平方英里（2.6 平方公里）將近一人，費爾班克斯經過官方認可拿到「市」的名號，即便只有恬淡寡欲的三萬人口。

　　時值隆冬，靠著一路砰砰砰的輪胎短短開了一會兒——輪胎漏氣的窘境是停車過夜時橡皮結凍造成——就完全看不到費爾班克斯的蹤影。在阿拉斯加，輕而易舉便能把文明甩到腦後。2013 年，我帶著一組四十四人的探險旅遊團，朝著育空河東行近兩小時。但這條人跡罕至的道路根本到不了那兒，連邊都沾不上。這條路的終點是珍娜溫泉（Chena Hot Springs）。

　　北極光舞動在許多地方的上空，但在其他地方都沒有像在珍娜

溫泉這麼常出現。在那兒的墨黑天色襯托下，極光令人印象特別深
刻。理由很簡單，所有極光都只是環繞地球磁極的巨大發光甜甜圈
當中的一小段。我們已經說過，北極位於加拿大名為努納福特
（Nunavut）的領土內一座貧瘠島嶼附近。每當太陽射線特別強烈
時，橢圓狀的極光就會變寬並向南擴張。威斯康辛州和賓州的人，
最遠連佛羅里達州的人從後院都看得到。

　　這種情況每隔幾年發生一次。更常見的是北極光形成穩定的環
狀，盤旋在阿拉斯加中部上空，就在珍娜溫泉到費爾班克斯一帶。

2014 年 3 月，極光在阿拉斯加中部閃閃發光。儘管其動作似乎悠緩，但這場燈光秀是太陽
的原子碎片以秒速 640 公里撞擊我們的結果。（*Anjali Bermain*）

對費爾班克斯人來說，東北部的郊區居民對極光比對鹿蝨更熟悉。

這是我第六次在冬季前往這個地區旅行。1990 年代後期至 2000 年代初期，我一直是《天文學》雜誌旅遊團的極光解說員，如今隨著太陽活動再次升高，現在我又在幫一家私人科技公司帶解說。不過，今年我開始順帶調查一項特殊的極地經驗：隱藏在白茫茫野地中的自然**運動**。

阿拉斯加廣大的凍結地景中，有著超乎大多數人所能理解、古怪的動態面向。但這片荒原的活動其實是從單純的冰開始。

河流在 10 月踩了煞車，發出尖銳刺耳的聲音後停了下來。阿拉斯加因而憑空造出平坦的白色高速公路，而且一直維持到 4 月底，讓與世隔絕的村落可由陸路抵達。出現這種情況時，地景變得毫無動靜、了無生趣。這麼一來，有大半年時間，極區彷彿沙漠。

水從液態變成固態，每 1 公克的冰，大小如一顆方糖，就需要 80 卡的能量。但要玩這套把戲，光是把水降到攝氏 0 度還不夠。水還需要再推一把、再多一點點冷冰冰的鼓勵，才能變成固態。而且，冰不是好的熱導體，這意味著冰也是不良的冷導體，所以只能漸進變厚。舉實際數字為例，如果氣溫穩定維持在攝氏零下 10 度，研究顯示，冰會在兩天內達到 10 公分厚。這是冰上釣魚或其他徒步活動最基本的建議厚度。

倍增到 20 公分需要多久時間？不是再加兩天，而是整整多一個星期。冰一開始結得很快，但接下來採取慢慢來的進行方式。而要達到可以支撐汽車重量的 38 公分厚度，需要再一整個月。

費爾班克斯的景色就像我們買來當紀念品的雪花玻璃球，即使在 5 月和 9 月，看起來還是有耶誕節氣氛，因為這個城市只有三個

月無雪。但無論在哪裡，雪要形成必須出現一種奇特的雲之舞。水滴不會光因為溫度降到攝氏 0 度以下就結冰。首先，潛在的冰構造要能開始形成之前，必須先有一些水分子發生碰撞。**單單一個水分子無法結冰。**

其次，如果這些水滴是純水，冰結晶過程根本很難進行。這個過程根本不會在冰點發生。這個過程彷彿被公務員的紅膠帶黏住一般，不會有冰形成，除非溫度達到華氏冰點以下 72 度（冰點為華氏 32 度）。也就是零下 40 度。[1] 所以，冰或雪要在比較合理或常見的溫度成形，雲裡的水滴需要環繞一個種核來增長。空氣中通常有許多漂浮的小碎片，所以這不成問題，但你絕對猜不到什麼是最佳造冰微物。

是細菌！水滴很容易在飄浮於空氣中的活體微生物 —— 細菌 —— 周遭凝結成晶體，攝氏零下 2 度以下的任何溫度都可以。要在微粒黏土（高嶺土）周遭形成結晶比較勉強了點，而且只有比攝氏零下 4 度更冷才行。而如果只有碘化銀微粒這種用於人造雨的化合物，就會在攝氏零下 7 度以下開始形成結晶。但細菌是最常見的雪花起造器，而且 85% 的雪花核心裡都有。[2]

所以下次當你凝視迷人的暴風雪時，請讓你最要好的恐菌症或疑病症患者知道，這些數不清有多少億的雪花大多有活菌坐在裡頭發抖呢。然後親手捧著一堆雪花冰給他，或是安排一場舌頭接雪花大會。

一旦造冰過程啟動，就會有更多分子加入，結晶便會長大。最後要嘛變成雪花，不然就是被冠上霰這個怪名稱的粗粒冰。一片雪花含有一千京（一萬億為兆，一萬兆為京）個水分子。那就是一千

萬兆。十片雪花——剛好可以放在你的拇指尖——水分子數目與地球上的沙粒或是可見宇宙的恆星一樣多。我駕車東行時所觀察的這片雪景，是由多少雪花、多少分子塑造而成？想到頭都昏了。

向四野延伸的白色表面當然冷，但在此地，連底下的地面也是永遠結冰。在北方距離費爾班克斯剛滿 160 公里的北極圈，這種**永凍土**到處都是。在南邊三分之二個阿拉斯加也滿常見，但就零星分布了。有些地方要到 9 公尺深才開始有，但幾碼外卻是表層就有永凍土。

居民別無選擇，只能在這種永凍土上建造他們的家、道路、管線和學校。這往往導致災難性的結果。開車走在阿拉斯加許多道路上，都會看見房屋傾斜到病態的程度。屋內地板的傾斜誇張到人幾乎可以從房子外側的臥室溜到中央的廚房去。這趟旅程中遇到一位沮喪氣餒的原住民，悲嘆著他所面對的天文成本。他先把整棟建築用千斤頂抬高，然後嘗試在底下製造空氣流動，好讓凍土自己回復並終年維持。問題在其不可預測性。這種理想的技術——給建築物裝上腳架，好讓冷空氣在底下流通——通常可以保育永凍土並維持房屋水平。

這個幅員廣大的州一到夏天，各地最上層的幾英尺永凍土融化出水，但水無處可流，因而憑空生出幾億個大小不一的滯留池，成了蚊蟲孳生的絕佳溫床。這真是噩夢一場。5 月到 8 月間，舉起你的手隨處一拍，十隻蚊子立斃掌下。

這種費勁使冰堅實、把家建築其上的慢動作劇碼，在地球各地的冰凍荒原上演。同時，無數雪花的重量通常會把下面的所有東西壓縮成冰。在某些地方，這種鈷藍色的冰保持岩石般堅硬達數萬

年。我們是分析困在冰裡的氣泡得知這一點，這些氣泡揭露出遠在人類生火或無數馴養家畜噴出甲烷之前的大氣層成分。

隕石撞進雪中、深陷其內，直到那層冰完成它神祕而緩慢的旅程，下沉、側移，最後向上回到表層。在廣大的南極地區，一般陸地上的岩石沒福氣躺在雪地上，雪地摩托車上的研究人員樂於收集他們所見任何落單的石頭；他們知道，他們剛剛很可能就靠著這種沒大腦的法子，撿到一位來自太空的貴客。來自火星、著名的黑色南極隕石 ALH84001，當一位雪地摩托車駕駛在 1984 年發現它時，就是明目張膽躺在艾倫丘地區（Allan Hills）的雪地上。這顆隕石在一開始的撞擊、掩埋之後，過了一萬六千年重回地表，這期間一直都依循著無休無止的冰水循環，加壓、釋壓，然後朝各種無從記載、無人能知的方向運動。

慢速運動是冰的莊嚴誓約。就連一開始也是悠哉悠哉，因為雪通常是以每小時 4.8 公里的速度落下——和人的步行速度相同。但如果雪在冰河原上壓縮，自然會受那片冰影響，以更加緩慢的速度爬向大海。這些流冰之河趨無定向，每天移動 3 ～ 30 公尺，主要是看地面坡度而定。通常冰河每小時移動 0.3 公尺，根本慢到不會注意到。

在阿拉斯加動也不動的雪景之下，其實有著生機蓬勃的運動。那是一整個生物世界，那是**雪下的國度**。

你不需要身在阿拉斯加，就能體驗雪下宇宙，甚至愛上這個世界。在美國和歐洲大部分地區，看似如此紋風不動的冬季地景，隱藏著小型哺乳類持續不斷的活動，包括田鼠、家鼠和旅鼠。牠們不只適應了覆雪，還靠著覆雪才得以存活。牠們沿著地面與雪層底部

間隙裡 2.5 公分、5 公分高的寬敞通道急奔，這個間隙是積雪稍微收縮後形成的。

　　一旦覆雪超過 15 公分厚，因而創造出抵擋上方冰冷空氣的隔離層，這個被上方似無盡期的曙光暮色所漫射照亮的區域，就能享有接近冰點的氣溫。這個由開放空間與隧道所構成的雪下系統，讓這些哺乳類移動時不會被許多獵食者看見，不過狐狸和貓頭鷹能夠聽見奔跑的聲音，通常能精準知道該撲向何處。

　　有些地方的地面與積雪層之間的空間被填滿，囓齒動物建造迂迴曲折的隧道，半在地下、半在雪中。一旦春雪融至 2.5 公分、5 公分，這些溝渠就成了最醒目的景象。動物的冬日動態不斷露出蛛

在這幅冬季景象中，萬物似乎一動也不動。但在雪下，在雪的下緣與地面之間的空隙裡，暗藏著雪下國度，那兒的小型哺乳類活動不斷。

絲馬跡，儘管我們的眼睛什麼也沒看到。

世界氣候暖化並未幫助阿拉斯加原住民——不論是人類或其他物種——過輕鬆一點的生活，雖然你可能以為有。氣溫在高緯度上升得比其他地方都高。永凍土仍然是極北體驗的重要面向，但現在面臨了劇烈的變化。這直接影響了住在極地村落和社區的人們。根據聯合國政府間氣候變遷專門委員會最近的一項報告，北極永凍土持續融解的現況「很可能對基礎建設有重大影響，包括房屋、建物、道路、鐵路和管線」。

專家們相信，到了 21 世紀中葉，永凍土將縮減 20 ～ 35％。在我開車前往珍娜溫泉的路上，經過那些像遊樂場怪怪屋一樣歪斜的住家，可以清晰鮮明地看到這件事正在發生。就連著名的阿拉斯加高速公路，那兒的人都叫它阿加（Alcan）〔譯注：意指阿拉斯加〔Alaska〕到加拿大〔Canada〕〕，也因為賴以為主要路基的永凍土融化，有些路段崩塌成災。2012 年 7 月 23 日，《紐約時報》在慶祝這條歷史性道路完工七十週年的文章中提到：「隨著氣候暖化，成片的永凍土正在……融化——留下裂縫處處的路面，柏油路面變成了洗衣板，除此之外，還危及道路的穩定性。」

有些地方的永凍土已變成融化又結凍的季節性循環，怪異的現象隨之而生。其中一種現象有著**冰核丘**（pingo）這個奇特名稱。這是一種可達十層樓高的小丘，成因為地面物質因無休無止的年年隆起而週期性向上推升。

西伯利亞有些湖泊突然消失是由於**冰融喀斯特**（thermokarst）的因素，這種因素發生於溫度上升使得夠多的永凍土融解，開啟了緩慢流往地面低窪處的通道。巨大的湖泊一夜之間突然漏光。這些

湖泊變得空空如也，彷彿有人拔掉了浴盆塞子一般。這種事情你是沒法彌補的。[3]

車子開進十年沒來的珍娜溫泉，我對這山窮水盡、化外之地的邊哨遠鎮有了全新的評價。它沒什麼變，如今妝點得稍稍整齊了些，這是由於現在有團團爆滿的日本觀光客來參觀他們眼中神聖的北極光。但說真的，珍娜的場地和小木屋還是只比「土裡土氣」高一級。真的，阿拉斯加很多鄉下地方都土裡土氣。大部分的村落看起來就像是經過美化的露營拖車停車場。這些村落最普遍的，就是有臨時階梯和小窗戶的牧場住宅或小木屋，院子裡堆放著舊引擎和防水布。我猜，這種毫無掩飾自有其動人的實感吧。

上回來這兒，我租了一架飛機，利用珍娜溫泉的雪地跑道，往北飛過附近的北極圈，降落在像貝托爾斯（Bettles）這種十二口人、完全沒有道路的村落。當河流解凍，一切進出就靠小飛機了。在白色的結實跑道上降落後，假裝自己是個無人地帶飛行員——儘管那些正牌真貨的魄力膽識完全不是我的路數——在那些矮墩墩的小屋中間找到只此一家、別無分號的小飯館。所有埋頭用餐的客人都抬起頭來看，一直盯著我瞧。這兒的訪客不多，我是他們的餘興節目。女人賣弄風騷，男人出奇地沉默、瞪著大眼。但隆冬正是來此一遊的迷人時節——比夏天好，因為夏天有密雲般無刻無之的蚊子，以及沒完沒了、擾人清夢的日光，這意味著不可能有機會看到那傳說中的光。「3 月是最好的月分，」我聽原住民一再這麼說。

珍娜溫泉提供基本的小木屋、狗拉雪橇，以及——賣點所在——注滿一池熱氣騰騰的天然溫泉。你在極光之下 90 公分深、攝氏 39 度的水中放鬆身心，雖然你的頭髮凍得結塊。之後三十分

鐘的極地旅行，乘坐配備坦克履帶的極地交通工具，樣子就像頂著密閉艙的拖拉機，帶著你往上再往上，遠離溫泉和小木屋，來到一處山頂的平坦處，四面八方都有白雪覆蓋的鋸齒狀山峰遠遠環繞。你先穿上所有保暖衣物——兩層衛生衣和衛生褲、連帽衫加長褲，全套裝備，接著再穿上政府發的橘色極地連身褲。還是冷得要命。

上回我來這兒，當時溫度是攝氏零下 37 度，我拿著一杯煮沸的水走到戶外，把水潑向空中。這液體發出叮叮噹噹、劈劈啪啪的巨大響聲，撞上地面時是一片片凍結的冰。今天晚上感覺起來沒有比上次溫暖，雖然溫度計記錄到的是還算溫和的攝氏零下 29 度。

到了山頂，北極光不僅布滿天空，還把雪地染綠。方圓 160 公里內所有尖頂山峰都閃耀如翡翠。這在溫泉業主是司空見慣了，他們是在 2000 年勇敢接下當時勉強苦撐的國營事業。今晚是本季第五十次，他們凝視翠玉般的簾幕飄動著，再一次心懷敬畏地無言佇立。至少我認為是心懷敬畏。也有可能純粹是冷到說不出話來，敬畏和受凍都會產生類似的行為。

當極光波動時，沒有人開口說話。色斑、光線、弧光和簾幕，悠緩地窸窣作響，彷彿浩大天國的帷簾。這些變化與夏日低垂雲彩的變幻速度相仿。一直瞪大眼睛盯著看，勉強可察覺其運動。往旁邊看一分鐘，再轉回頭來，景色已經完全變樣。位處阿拉斯加中部的此地，觀察者往往是從那些簾幕的正下方凝視，所以這些簾幕的「褶」是垂直往上，像鐵路軌道一樣在頭頂會集。色斑消失、更替，粉紅流蘇來而復去，慢動作的舞步難以預料。

但形塑這舞步的不可見之物、極光之幕背後的魔法師，一點也不緩慢。

　　這齣戲始於脫離太陽重力與磁場掌握的太陽粒子大規模的噴發。美國物理學家帕克（Eugene Parker, 1927- ）最先在 1950 年代推測，太陽，這顆距離地球最近的恆星，持續不斷洩漏出原子破片流——他稱此流出為**太陽風**。他的先知先覺所得到的獎賞是：人們不留情面地加以嘲弄。一直到 1957 年之後發射的太空船實際偵測到此一無休無止、蜂擁而來的物質——大約每一塊方糖大小的空間就有十個粒子，全都以每秒數百英里向外飛馳——帕克才從蠢蛋升格為先知。

　　隨著他升格而來的，是慢慢開始認知到太陽風一直以來對我們太陽系的影響方式。沒過多久，所有具備跟屁蟲後見之明的人都這麼說：「那還用說！彗星的彗尾之所以總是指向與太陽相反的方向，一定是這個原因。彗星就像風向袋一樣，被太陽風往回吹。我們早該知道！」

　　然而，一直到 1970 年代，研究人員才發現真正超密、超快速的太陽風，使得帕克的太陽風相較之下有如徐徐和風。這些爆發以每秒約 800 公里的速度、一次噴出 100 億噸物質，稱之為 CME，也就是日冕物質拋射（coronal mass ejection），數量真的很大，會使我們的電力網絡和衛星遭受嚴重的損害。

　　這就是太陽粒子噴泉大略的運動畫面。但一如往例，魔鬼藏在細節裡。我們這顆行星的磁層可以引導這些太陽碎屑做成的槍子兒，安全地繞過我們的世界，只要這個蜂群的場和我們行星的場有同樣的磁極性——比方說，兩個場的北方都是朝上。就像他們磁力學圈子裡的人說的：「同性相斥。」

　　反過來說，如果這群嗡嗡叫的太陽大黃蜂極性與我們的相反，

雖然這些阿拉斯加冰川的運動非肉眼所能察覺,但基本上是以每小時 0.3 公尺的速度向海前進。

就會把它們的能量傳給我們行星的場。這麼一來,帶電粒子會氣沖沖地滑進我們的磁場和我們的上層大氣層,這會製造出大量電荷。在我們上方 160 公里處的稀薄空氣中,氧原子的電子因而被激發。當這些電子掉回它們比較偏好、比較習慣的位置時,會放射出異樣的綠光。這就是極光的完整故事。

整件事是一場運動展示。太陽物質在運動,我們自己空氣的電子在運動。極光本身,有如現場表演的抽象藝術,以鮮明活潑、令人難以置信的方式運動──儘管換個布景得花上一分鐘才能換完。

令人驚訝的是,在阿拉斯加,對這個過程就連有個一般性理解

的人都少之又少。他們習以為常地抬頭看著這些光，但我曾無意中聽到許多人對同伴「解釋」這是從地球亮面的海上反射而來的陽光，或是轉述某些同樣已被戳破的 19 世紀說法。

　　顯然，如同帕克的超音速太陽風，科學知識自己也在運動。而這種運動，一如傑克・倫敦及其美洲原住民因紐特（Inuit）奇幻故事所述說的往日時光，有時動起來迅捷一如阿拉斯加的藍冰〔譯注：冰河的冰結晶顏色偏藍故名之〕。

注釋

1. 在阿拉斯加的冬季，你無須每次都指明你用的是華氏或攝氏。兩種溫標在零下 40 度交集，而在 2012 年的費爾班克斯，整個 1 月的溫度在零下 40 度至零下 50 度之間徘徊不去。令人驚訝的，或許是我們可以非常清楚感受到這兩個溫度之間的差異。儘管零下 40 度痛苦到超現實的地步，但吸進零下 50 度的空氣有實際的危險性，因為這會凍結我們的肺部組織。

2. 雪花裡有細菌出現尚未經過廣泛分析。這個課題在 2008 年的法國有人研究過，當時研究人員發現，85% 的雪花環繞著一隻活菌而成形。據此推測，各地都是如此，但沒人能確定地說是否有哪個國家的降雪比其他國家更衛生。

3. 在阿拉斯加某些濱海城鎮，融解問題不在地下，反倒是在地表。由於夏季沒了海冰，現在海浪不是打在向來作為永久緩衝的冰上，而是打進建築物裡。海冰在夏季變成了開放水域，社區的噩夢隨之而生，阿拉斯加西北部的基瓦利納村（Kivalina）就是一個例子。那兒的三百名居民面臨遷村，預估要耗費 5400 萬美元。

第 7 章

4 月的隱藏之祕

破解春天的祕密

（然而

忠實於

無可匹敵的

死神臥榻　爾之

有韻有節的

愛侶

汝覆答

彼等唯

春也）

——卡明斯（E. E. Cummings），
〈噢，甜美自然的〉（O Sweet Spontaneous），1920

　　時間是 4 月，在一個暖冬過後。美國東北部山區突然爆發一場超級大混亂，月曆都可以扔出窗外了。蜜蜂繞著霓虹黃的連翹花瘋狂打轉，比預計時間提早了幾個星期。在聲譽卓著的康乃爾大學合作推廣體系裡，植物學、動物學和昆蟲學的頂尖專家搔著頭，協助當地農民弄清楚這種早春現象對蘋果樹等等有何影響。

　　即便經歷一個常態的東北之冬及其一成不變的單色調，名詞性的**春天**也表現出動詞性的另一面〔譯注：「春天」一詞的英文 spring 也有「突然跳出、湧現」的動詞用法〕。無數的行動突然湧現。這些行動令孩子們的腦袋瓜動了起來：花開得有多快？樹長得有多快？昆蟲飛得有多快？樹的汁液流得有多快？這一切是怎麼發生的？

　　光是引用速度數據，並不能確實呈現這整個經過精心設計、艱巨複雜的事業。當豐富多樣的複雜性如小丑箱一般，受陽光與溫暖的刺激而隨處蹦出，確實是不能。因為生物學真的是物理學友善的一面。當溫度升高，生命賴以存在的所有酵素、粒線體、葡萄糖轉換及其他反應也增加。[1] 我們哺乳動物會製造自己所需的熱量，而當這麼做難度太高，我們就冬眠，把體內溫度降低 10 度左右，度過難關。冬眠期間，花栗鼠的心跳從每分鐘 350 下變慢到 4 下這麼少。活動步調——體內和周遭——變得如冰川般極度緩慢，一整群睡覺的熊、蝙蝠、地松鼠和土撥鼠在我們看不到的地方打呼，而且往往比我們想像的更靠近我們的臥房。

　　但植物和無脊椎動物沒辦法這麼做。牠們得等到冬天結束。所以當冬天結束，當牠們——意思是昆蟲、蠕蟲、蝌蚪，諸如此類——冒出頭來，同樣冒出頭的還有牠們的掠食者：鳥、浣熊和狐狸。這令人敬畏的整個孕育過程是同時形成的。這就是為什麼春天

不只是季節而已。它是奠基於動作的事件。[2]

　　在亞熱帶的佛羅里達、南加州和德州，春天從 2 月開始，每星期北移 160 公里。飛機上的旅客可以觀察到春天生動鮮明的邊界，隨著花葉綻放，以時速 1 公里的速度衝向北極。春天的行進和爸媽推嬰兒車的速度大略相同。

　　經過三個月的過程，春天前進超過 1600 公里，涵蓋緬因州、北達科他州、蒙大拿州和華盛頓州全部，以及加拿大南部的部分地區。在山區，春天先蔓延到山谷，然後越爬越高上了山。

　　植物年復一年按相同的順序盛開。最早盛開的，像雪花蓮和番紅花，乍現於雪差不多已經融化之處。隨後是球根植物，像是鬱金香和黃水仙。在那個時間點上的變化是以日計，明黃色的灌木植物連翹花也來報到。接著，那些色帶黃綠、按捺不住要上台表演的，如柳樹、木蘭、楓樹和杜鵑，大量冒出新生樹芽和嫩葉。櫻桃花也在這時節前後現蹤。

　　昆蟲從牠們的冬季大通鋪蜂擁而出。和植物一樣，他們並不是等某個特定日期，而是呼應著變暖的溫度。有些如蝴蝶，在冬季期間會在樹洞或縫隙中走完全光譜的各個生命階段——幼蟲、蛹和成蟲——這樣牠們就能充分利用春天的時光。候鳥如知更鳥和紅翅黑鸝，最早抵達參與這第一場戲。牠們利用秋天南徙所行經的路線，捕捉最先冒出頭的昆蟲和蠕蟲，在此時宣示繁殖和育雛的領域。

　　昆蟲的成長只在溫度上升超過特定門檻時才會開始，通常是攝氏 10 度。一旦變得夠暖，簡直像是自然生成論（spontaneous generation）生效一般〔譯注：自然生成論主張生命是從無生命當中生成，如肉腐而後蟲生〕：突然到處都是昆蟲。螞蟻開始爬，平均速度每小

時 0.32 公里（做個對照，雷聲一秒內就走完同樣的 0.32 公里，雷聲比螞蟻快 3600 倍）。

每一個物種都有牠自己的故事和公關意象。人人都愛蝴蝶，可堪引以為傲的是，在每一種印歐語系羅曼語中，牠都有甜美悅耳的名稱：法語是 *papillon*，西班牙語是 *mariposa*。連德語都設法讓蝴蝶比一般少一點點喉音：*der Schmetterling*。對於蜜蜂和蜻蜓的評價也不錯。

但蚊子當然就不是了。牠們已知的種類約有三千五百種——一直還有新品種被鑑定出來——曾被稱為地球上最致命的生物，主要是因為其中三種會傳播瘧疾、登革熱和黃熱病等疾病。只有雌蚊會從脊椎動物如我們的身上吸血。

在我們的蚊子經驗中，運動扮演了關鍵角色。蚊子需要不流動的水，很少冒險離開繁殖地超過 1.6 公里。所以如果你管控好你所在地區，不要有靜止不動的水池（意思是沒有舊輪胎、中間凹陷的帆布之類），就有可能可以徹底阻止蚊子出現。在林木極為茂盛的地方，像阿拉斯加，小凹地、池塘，以及雨後、融雪和永凍土留下飽含水分的土壤，根本到處都是，這是一項毫無希望的任務。

除了南極，蚊子在地球上到處都可存活，而且密集到每一隻阿拉斯加馴鹿通常一天就流失約 0.47 公升的血。蚊子雖然無處不在，但雄蚊只能活一星期，雌蚊最多一個月。從卵、蛹到幼蟲階段加起來，為時也只有幾個星期。所以要是繁殖地乾涸，蚊子一個月後就消失。

想要打蚊子卻總是打不到嗎？研究昆蟲速度的科學家得出結論，蚊子似乎比實際還要快。這個感受課題得回溯到每秒移動幾倍

體長那個老問題。蚊子通常是以每小時 4 公里的速度在飛，所以牠們連慢跑的人都跟不上。但因為這相當於每秒 170 倍蚊子身長，可能會看似超音速。

蜜蜂通常是以慢跑速度在移動──每小時 11 公里。在春季出現的昆蟲中，蒼蠅看起來最快，也**確實是**最快，每小時 16 公里。在這些昆蟲當中，馬蠅是冠軍，每一個曾試著要閃躲那些地獄魔物的人都知道這一點。牠們能以每小時 23.8 公里的速度飛行，只有短跑健將有希望跑得過牠們。然後，正牌的最快速昆蟲是蜻蜓，有五千六百八十種，而且經過計時，牠們可達驚人的每小時 64 公里。最棒的是，牠們愛吃蚊子，而且擁有不費吹灰之力就能逮到蚊子的速度。

5 月是杜鵑花瓣增色的時節，另外還有海棠樹和多花狗木，也就是四照花。5 月還有紫藤盛開，之後緊接的是神奇的丁香──至少有最馴化的品種，歐洲丁香。它們天堂般的香味，落後木蘭花幾個星期接棒而來，瀰漫鄉間。

香氣本身的運動方式難以捉摸，因為它們只能隨著空氣移動。一片死寂意味著香味很難離開花朵。另一方面，風吹得太快，香氣分子會被稀釋、被掃掉。

6 月初，春意依然，多年生植物連同開花灌木如麻葉繡球、玫瑰和莢蒾，幾乎一起爆發。一開始的狂亂，此時代之以穩定的節奏，灌木、花和樹注定各自在既定的時期達到顛峰。到了春天的尾聲，6 月 21 日夏至──本世紀隨著年分增加，這個日子越來越常落在 6 月 20 日，這是格勒哥里曆（俗稱的陽曆、國曆）四百年週期的結果──抗拒到最後的，像是山核桃和慢吞吞的梓木，就連這

些樹最北邊的部分也已經長葉子了。

在你的鄉居住家 90 公尺內,數以百萬計的昆蟲、植物和動物這種動態性的同步賦動現象,每年春天都按相同順序重複一遍。但我們現在再靠近一點,看看隱藏在簾幕後的運動。

1663 年,英國哲學家暨自然科學家波以耳(Robert Boyle, 1627-91)寫道:「新英格蘭有些地方有一種樹……如果讓切口滴出的汁液慢慢排掉多餘的水分,會凝結成一種甜到發膩的物質。」的確如此,北方各州有一種預告早春來臨的標記,就是在楓樹上切割開口,目的在收集汁液,然後煮沸成糖漿。因為取 150 公升汁液只能生產出 3.8 公升楓糖漿,所以需要有大量的汁液。很多人以為,在春季期間,所有的樹內部都有汁液在流動,但其實並非如此。很少有樹被刺穿時會排出汁液,楓樹也只有在某些古怪的情況下會如此──只有在長葉子**之前**。

楓樹在夜冷日暖的時期生產汁液,這種情形通常出現在 3 月和 4 月。如果溫度一直高於冰點,或是一直低於冰點,還有當夜晚不再降到冰點以下,汁液就會停止流出。你可以在柳樹、梣樹、榆樹、白楊和其他許多的樹上做切口,但你一滴汁液也收不到。現在我們知道,原因一定和樹體內部凍結及隨後回暖有關,因為這會放出膨脹氣體而推擠液體。但還沒有人了解為什麼必須有飽含蔗糖的甜液,或是這和活體的樹細胞有什麼關係。所以這一點依然神祕未解,不過,煎餅上出現甜又黏的美味糖漿,讓我們暫時忘卻科學上可能遭遇的挫折。

相較之下,其他樹種在長葉子的時候,汁液經由木質部往上走,而且不甜。作物和樹會蒸散,意思是水分從葉子蒸發掉。這會

創造出局部真空，將水分從根部拉上來。你可能會認為汁液在炎熱的下午跑得最快，因為植物在攝氏 31 度蒸散得比攝氏 21 度快 3 倍。然而，汁液在上午十點左右速度最快，不過這速度會持續一整天就是了。

如果有超人的 X 射線透視，就可以觀察到汁液並非緩步前進。多年來嘗試藉由注射染色劑和放射線監控加以測量，但過去十年來最受歡迎的方法，是以尖細的溫度探針插入樹身各個不同部位，並把熱量從樹身底部導入。這個方法證明，上升的汁液把導入熱量往上帶的速度有每秒 0.76 公分這麼快。這聽起來可能不快，但換算起來約是每小時 27.5 公尺，能讓最高的樹把水分快速從根送到葉子。不過，大部分的樹都沒這麼快速，每小時 2.5 公尺這樣的數字還比較差不多——但還是輕快得足以讓我們看到水在動，如果我們的目光能夠穿透樹皮的話。

同時，在茂密的樹林中，野花把新芽往上推到高於地面，趕在樹葉遮蔽之前，善用森林地被層為期短暫而彌足珍貴的日光。

溫度往上攀升，噪音等級也一樣，因為聲音是運動的音響面體現。這有一個我們熟知的例子，就是蟋蟀的唧唧聲。只有雄性蟋蟀會鳴叫，但很明顯的是，鳴聲的節奏隨溫度而改變，這在鄉下每一個角落都一樣。唧唧聲源自於一片翅膀的頂部刮擦另一片翅膀的底部，夜晚越暖越狂熱。

同樣的，這個原理就像老舊電池在結冰的早晨發不動車子一樣。化學反應隨溫度上升而加速，昆蟲的新陳代謝過程也一樣，這就是為什麼聰明人都會在寒冷的夜晚摘除不受歡迎的胡蜂窩，因為胡蜂冷到沒反應。螞蟻行走的速度也是依溫度而定。所有昆蟲都仰

賴其體內神祕的化學反應，除了期待環境持續溫暖，別無加速反應之法。當溫度上升，進行各種肌肉收縮的化學反應所需要的能量門檻比較容易達到，而這些肌肉收縮是行走、飛行或——以蟋蟀這個例子來說——唧唧聲的先決條件。

蟋蟀發出唧唧聲的速率也和品種有關，但平均來說，夜晚氣溫為攝氏 13 度時，大約是一秒唧一聲。如果你想在下次童軍大會或「全民猜謎大挑戰」（Trivial Pursuit）遊戲中炫耀一下，可以告訴所有人，溫度與蟋蟀唧唧聲之間的關係叫做多爾貝定律（Dolbear's law）。

多爾貝（Amos Dolbear）生於 1837 年，曾經**幾乎**是全世界最有名的人，但不是因為昆蟲。當我們想到電話、無線電和電燈的發明，腦中就蹦出貝爾（Alexander Graham Bell, 1847–1922）、馬可尼（Guglielmo Marconi, 1874–1937）和愛迪生這幾個名字。但原本有那麼一絲絲的機會，我們只會——有些人說是只應該——想到多爾貝。

他可不是在工具間裡敲敲打打的人。多爾貝畢業於俄亥俄衛斯理大學，最後當上塔弗茲大學（Tufts University）物理系主任。他二十幾歲時就做出一具可用的電話，他稱之為交談電報機，這個裝置運用了他自己拿永久磁鐵和金屬振動模組裝成的聽筒。那是1865 年，貝爾版本的電話取得專利整整十一年前。之後，多爾貝拚命想證明是他先，而不是貝爾，案子一路打到美國最高法院。《科學人》雜誌（*Scientific American*）在 1881 年 6 月 18 日報導：「要是〔多爾貝〕乖乖照專利局繁瑣的規矩辦事，如今廣泛認定榮歸貝爾先生的這具通話電傳聽筒，很可能就會和他自己歷次得獎作

品擺在一起珍藏了。」

遭受挫敗但活力不減的多爾貝轉而投入無線通訊，而且在 1882 年，時任塔弗茲大學教授的他成功運用穿地無線電波傳輸，把訊號送出 0.4 公里遠。在與貝爾較量中學了乖的他，為自己的「無線電報」申請並取得專利，到了 1886 年還把傳輸能力增進到 0.8 公里。此舉具有開創性，超越德國物理學家赫茲（Heinrich Hertz, 1857–94）的理論研究，並領先義大利人馬可尼的實用性發明整整十年。多爾貝的專利後來阻止了馬可尼的公司在美國做生意，並迫使這個義大利人買下多爾貝的專利。〔譯注：馬可尼於 1896 年在英國試驗無線電通訊成功，並以此領域的成就在 1909 年獲頒諾貝爾物理學獎〕

多爾貝甚至超前愛迪生，發明一套白熱照明系統，不過這次他又重蹈覆轍了，動作不夠快，沒能擠下愛迪生後來的壟斷勢力。簡言之，他是一個以當代所有最重要科技發明人之姿留名青史的流星過客。

這些發明家似乎沒有人真的剽竊過其他發明家。倒像是以一種奇怪的方式呼應大自然對模式的偏好，不同的人在約略相同的時間想到相同的點子——百猴效應的一種，這種效應似乎比隨機偶發更常發生。[3]

多爾貝既非科班出身，與應用物理學也向無淵源，突然投了一篇文章給《美國博物學家》（The American Naturalist），獲採用刊登於 1897 年 11 月號。多爾貝這篇標題為〈蟋蟀溫度計〉（The Cricket as a Thermometer）的文章，理清了夜晚溫度與蟋蟀鳴叫速率之間的關聯性。他的表式後來以多爾貝定律之名傳世，至今在昆

蟲學界的小圈子裡依然廣為人知。你只要計算十四秒內〔譯注：也有十五秒之說〕的鳴叫次數，然後加上 40。瞧！這樣你就能知道現在的華氏溫度。這個算法假定你聽的是雪白樹蟋。

多爾貝離開這顆行星一個世紀後，名氣早已不復當年。或許我們可以對此有所彌補，只是稍稍彌補，辦法是我們下次出門露營時，裝模作樣地引用多爾貝定律來宣布溫度度數。

蟋蟀輕易就吸引我們注意，因為我們人類非常注意與自己心跳約略同步的反覆現象——而蟋蟀的鳴叫速率與此相差很少超過 50％。我們特別會注意每秒重複 0.5 ～ 10 次的事物。比這個慢的，我們可能會把個別的事件——像是貓頭鷹的叫聲——視為互不相干，而不加以串聯成單一活動。比這個快的，我們覺得是一種穩定的聲音，自成單一獨立事件，而非諸多事件拼裝組合。

例如，很多蚊子以音符 A（即 La）的音發出惱人的嗡嗡聲，和電話撥號聲相同。[4]

這是翅膀以每秒 440 拍振動所造成。〔譯注：中央 A 的音高即為 440 赫茲〕但也有其他蚊子以每秒振動 600 次，產生 D 或升 D 之類的音。不管是哪一種情況，兩種不同的蚊子拍數，我們的耳朵都感覺不到。不管是什麼，每秒大約 15 拍以上似乎就是同一種音調。

同時，當蜜蜂越空飛衝、為花樹授粉，其低沉嗡鳴的音高來自翅膀每秒振動 230 次，升 A 音調比蚊子的嗡嗡聲低了整整八度。但當蛙與蟾蜍快速從冬眠中醒來、求偶之歌開始傳遍空中時，牠們已經準備好要迎接各式各樣的飛蟲。

在一齣齣沼澤音樂劇上方，螢火蟲一閃一閃地發光。螢火蟲的

生物螢光是螢光素酶與氧交互作用而成，通常會發出和極光同色的黃綠光。[5] 而且螢火蟲就像極光，會產生無熱度的輻射。螢火蟲也和北極光一樣，發出靠不住的光。昆蟲的活動期只有晚春到夏天之間的幾個星期，只在比攝氏 10 度溫暖的夜晚。

　　隨著春意漸濃，本季新生的哺乳類幼崽越來越容易被鄉村居民看到。我們看到幼熊和幼鹿緊跟著母獸，但我們很少觀察到行蹤比較隱祕、比較鬼鬼祟祟的動物，如郊狼，牠們也在這時生養小狼。其實，這些大型哺乳類沒有一種是在春天繁殖後代。牠們在前一年的秋天交配，出於本能地安排牠們的幼獸在春食盛宴期間出生。會在春天外出與異性約會的主要是小型哺乳類，牠們甚至會調整各種活動的時間，好抓住季節豐足的高峰期。花栗鼠早在 2 月，甚至是殘雪依然處處可見之時，就開始增強活動到足以進行繁殖，因而躋身於我們最早看見的哺乳類之列。牠們靠著洞穴有多處出入口來逃避掠食者，並以其急奔急停的速度來保護自己。

　　通常光是這樣還不夠。雖然有人在網路上荒謬地宣稱，有很多種囓齒動物能以時速 56 公里一路狂奔，但實驗室的軌道實測和田野測量顯示，囓齒動物的極速大約每小時 16 公里上下。牠們看起來可能會比這還快得多，理由同前，因為這些囓齒動物一秒就能跑過好幾倍的自身身長。但家鼠狂奔起來只有每小時 13 公里，常見的灰松鼠在晴朗的日子可以達到每小時 19 公里。對牠們來說很不幸的是，如果比直道賽跑，牠們跑不過常遇到的掠食者。家貓可以跑得比任何家鼠快上 3 倍有餘。因此，湯姆貓和傑利鼠之間的競賽並不公平。

誰能抓到誰？

開始打獵囉：常見哺乳類的極速

	每小時公里數
花栗鼠	11.3
家鼠	12.9
松鼠	19.3
白尾鹿	48.3
貓	48.3
灰熊、黑熊	48.3
兔子	48.3
狐	67.6
郊狼	69.2
跑最快的狗	70.8

　　那最快的動物呢？獵豹和旗魚不分高下，兩者都可以達到每小時110公里。歷來最快的賽馬，至少在2公里組，是「祕書處」（Secretariat）。1973年的那一天，「祕書處」遠遠甩開所有的馬絕塵而去，贏得肯塔基大賽，牠留下的紀錄是均速每小時61公里。

　　至於有翅膀的動物，牠們的速度要看牠們的動機而定。巡弋飛行多半為每小時32、48公里，小型和大型鳥類都是如此。鵝和蜂鳥就是以相同的速度飛行。萬一有必要的話，幾乎所有鳥類都可以縮攏翅膀俯衝，比牠們用飛的還快得多。遊隼向以速度最快的鳥而

幾乎所有鳥類的飛行速度都介於每小時 32 ～ 48 公里，但牠們的振動速率差異極大：蜂鳥每分鐘拍動 1250 下，圖中這些灰雁每分鐘拍動約 100 下左右。（*Michael Maggs, Wiki-media Commons*）

聞名，俯衝時能達到每小時 320 公里，但牠們平常的速度是這個數字的一半。不過，即便是每小時 320 公里，或許也算不上是「成就」：人類特技跳傘員採頭下腳上、雙臂併攏體側的姿勢，也能達到相同的速度。這純屬終端速度的問題，不需要技術。就連隼也沒法追上一個正在俯衝的莽漢。

　　眼睛還來不及眨一下，鳥就能抓到田鼠、松鼠和花栗鼠。松鼠採取的是最具視覺張力的防衛策略，就是持續之字形移動，好讓猛撲而下的鷹很難瞄準逃竄中的囓齒動物。但針對不同目的，鳥類可

以採取不同的速度，牠們也的確這麼做。鷹在偵察巡邏時，也就是在空中徘徊以搜尋獵物，會希望極大化自己的耐久力，因而緩緩擺動翅膀以保存能量並滯空數小時。但打算前往遙遠獵場的海鳥，則會希望極大化其航程。這通常意味著不要飛快，甚至不要遠距離空中飛行；關鍵或許在於利用季風洋流。鳥類有時被迫把速度加到最快，被掠食者追趕時就是這樣。

這麼說應該不會有爭議：幾乎所有鳥類的飛行速度都介於每小時 16 ～ 64 公里，而巡航多在 32 ～ 48 公里之譜。很多都快到足以捕捉飛蟲，少有飛蟲能達到每小時 32 公里。

但發生的比眼見的還多。我們親眼所見的，就很多方面而言，比不上我們藉由 X 光透視（有了這種方法，我們便能透視皮膚）或縮時感知（time-lapse perception）所能發覺的那般迷人有趣，因為春天所展現最戲劇化的魔法，就是**生長**的動作。〔譯注：例如縮時攝影每隔一定時間拍攝同一對象，最後將間隔拍攝的影像連續播放，可以用較短時間觀察該對象在較長時間中的變化〕

樹木是根據生長速率的慢、中、快來進行分類。慢的意思是一年少於 0.3 公尺，快的意思是多於 0.6 公尺，中是介於其間。每一個品種都不一樣。糖楓的外觀年復一年幾乎沒有改變，而柳樹的樹形變得很快。

春天促成樹木在一年當中最快速的生長，植栽作物也一樣；新芽往上伸展，多達一天 2.5 公分。這樣的生長都跨不過可見運動的門檻。最接近可見運動的植物是某些攀藤類，這些攀藤類運用怪得幾乎可說是嚇人的固著器，以及紫藤環繞纏卷的攀緣莖，這種攀緣莖每一季可延展 3 公尺，透過縮時攝影就像看科幻片一般。

樹木長得有多快？

快（≧ 0.6 公尺／年）	中	慢（≦ 0.3 公尺／年）
榆樹	椴樹	膠冷杉
皂莢樹	挪威楓	黑胡桃樹
紅楓	歐洲赤松	白橡
梣樹	紅松	白胡桃樹
樺樹	雲杉	糖楓
刺槐	白松	
梣葉楓		
棉白楊		
紅橡		
銀楓		
柳樹		

　　同樣的，如果我們能夠透視地表，便會看到曲折蜿蜒的根部每星期推進 5 公分到 60 公分之多。然而，歷來生長最快的贏家植物並非我們多數人所喜歡的：竹子。這種植物以它最粗大的模樣破土而出，然後以慢到視覺幾乎無法辨識的速度向上出頭。史上紀錄是單單一天就測到近 1 公尺，也就是每小時 3.8 公分。

　　所以，單單春之一季，就稱職地發表了大自然一場又一場出色的趕場秀。快速的變化即其戲劇化之處，尤其當它披上色彩鮮明的外衣時──而**變化**正是運動的另一種說法。

注釋

1. 這當然就是為什麼我們把食物放進冰箱的原因。光是把溫度降到攝氏 4 度，我們便對無數種生物學過程產生巨大的抑制作用，包括細菌繁殖所需的那些過程。拔掉冰箱插頭，讓溫度跳升個微不足道的 20 度，然後牛奶很快就酸掉，生物學大戲得以全新展開。

2. 今日的作家們用起**敬畏**這個詞很謹慎，因為打從 1990 年代起，這個詞就無所不在到浮濫的地步。最近去雜貨店買東西，店員問我有沒有金額剛好的零錢；當我掏出零錢，他說：「令人敬畏啊。」

   「不，」我回他：「大運河令人敬畏，金額剛好的零錢並不令人敬畏。」

   但，春天的開展呢？絕對是。把這個形容詞再拿出來用一用吧。

3. 第一百隻猴子是 1970 年代廣受歡迎的一個概念。故事是說一位在熱帶島嶼觀察猴子的研究人員，看到一隻猴子在進食前先清洗食物，把沙子弄掉。根據他的紀錄，沒多久，其他猴子做了同樣的事——這種行為以前在這種類人猿身上從未見過。顯然，有一種演化作為正在發生。

   現在，令人迷惑不解的來了。僅僅一年內，許多研究人員突然開始在世界其他地方的同一種猿猴當中看到相同的行為。結論令人驚奇：當數量大到某一臨界值的動物開始以特定方式思考或行動，這個現象就達到某種轉折點，那些生物**全部**都在腦海裡同時蹦出這個想法，無論牠們在世界上的哪個地方。

   這是古老的超感官知覺（extrasensory perception, ESP）那一類東西，從未因科學興起而被埋葬。儘管新紀元運動與這個時代氣味相投，但似乎沒有全面失控。鳥群和魚群似乎會進行同步轉向，彷彿有心智上的連繫。

   凱耶斯（Ken Keyes）在他的暢銷書《猴子啟示錄》（*The Hundredth Monkey*）中採用了這個觀念。凱耶斯認為，如果參與和平運動和環保運動的人夠多，這些運動就會突然「起飛」，變成全體人類的既有行為。

   美好的烏托邦概念。但在此同時，我們已經知道，最初的那個故事是虛

構的。結果是從來沒有研究人員注意到有越來越多的猴子在洗水果。動物學家指出，猴子本來就會經常清洗水果。

4. 其實，撥號音調包含了兩種音符。一個的確是音符 A，每秒 440 週期。另一個是比較安靜的低沉音調，以每秒 350 週期嗡嗡叫，那是音符 F。如果你把一個振動感知的吉他調音器放在電話上，它會一下宣稱偵測到 A，一下宣稱偵測到 F，變來變去。

5. 如果你是個很在意精準度的人，極光波長通常是 557.7 奈米，螢火蟲的光則介於 561 ～ 570 奈米之間。兩者的黃綠光看起來簡直是一模一樣，但螢火蟲稍稍黃了一點點。

第二部

加快腳步

第 8 章

解開風中密碼的那幫人

一個沙漠之民的空氣魔咒延續千年，兩個怪咖逃過宗教審判

灰眼雅典娜給了他們溫和的順風，

一道清新的西風，吟唱於暗沉如酒的海面之上。

——荷馬，《奧德賽》，約西元前 8 世紀

聖經〈約翰福音〉第三章第八節說：「風隨意吹動，你聽見它的聲音，卻不知道它從哪裡來，往哪裡去。」

吹動的風引發我展開這次理解自然運動的探索。但因風受損根本不是什麼獨特的經驗，而是全球各地文獻中習以為常的情景。因不可見的物體毀家破屋而生的憂慮，引發了一代又一代的恐懼。

但我知道我得往哪裡去。往向來是北半球最多風的地方去，那裡的風速表所測到歷來最快的陣風紀錄維持了半個多世紀。那次的陣風相當於 EF4 級龍捲風的中心風速。[1]

新罕布夏州的華盛頓山所保持的，不光是金氏紀錄之類。這座山的陣風名聞遐邇，讓人們渴望親自來一趟風的體驗。為了容納這些人，該州建造了一條通往山頂後方的道路，當時正值林肯主掌白

宮的時期。從那時起，已經有很多尋求冒險的家庭完成了朝聖之旅，這場冒險還有一張自誇自讚的特大貼紙加持認證。

當然，我可以偷懶地坐上我那架四人座老飛機，自己駕機飛過那1917公尺的山頂，但這麼做怎能體驗到那山頂上名聞遐邇的風呢？除此之外，我也很害怕。風在山區四處肆虐，華盛頓山的古老地形更使出全力迫使空氣通過狹窄的漏斗狀通道。我記得曾讀過記載，是關於一架波音707噴射客機在1966年3月5日飛過日本富士山附近，不幸因山理學因素引發亂流把客機的尾部給扯掉了。[2]

在古代，有誰能對空氣渦流有初步了解？有誰能想像出使地球5000兆噸氣體開始常年運動的任何機制？古代沒有人能處理氣態領域這些何物、如何或為何的問題。進展最多的西方人是亞里斯多德，他宣稱空氣是一種喜歡往上升的「元素」。

人們倒是在問移動的空氣能帶給他們什麼好處：裡頭有什麼可為我所用嗎？最早在古代人心中點亮的科技靈光之一，就是運用空氣作為免費動力來源的這個想法。

打從有歷史記載以來，空氣能源就已經被用來產生動力，即便稀少的全球人口一直到基督時代都還沒達到兩億。尼羅河沿岸的風力推動船隻可以遠溯至西元前5000年，到了聖經時代，帆船已是常見景象。

經歷了漫長得驚人的時間——最早的船帆揚起後又過了整整五千年——流動空氣才被應用在機械上。中國人拔得了頭籌，大約是在西元前200年左右，他們豎起了風車，並給這些風車裝配齒輪，汲水用於灌溉。不久後，這個點子傳播到中東，那裡的住民建

造了風車，這些風車裝有以蘆葦編織而成的帆，並以齒輪帶動垂直轉動的桿子以碾磨穀物。

波斯人是下一個運用風力的，並加以引進西元 250 年之前仍在羅馬帝國統治下的歐洲地區。又過了科技進展慢到令人心痛的幾個世紀，升級到風車 2.1 版，其特色為材料更好，像是金屬齒輪，以及更大、更有效率的風車葉片。這些風車出現在 7 世紀的阿富汗和 13 世紀的荷蘭。這些更大型的構造物氣勢磅礡地排光沼澤的水、滋養農田，最後甚至汲水供應 19 世紀美國拓荒者一路向西。

儘管如此，似乎沒有人急著想要弄清楚到底空氣是什麼。或是空氣向上延伸到哪裡，或是為什麼空氣就得要隨時都在緩慢移動才行。沒有人猜到空氣是不同氣體的混合、每一種氣體各有不同的性質。沒有人對下面的怪異事實感到困惑：風的行為變化無常，不同於日、月、習以為常的潮汐、季節雨，以及作物和昆蟲可預測的週期性，諸如此類。有時連一絲微風也無，然後可以在一小時後狂風怒吼。強風往往伴隨雷雨，然而萬里無雲的天空也可以吹來同樣凶猛的風。日常環境的其他面向沒有一個表現出如此狂野不羈的隨興所至。

即使到了 20 世紀初，還是沒有人對氣團的明確定義有所認識。一直到一次大戰後，才打造出**鋒面**一詞，用以描述此一嶄新觀念：兩個氣團交鋒導致交界沿線出現狂風暴雨的天氣。

真正有意思的發現是從 18 世紀開始，接著在 19 世紀加速。但有些出色的思想家在更早之前就做出值得讚許的貢獻。

亞里斯多德在西元前 350 年造出 meteorology（氣象學）一詞，希臘文的意思是「高高在天上」的科學。但對於大氣及其豐

富、廣袤且多變的古怪舉動之研究，或許在此前五百年的印度就熱切展開了，那是古代神聖經典奧義書（Upanishad，古代印度教對於教義的哲學思辨作品總稱）編纂之時。這些作品詳細討論雲的形成和雨的產生方式，甚至把此種現象歸因於地球繞日運動所導致的季節循環。[3]6 世紀，古印度數學家暨天文學家羲日（Varāhamihira, 505–87）撰寫了經典的梵文著作《Brihat Samhita》，闡述複雜的大氣過程，像是水的循環、雲的構成和日光加熱導致的溫度變化。

又過了五百年，西方世界沉睡未醒。那是黑暗時代，在希臘黃金時代及古代的印度和中國曾如此令人憧憬的前進腳步，根本停滯冷卻，直到 16 世紀。或者說，他們是這樣教我們的。大家都忘了有美好的四個世紀，在當時的波斯和中東，知識得到賞識，那是阿拉伯科學的黃金年代。一邊處於黑暗中，另一邊卻沐浴在陽光下。

這個時期有一位我心目中的英雄。西元 965 年生於今日伊拉克的巴斯拉（Basra），他是海什木之子、哈山之子、阿里之父哈山（Abu Ali al-Hasan ibn al-Hasan ibn al-Haytham），阿拉伯世界熟知的稱呼是海什木之子。我們就別虐待自己，用他的拉丁化名字來稱呼他吧——阿爾哈金（Alhazen）。

他對希臘的認識廣博，筆下對亞里斯多德頗多讚許，對托勒密則不以為然。他採取了一種開創性的作法，不是空談理論或玄思冥想，而是進行縝密的實驗。

1021 年，阿爾哈金成了精確描述空氣如何使光彎曲或折射的第一人。他經由嚴謹的觀測，證明大氣層如何造出曙光，還說第一道曙光開始於太陽在地平線下 19 度時。今天的現代數據是 18 度。

而更令人印象深刻的是——這也是我為什麼要為他喝采的原

因——他是最先運用科學方法獲致真理的人士之一（而且很可能還是**第一人**喔）。阿爾哈金運用複雜、精確的幾何計算，定出地球的大氣層高度為——麻煩請擊鼓——52,000 **跨**（passuum）。

沒令你們印象深刻？那是因為你們最近大概沒用過拉丁制的長度單位。這個單位等於 1.5 公尺。數學計算一下，你就會得出阿爾哈金關於我們大氣層高度之數為 79 公里。

回顧當時，沒有人——絕對沒有人——對於空氣往上延伸多遠有一丁點的線索。甚或是往上到底有無止境。因為當時不管是誰全都認為，空氣有可能延伸 6.4 公里，也有可能是 640 萬公里。阿爾哈金說是 79 公里。現在大多數權威機構都定此數為 84 公里，那是中氣層（mesosphere）的頂部。〔譯注：中氣層為離地 50 ～ 85 公里的大氣層，隕石開始燃燒之處〕然而在西方，有誰曾經聽說過阿爾哈金呢？[4]

如果阿爾哈金在西方有什麼名氣，那是因為他發明了針孔照相機，而我誠摯希望每個人都有機會體驗看看，因為真是令人驚嘆又有趣。偶爾，當一丁點光線穿過遮光屏上的孔洞射入黑暗的室內，你就可以親眼看見類似的效果。賞心悅目、鮮活生動如電影般，這個世界的種種細節被投射到牆上、天花板上，很能吸引目光。阿爾哈金的沙漠同胞一定很著迷。阿爾哈金也發現折射定律，而且能夠把光分離成各成分色光。他研究日月蝕和光學，並且正確解出其背後的數學。

他怎麼有時間做這麼多研究和實驗，這大概是他很樂於和研究他的人分享的故事。這個奇怪的故事要從他還住在巴斯拉的時候說

起，而且會提到尼羅河著名的年度氾濫。有一回他過度自信地寫道，這條河流毀滅性的秋季氾濫藉由水庫和堤壩系統，輕而易舉就能加以控制，而且這套系統或許可以用來儲水以供漫長乾季之用。對他來說，想像這樣的技術並不難，但把這些冥想結果天真地加以發表，卻在無意中為個人生活的改變埋下了伏筆，這些改變如果參照現代的何慕思與雷伊壓力評量表（Holmes and Rahe stress scale），都是名列前茅的壓力項目。

當阿爾哈金抵達開羅，那位眾人口中沒耐性、討人厭的哈里發聽人說過阿爾哈金的主張，便召他前來並說道：「好吧，把它做出來。」阿爾哈金被帶去參觀各個氾濫平原。我真希望能看到他的反應，一定是臉色慘白。親身考察氾濫區之後，務實的阿爾哈金馬上就知道自己的計畫不可能奏效，怎麼樣都不可能。

但他並未冒著被嗜殺成性的哈里發斬首示眾的危險承認自己的錯誤，而是下了一手險棋。他用的是後來被逃避越戰的充員兵發揮到淋漓盡致的技巧：裝瘋。照他的盤算，哈里發只會把他扔到街上就算了。

他錯了。統治者反倒下令將他鎖起來終生軟禁，再也不准他享有自由或與公眾接觸。

這個好壞參半的故事最後的結局，是阿爾哈金從 1011 年開始，有整整十年無事可做，只能埋頭撰寫無數出色的論文，包括那本以光學為主題、在七個世紀後的未來與牛頓那本平起平坐的知名著作。〔譯注：指 1687 年發表拉丁文版、1729 年譯成英文版的牛頓著作《自然哲學之數學原理》〕哈里發死於 1021 年，他終於被釋放，那一刻他總算擺脫大概已經滿擅長的裝瘋舉動。

　　空氣的祕密下一次的揭露要到五百多年後才開始，而且牽涉到或應分開考量的各種不同面向。比方說，考量空氣的壓力或重量。眾所周知，地球表面每平方英寸（6.5 平方公分）承受著重達近 6.8 公斤的空氣柱壓力。在現代，我們在快速移動的電梯中或飛機下降時就體驗到這一點：我們的耳朵會脹。

　　我們已經習慣了。但亞里斯多德，在某個心情欠佳的日子，堅稱空氣根本沒有施加任何重量在我們身上。一向破舊不遺餘力的伽利略，順服地接受了亞里斯多德不正確的判決，一點異議也沒有。

　　這是義大利物理學家暨數學家托里切利（Evangelista Torricelli, 1608-47）在 1608 年誕生於教皇國領內的法恩扎（Faenza）當時的思想氛圍。他是另一個未獲歌頌的英雄，儘管時至今日幾乎無人知曉，但他就是想出風為何會吹動的那個人。

　　托里切利四歲喪父，由叔父撫養、教育，在耶穌會學院研讀數學。二十四歲時，他讀了伽利略的《關於兩大世界體系的對話》（Dialogue Concerning the Two Chief World Systems），並寫信給這位偉人，表明自己也相信哥白尼的日心模型。這是討易怒之人歡心的一條捷徑。

　　雖然托里切利還不知道，但在行文中提出這個意見是有危險的，因為伽利略隔年，1633 年，就受到梵蒂岡譴責，而且差點因為這個信念被燒死在火刑柱上。耶穌會也不可能接納這樣的異端還能全身而退，托里切利此後便保持沉默。

　　不久淪為軟禁囚犯的大鬍子伽利略邀請托里切利來訪，托里切利也接受了，不過他明智審慎地等了五年才現身伽利略家門前。大

約就在這時候，他對於空氣的理解開始有了科學上的突破，並就另一位義大利數學家暨天文學家伯提（Gasparo Berti, 1600-43）所引出的一項非常令人困惑的課題，與伽利略進行一番腦力激盪，但無定論。

1639 年至 1641 年間，伯提以超過三層樓高、注滿水的垂直玻璃長管進行實驗。玻璃管的兩端先用軟木塞堵住，再把底端放進水池中，然後拔掉底端的塞子。接下來發生的事令人莫名其妙地搔起頭來。

有些水漏進水池裡，但大部分的水留在管內。在高度 10.7 公尺處——三層樓半——水面略略穩定下來，在圓柱頂部留下一段空無一物的空間。問題在於為什麼水總是維持在那個高度上？

密閉的長水柱總是在 10.7 公尺高的時候停止排出，始終沒有顯著的出入。伽利略相信頂部的真空有足夠的吸力把那些水的全部重量往上撐，就像注滿牛奶的吸管只要你一直用手指蓋住一端，便會維持滿管。

但托里切利在 1644 年偶然想到一種不同的解釋。如果不是真空在吸住和支撐著水往上，而是我們的大氣重量下壓池面、支撐管內的水呢？換言之，或許這套裝置就像一具天秤。也許這具天秤在秤池面上的空氣重量，而這些空氣向下的壓力正好足以維持 10.7 公尺高的水柱。他也注意到另一個怪異之處：水位每天都在改變，上、下各約 0.3 公尺。

伯提和托里切利不斷訂做這些特別訂製、易碎到令人沮喪的四樓高玻璃圓柱，還叫木匠在他們住家打造專用開口，好讓這些玻璃圓柱向上伸出，其他人則興味盎然地關切他們的實驗進展：這該死

的現象真正的意義到底是什麼？如果早個一世紀，那些懸在上頭的水柱就只是自然界的怪事一樁，數千怪事中的一樁，頂多只換來人們聳聳肩膀。但在 17 世紀的義大利北部，自然界的小瑕疵變得令人著迷。這些瑕疵彷彿某種虛無縹緲的黃金國般招著手，應許著揭開背後的深奧祕密。

那些管子，那些怪裡怪氣、龐大笨拙的玻璃管子，令托里切利的街坊鄰居流傳著「巫術魔法」的耳語。他已經和他的盟友伽利略閃過一顆子彈，但有可能還會再次惹上麻煩。托里切利急著要中止所有盯著他那怪異的穿頂吸管看的目光，加上他也實驗過在管子內注入比較重的液體，包括蜂蜜，因此靈機一動，想到一種真正可攜式裝置，可以藏起來不被窺視的目光看見。因為液態汞——當時稱之為水銀（quicksilver）——比水重 4 倍，裝著這種液態金屬的管子可以滿短的，而且還是可用於進行他的實驗。於是，托里切利給一根管子注入汞柱，只有大約 1 公尺高，然後放進一個也注入液態汞的盆子，就這樣創造出第一支氣壓計。

氣壓計的液位天天有變化，相差可達 2.5 公分之多，而且托里切利做了正確的推測：推擠盆內汞池的空氣重量必有約 3% 的變動。液位變化的方式也令人好奇。汞在涼爽、晴朗的日子往往位居最高點，天氣颱風下雨時則在最低點。

後來法國數學家暨物理學家巴斯卡（Blaise Pascal, 1623-62）在1646 年聽說了托里切利的儀器，以及為了到底是什麼讓那些水柱、汞柱如此古怪挺立所引發的騷動。是管內真空在拉引，或是管外大氣在推擠盆內或池內的液體？巴斯卡靈光一閃，想到一種一勞永逸

的解決方法。

如果空氣有重量，那麼當一個人爬上山，空氣的重量就會少一些。按邏輯來說，氣壓計的水銀柱在高處會顯得比較低。真的嗎？巴斯卡請他住在山區的妻舅去進行這項決定性的實驗。1648 年 9月，汞柱高度在多姆山（Puy de Dôme）山腳下做了紀錄，然後在攻頂過程定時加以記錄。答對了：爬得越高，氣壓計讀數越低。而且還不只低一點點，沒什麼隱晦難明的。每上升約 300 公尺，汞柱就直落整整 2.5 公分。在 1463 公尺的山頂上，測得汞柱為 62 公分高，而不是山腳所見的 74 公分。

結案。巴斯卡不只證明了大氣的重量，還發明了實用的高度計，可用來查出自己的海拔高度。今天，採乾式膜片而非汞的新機型讓飛機座艙更加美觀。

1644 年，托里切利寫下這段著名的文字：「我們浸浴在必不可缺的空氣之海底部而存活，而這空氣，根據無可爭辯的實驗，已知為具有重量。」沒過多久，他也就空氣運動成因發出全世界第一則科學性描述：「風的形成是地球上兩地區之間的空氣溫差、乃至於密度差所造成。」

托里切利接著又設計並打造顯微鏡和望遠鏡，但他活不到舉世聞名的那一天。就在巴斯卡證明他的觀點正確的三年後，托里切利在佛羅倫斯感染傷寒，死於三十九歲之年。

但他的發明風靡一時。我們已經說過，人類敏於感知模式，而氣壓計每天的升降與天氣晴雨之趨向有著饒富趣味的關聯。這可是一部預報機呢！

人人都想要一部。到了 1670 年，許多鐘錶匠開始為有錢的客

戶製造氣壓計。一個世紀之後，大部分的上流階級家庭都把華麗的木質氣壓計擺在顯眼處展示，上頭裝飾著富麗堂皇的鑲嵌設計。1670 年至 1900 年間，西方世界有超過三千五百家註冊登記的氣壓計製造商。

　　1860 年前後，大不列顛海軍上將費茲羅伊（Robert FitzRoy, 1805-65），也就是達爾文踏上他那趟著名旅程所搭乘的小獵犬號前任艦長，開始發表與氣壓變化相關的預報技巧，並解釋複雜難懂的新發現。例如他發現，不尋常的強烈高氣壓和低氣壓，加上壓力快速變化，隨之而來的往往是狂風大作，因為空氣抓狂地想從高壓區往低壓區而去。從那時起，所有水手不管是要航行多遠的距離，不先諮詢氣壓計就不能安心。氣壓的變動就是這麼重要。[5]

　　今天我們都聽說過很多令人著迷的氣壓事件。當你前往高於海平面的新位置，每爬升 300 公尺，溫度就下降大約攝氏 2.8 度。這很可觀。這意味著海平面以上 1500 公尺的丹佛，比緯度相當的海平面城市整整冷了約攝氏 13.9 度。

　　由於下層空氣受上面全部的總重量所壓縮，整整一半的大氣層

令郵輪相形見絀的是雷雨灘雲。其下的風常會達到每小時 80 公里。

都位在 18,000 英尺（約 5486 公尺）以下。因此，當位於這個高度時，氣壓計降到海平面讀數的一半。

　　想知道那上面是什麼樣的感覺嗎？你是可以貼近那樣的感覺。你能**輕鬆**攀上的最高點，而且雙腳依然踩在地球上，不在歐洲或美國，而是在南美洲。我在 1988 年去過那兒。你先飛到梅里達（Mérida）這座委內瑞拉城市，四周為該國極西地區的安地斯山所環抱，那裡已經有 1.6 公里高。然後搭乘讓你驚嘆到喘不過氣來的纜車，懸在空無一物、高不可測的半空。纜車垂直爬升驚人的 3000 公尺——相當於九座帝國大廈疊起來。你往上再往上，隨風搖擺，直到抵達 4764 公尺。此時你人在埃斯佩霍峰（Pico Espejo）山頂，不遠處就是著名的玻利瓦爾峰（Pico Bolívar）峰巔、委內瑞拉最高點，只比這裡高 213 公尺。

　　上飛行課時，他們告訴受訓飛行員，有些人僅僅 1500 公尺就感受到高度效應——畢竟小飛機很少有增壓設備。因為生活在高海拔或在高海拔待上一星期的人，其血液中的紅血球比住在海平面的人多得多——除非你的條件像綠巨人浩克那麼好，而且將他原有的血液組成大幅升級——你一到埃斯佩霍峰，馬上就會讓你頭暈目眩，說不定會異常愉快，多走幾步便筋疲力竭。你可以在那兒做些高海拔實驗，如果你能記住剛剛那一瞬間你正在做什麼的話。然而，安地斯山這個高高在上、優美如畫的歇腳處，仍然比半個大氣層的門檻低了有 600 公尺。

　　為數不多的喜馬拉雅山登山客已經越過這門檻，甚至不戴氧氣筒體驗過聖母峰的 8848 公尺。但當然囉，他們根本是太空異形。

　　別提爬山了。如果我們堅持盡可能直接開車上山的懶人想法，

印度西北部、喜馬拉雅山北方的列城（Leh）周邊有幾個地方，那兒坑坑洞洞的泥土路經過幾處 5100 公尺高的埡口。還是沒有剛好在那神奇的 18,000 英尺、外太空中途站的里程碑上。如果是這樣，據說有一個汽車可通行的埡口，叫做蘇格埡口（Suge La），在西藏拉薩的西方，高 5430 公尺，還有色摩埡口（Semo La），高 5565 公尺，在西藏中部的拉卡與措勤之間。如果你去過這些地方，麻煩跟我連絡一下。

　　當你攀升到新高處，一般來說風速會增加，而水的沸點每 300 公尺左右會掉個約攝氏 0.8 度。這就說得通了。雪巴人只是聳聳肩，送上一杯微溫的茶，因為水還沒煮到很熱就先沸騰了。

　　利用真正的高空氣球，尤其是安裝在火箭上的儀器，我們有了更加不可思議的發現。1950 年代，科學家得知一件可怕的事情，稱之為**阿姆斯壯線**（Armstrong's line，與登月第一人尼爾‧阿姆斯壯〔 Neil Armstrong 〕無關。此一命名是要紀念哈利‧阿姆斯壯〔 Harry George Armstrong 〕，他在 1946 年至 1949 年間指揮德州聖安東尼奧附近的蘭多夫菲爾德市美國空軍航空醫學院〔 United States Air Force's School of Aviation Medicine at Randolph Field 〕）。這條線標定在 18,900 ～ 19,350 公尺之間，也就是 19.3 公里高，這**是水會在體溫沸騰的海拔高度**。在那個高度，暴露在外的體液——像是你眼睛裡的體液、你的唾液，以及在封閉加壓的靜脈和動脈之外的任何血液——直接沸騰蒸發掉了。這對你可不是件好事。

　　至於高空的空氣運動，我自己開飛機每次做飛行前檢查都會用到一個很棒的飛航資源，美國國家氣象局的航空數據資料服務網（http://aviationweather.gov/adds/winds），檢查各個不同高度的風

勢增強狀況。行文至此的當下，俄亥俄州地表平靜無風，但 900 公尺處的風以時速 32 公里吹拂、1800 公尺以時速 56 公里呼嘯而過、7200 公尺以時速 185 公里發出尖鳴聲，而 11,000 公尺處則像龍捲風般颳出時速 290 公里。

　　這叫噴射氣流。那是一種奇特的狹窄圓柱狀超快西風，這種風在其他行星上也有。噴射氣流的發現是科學家在 1883 年著名的印尼喀拉喀托火山（Krakatoa）爆發後觀看天空時，看到高空火山灰以極高速向東咻咻而去，便稱此現象為赤道煙流（equatorial smoke stream）。然後是 1920 年代，日本氣象學家大石和三郎多次偵測到同一高度的風從富士山向東而去，於是放出氣球加以追蹤。但經過二次大戰飛行員確認，的確，如果你的飛機跑進噴射氣流裡，速度就能增加多達每小時 320 公里。這有助於解釋為何橫貫美國東西岸飛行時，向東飛省了一小時，噴射機進行這趟旅程所用燃料少了20%。但那個方向的航班並沒有提供折扣優惠，真是怪了。

　　我終於抵達新罕布夏州北部的總統山脈（Presidential Range），密西西比河以東人口最稀少的地區之一。我轉身進了公園入口，買了門票。我到那兒後聽人說，車子最好車況良好，才能爬上華盛頓山，而且煞車最好是好到能應付一路不停的下坡，有些車型根本不准上路：例如，你必須有一檔可用。我有一檔，所以我踩下油門，我的 Solara 敞篷車一邊對傾斜的路面哼哼唉唉地抱怨著，一邊開上建於 1861 年的道路。

　　我這趟登山來得不是時候，沒機會親眼目睹人們被吹得雙腳朝天。8 月，我人在那兒的時候，山頂平均風速每小時 38.6 公里，只

有 1 月的一半左右，那時候的狀況會令人抓狂。華盛頓山歷年的 1 月分當中，有五次遇上了每小時超過 274 公里的陣風——和等級最強的颶風一樣。但夏天從沒發生過這種事。這是個極端之地，但我的戲劇性故事何在？

我安排了採訪華盛頓山的科學家，他們要在山頂天文台一口氣住上八天。我在尋找特定的資訊，探聽把人吹下山去的精確風速值，那種生動刺激、能帶出戲劇性影像的統計資料。但克拉克博士（Dr. Brian Clark）有優秀氣象學家的謹小慎微，不肯給我資料。

「沒有什麼一定能把人打倒的風速門檻，要看個人的身高和體格而定，」他這麼解釋。

「那，什麼樣的風速會把**你**吹翻？」我這麼問。

「看情形。相對於你還能弓著身子前進的穩定風勢，要在非常爆發性的陣風中維持站姿，那就困難得多了。」

「多爆發性？」

「看情形。」

我一點進展也沒有。換一招試試看。

「聽著，你們自己的媒體公關露蒂歐（Cara Rudio）已經告訴我，當陣風達到八十幾快九十或九十出頭，大多數的人都會被吹得雙腳朝天。你同意她的說法嗎？」

「她這麼說？」

「沒錯。」

這讓克拉克頓了一下。接著他堅稱，經驗豐富的專業人士每隔一小時要冒險出去把儀器上的冰清掉並記錄讀數，他們就算風速每小時超過 160 公里，通常還是站得穩穩的。他解釋，畢竟所有工作

風力達颶風等級的陣風把新罕布夏州華盛頓山頂觀測站的科學家吹得雙腳朝天,那兒是北半球最多風的地方。(*Mount Washington Observatory*)

人員都受過「滑步」訓練。

　　「這個嘛,」他終於勉強承認:「我猜不可能有人在每小時240公里時還站得住吧。」

　　這個地方為什麼這麼多風?似乎華盛頓山就座落在完美風暴的地點,匯聚了三條主要的風暴路線,加上它高聳於周遭地景中,更助長了風勢,再加上漏斗效應(funnel effect),就像化油器裡的文氏管。以人類(相對於非人的儀器)所觀測全世界歷來最高速的陣風而言,華盛頓山依然保持紀錄:每小時372公里,記錄於1934年4月。

*　*　*

托里切利證明空氣因應壓力差與溫差而移動之後，「空氣到底是什麼」這個小問題依然存在。這需要再多努力整整一個世紀。就在美國革命爆發前，這項知識經由一連串的發現達標了。

結果證明，空氣是大約 78％的氮氣和 21％的氧氣簡單混合而成。其他的全都是錦上添花——合起來不到 1％。而且在剩下的這 1％當中，氬氣——所有燈泡裡都有的惰性氣體——占了 0.93％。氮、氧，好吧，氬也算一份好了，三大氣體。現在你已經鑑定出 99.93％的大氣（這是指大氣乾燥的時候。水蒸氣的情況隨地點不同而有很大的變化，因而在此類討論中通常略去不計）。

氬氣之後，等而下之的零碎材料，像是二氧化碳，僅僅只有 1％的二十五分之一，除了溫室效應的惡名之外，根本很少出現。不過，它是在其他氣體之前就先被發現。

那是因為各種化學反應都很容易排放出 CO_2，像是你撒了一點烘焙用蘇打到醋裡所發生的那種反應。很容易產生，因此很容易發現。空氣的兩大成分有點難以捉摸，但幾乎是同時解析出來。氮在 1772 年鑑定出來，氧是在 1774 年。兩者的區別一看就知道。一種是生命和燃燒作用的基礎，另一種則否。

這個非氧的大角色很快便博得可怕的名聲。氮氣發現者、蘇格蘭化學家暨植物學家拉塞福（Daniel Rutherford, 1749–1819）稱其為**毒性空氣**。其他化學家提到時，叫它作**燃燒過的空氣**。「現代化學之父」法國人拉瓦節（Antoine Lavoisier, 1743–94）稱氮氣為

azote，從希臘文 azotos 而來，意思是「無生命的」。老鼠放在氮氣裡很快就死了。但把地球大氣的主要成分正式名之為無生命，可能會有點毛骨悚然。氮氣發現整整十八年後，現在這個名稱才被提出來。

至於氧氣，這是維持生命的珍貴元素，當時人人都想加以解析出來。因為——不同於「內向」的氮氣——氧氣汲汲於和大多數元素結合，構成我們身體三分之二的重量。氧本身就占了月球質量的一半。當狼群回應著彎彎新月，基本上，這是一幅氧對著氧在嚎叫的畫面。

注釋

1. 在某些引用資料中，澳洲巴羅島（Barrow Island）獲頒史上最強陣風獎——每小時 407 公里。那是在 1996 年 4 月 10 日熱帶氣旋奧利維亞（Olivia）肆虐期間記錄到的，超越之前 1934 年 4 月 12 日在華盛頓山創下的每小時 372 公里紀錄。不過，華盛頓山紀錄是在平常日，不是氣旋發生期，而且不管怎麼說，新罕布夏的山區有較高的持續性平均風速。因此，它應當夠格留下「全世界最多風」的稱號。

2. 那是一次可怕的空難。經驗豐富的機長想讓乘客們看看日本聖山的美景，而他沒有接獲當天亂流非常嚴重的警告。飛機解體墜毀，一百一十三名乘客及十一名機組員全數罹難，包括七十五名明尼蘇達州明尼亞波利斯市的冷王公司（Thermo King）員工及其家屬。這場意外讓六十三名兒童成為孤兒。這——以及在我駕駛飛機的兩千小時期間所經歷的幾次可怕經驗——讓我對於風速高於每小時 48 公里的山區飛行格外謹慎。在華盛

頓山的上空及周邊，風速往往是 3 倍於此。

3. 此處仍是日心說，時間是哥白尼和伽利略的幾個世紀前。

4. 真的沒有什麼神奇數字可以標定我們的大氣層在何處結束，因為空氣並不是在某一點乍然而止。不過，比地表上空 84 公里還高的地方，所存在的原子少到陽光不再有可堪測量的折射。在那個點上，我們看不到可堪偵測的光，不過還是會出現一些令人好奇的大氣現象，像是流星燃燒（96.5 ～ 128 公里之間），還有極光（96.5 ～ 193 公里之間）。甚至在 37 公里以上，空氣就太過稀薄而無法支撐任何一種專用飛行器機翼。還有一點要考慮的是，79 公里高空不再是暗鉆藍色，而是黑色。

5. 歷來記錄到最低海平面氣壓是某個颱風眼的 62 公分汞柱，也就是 870 毫巴，最高則為 81 公分汞柱（1084 毫巴），那是西伯利亞某個異常寒冷的日子，保證可以讓你耳朵嗡嗡叫。冷空氣密度比暖空氣高，而乾燥空氣密度比潮濕空氣高。因此，乾冷空氣的分子擠得最緊密。總的來說，這代表海平面氣壓變化最高可達令人印象深刻的 20％。要經歷這麼大的氣壓變化，通常需要垂直上升或下降 1.6 公里，如果你從芬蘭區（Fenland District）旅行到本尼維斯山（Ben Nevis），就可以辦到了。〔譯注：芬蘭區位於英格蘭東部沼澤地，本尼維斯山為蘇格蘭西部的不列顛群島最高峰〕

第 9 章

隨風而逝

一位狂熱航海家把世界帶到猛暴邊緣

風會不會還記得

往日吹拂過的名字

——罕醉克斯（Jimi Hendrix），
〈風在呼喚瑪莉〉（The Wind Cries Mary），1967

　　就在多半由氧組成的英國自然哲學家普里斯特利（Joseph Priestley, 1733-1804）發現氧氣的同一年，蒲福（Francis Beaufort, 1774-1857）生於愛爾蘭。至此，我們終於邁入現代空氣運動研究，而蒲福的名字與之相連達數個世紀，這都是因為著名的蒲福風級表（Beaufort scale）。

　　因為，終於知道風何以會吹動及風為何物，這是一回事；看著房屋如《綠野仙蹤》電影裡那般被帶走，又完全是另一回事。到底是為什麼，流動的空氣會從每小時 96.5 公里、不過是吹折樹枝的大風，加速到每小時 320 公里的狂怒之風，一次就可以奪走數十條人命？

　　古典時代與文藝復興時代的科學家醉心於空氣研究並獲致勝

果，但新品種科學家的崛起要一直等到 19 世紀，這些新品種科學家的魅力與**狂暴**有很大的關係。

1971 年之初，世界上沒有任何系統可供測量、甚至談論最凶猛的風。我們等一下會探討的蒲福風級表已經用了一百六十六年，但最高等級只到「颶風」（hurricane）。一旦你家屋頂被吹走了，你只能靠你自己，把你想用來為風力定義做進一步補充的所有髒話大聲喊出來。

實際上，兩個颶風之間的相似度，並不比兩個地震之間的相似度高：光憑那一個字眼，就能代表從無感顫動到真的把動物拋上半空、突如其來害死五十萬人的一切種種。有些颶風讓勇猛無懼的播報員在人行道上安全地發送電視畫面，有的則把同一位氣象播報員吹得無影無蹤。

所以，美國國家颶風中心主任辛普森（Robert Simpson, 1912–2014）與專精設計高抗風力建築的土木工程師薩菲爾（Herbert Saffir, 1917–2007）合作，發想出薩菲爾—辛普森風級表，按颶風風力加以分級。1971 年當時流行極簡風，他們的分類很簡單，只有 1 到 5。[1]

由於龍捲風是不一樣的東西，原本在日本擔任教授的藤田哲也（Tetsuya Theodore "Ted" Fujita, 1920–98），在 1953 年來到芝加哥大學，專為龍捲風發想出一套風級表——也是在 1971 年。原本的藤田風級表有十三級，F0 至 F12，最高級純屬理論——以音速狂飆的想像之風。

但他發想出來的類別太多了。藤田自己也明白，因而把分類數

砍為六種。近年來，這套風級表經過進一步揉捏，重新命名為改良型藤田級數（Enhanced Fujita Scale），也把預期損害納入評估項目。於是，最弱的龍捲風為 EF0 和 EF1，最強的是 EF5。

更加重要的是，1998 年過世、享年七十八的藤田還發現了從雷雨雲底部毀滅性急速下衝的微爆氣流和下爆氣流。實際上，這些現象或許比龍捲風更引起人們的興趣，其原因純粹是我們偶爾會親身遭遇。

雷雨雲是造風機器。空氣運動在這兒因為變得晦暗而看得見。這些雷雨雲一點都不難理解，你不需要是伽利略就能弄懂發生了什麼事。你先從炎熱的夏日開始，太陽把地面曬熱，而受熱的地面使得緊貼其上的空氣變溫暖。暖空氣上升，氣體泡泡就像熱氣球一樣往上跑。這叫做對流。對流用肉眼看不見，不過飛機通過這種上升空氣時，會很清楚感到亂流造成的顛簸。

我們先前提過，溫度通常隨高度上升而快速下降。所以，地表加熱的上升氣團比較溫暖，也比周遭冷空氣輕，因而持續上升直至冷卻到與周邊取得平衡。但如果那天潮濕，上升空氣包一直比周遭空氣「輕」**很多**，所以一直往上，有時會達到接近平流層的高度。最後冷卻到露點（dew point）〔譯注：在固定氣壓下，空氣中的氣態水凝結成液態水時的溫度，即稱露點〕，就無法再保有其水氣，這些水氣一下子凝結成難以計數的數十億顆小小水滴，雲就此誕生。[2]

來自下方的熱空氣持續上升推進這塊雲，把雲的某些區塊推得更高，形成一種具有威脅感的花椰菜形狀，頂端可達 13,500 公尺，高過任何客貨班機所能及。另一方面，雲裡的水滴互相摩擦而產生靜電。在此同時，由於下面的地表不可能留下真空，周邊的空氣被

風通常隨高度增加而增強。在麥金利山（Mount Mckinley）6000 公尺的山頂（左後），風以常見的 72.5 公里時速呼嘯而過，把雪吹了起來，在作者這架包機附近形成莢狀駐波雲。（*Anjali Bermain*）

　　拉進去。此刻，這座空氣的露天劇場越來越有活力了。當雨形成、落下，冷卻了雲裡頭的空氣，這團更加濃稠的冷空氣便夾雜著雨水，急速下降。

　　接下來你會看到大得嚇人的風。有些溫暖的空氣繼續上升進入這團「成熟」的雷雨，而鄰近的冷空氣流則往下衝。即使是中型雷雨，下降氣流也達到每小時 35 公里，和周遭傾盆大雨的速度一致。如果你在小飛機裡，會突然發現自己像一顆巨大的金屬雨滴般被推向東方。你機頭朝上、加足最大馬力，冀望自己能爬升到這團雷雨之上。

接下來，寬可達 0.8 公里的下降氣流撞擊地面，但與液態雨滴不同的是，下降氣流朝四面八方快速擴散，把樹彎成水平、把傘吹反。這種風暴包含了複雜的亂流，因為鄰近的上升氣流也會以同樣的速度爬升。接著，你的飛機雖已成功穿過下降氣流，卻遇上鄰近快速上升的空氣。突然之間，你被往上吸向上方怒氣騰騰的烏雲。你把操控桿往前推，機頭朝下。許多有案可循的紀錄顯示，飛行員下降的速度抵不過狂升的氣流，飛機彷彿被一頭心懷惡毒的怪獸給拖進了滾滾翻騰的雲裡。

難怪所有航空器都避雷雨而遠之。有一回在康乃狄克州的哈特福（Hartford）附近，24 公里外的某處在一個半小時前剛發生過一場暴風雨，當時在晴空下飛行的我經歷了一場駭人的急降氣流。都過了一個半小時，空氣依然往下猛衝。[3]

這麼激烈讓人更來勁，但真正的「玩風」還是存在於日常生活中。當然囉，有點背景知識會更酷：溫差引發空氣運動。再來，地形——例如對準風向的狹窄山谷——可以讓風集中而加快速度。還有，光是看著風讓世界一時為之改頭換面，就能帶給我無盡樂趣。

一切取決於速度。不親近大自然的人大多會把日子粗略地想成「無風」、「有風」或「風很大」。蒲福所貢獻的是一種方法，能據此將風的速度精確轉譯為風的作為。

蒲福在青少年時曾因海圖不良而遭遇船難，結果發展成一輩子的執著，想藉由更良好的海圖、對風更良好的理解，讓海更安全。

他的航海事業始於一艘隸屬東印度公司的商船，接著投身皇家海軍，並在拿破崙戰爭期間憑藉自身努力，一路從准尉晉升到上

尉。他在二十六歲時成為中校。

　　他兩次因公重傷，但從未因此令他畏槍懼海。他的穩定性為他贏得與日俱增的讚譽。他全心投入、專注細節且一絲不苟地記錄海況，讓所有人印象深刻。他是謹小慎微的英國指揮官典型代表，是吉伯特與薩利文（Gilbert and Sullivan）的《皮納福號軍艦》（*H. M. S. Pinafore*）劇中角色靈感來源：「本人正是現代少將的模範。」

　　他在 1810 年成為皇家海軍上校，把公餘時間投注於測量海岸線與改良海圖。他以富於知性、長於領導、無欺於科學與戮力於奉公而聲譽日隆，為海軍官員周知，最後貴族階層都知道他的名聲。

　　他獲邀加入皇家學會與皇家天文台、協助創立皇家地理學會，見過他那個時代所有偉大科學家。他以高階主管身分協助整合英國地理學家、天文學家、海洋學家和製圖家的研究工作，並安排科學探險任務的資金調度。蒲福調教出海軍上將費茲羅伊，此人受命指揮皇家海軍小獵犬號研究船，也就是該船著名的第二次航行。在他推薦之下，「一位受過良好教育的科學紳士」，名為查爾斯・達爾文，獲邀與艦長同行。我們都知道，達爾文運用這趟航程的發現創立他的演化論，陳述於他的著作《物種源始》（*On the Origin of Species*）。

　　所以，蒲福不光是在家自製風速計成癖的人。1805 年，他利用自己對風的觀測，加上別人的觀測，尤其是日後因小說《魯賓遜漂流記》（*Robinson Crusoe*）而出名的笛福（Daniel Defoe, 1660–1731），發想出空氣運動分級表，這套分級表此後冠上他的名字。

　　（馬克・吐溫說過：「每個人都是一顆月亮，有著從不給人看的黑暗面。」蒲福謹小慎微的個性名聞遐邇，似乎不像會有任何沒

人見過的一面。但他在 1857 年過世後，私人信件曝光，發現有很多是以他自己設計的私人密碼書寫。這在那個時代是一套不錯的密碼，但三兩下就被專家們解開，發現其中揭露出許多與個人問題有關的祕密、與同僚之間的衝突，以及性方面的祕密。這故事的教訓或許是：如果你不想自己的祕密在身後公諸於世，就把你的文件撕成碎片吧。）

到了 1830 年代後期，蒲福風級表被皇家海軍各艦艇定為船艦航海日誌紀錄的參照標準。到了 1850 年代，其他船隻也加以採用並與風速計讀數對照，這樣就能運用在陸地上。之後，1916 年，當蒸汽動力淘汰了帆船，蒲福的風級描述被改成針對海洋的動靜而非船帆的狀態。進一步的增補改善了風級表用在陸地觀測上的效力。

當然，蒲福風級表近年來的用途已經沒那麼普及。在現代，我們絕不會聽到有誰說：「你看，外頭是蒲福風力 6 級的強風。」而在一些罕見的情況下，當蒲福最高風級以令人注目的方式，將你家周邊地區籠罩在風的猛暴之下，浮現在你腦中的應該是「颶風」，而不是「蒲福風力 12 級」。

話雖如此，我倒是曾在海上聽人一字不差地提到這些字眼。2006 年，我在一趟繞行南美長達一個月的航程中擔任天文解說員，我們的船在接近智利最底端的火地島時遇上了狂風。我們在著名的咆哮西風帶（roaring forties，又稱咆哮 40 度）裡，這個名稱是指南緯 40 ～ 49 度之間終年吹著強勁西風。雖然並未預報太平洋上有風暴，但風就是一直在增強，最後船長終於宣布：「現在風力是蒲福 12 級。」

船瘋狂地上下起伏。鋼琴滑過整個圖書室，撞進牆壁裡砸個粉

碎。盤子一個接一個摔破。待在自己的艙房裡也沒多好過：你會從床上滑下來，因為整間艙房成了一個擺盪幅度大到令人窘迫的翹翹板。我全都錄下來了。我上甲板去，那兒空空蕩蕩，除了偶有幾個船員走出來呆望著。有幾個船員告訴我，他們在這之前從沒在海上遇過颶風。海浪看起來就和蒲福的描述一模一樣。浪頭上達我的視平線，在海面之上七層樓高。這是 21 公尺的浪。

但平常的風同樣可以那麼刺激，如果你夠了解的話。下面是蒲福風級，連同比較有用的對應速度，以及——最重要的——你要如何加以判斷。

蒲福風力 0 級的意思是沒有風。正式的說法是「無風」（calm）。煙垂直上升，海面如鏡。有霧的夜晚通常就會像那樣。

蒲福風力 1 級的正式用語為「軟風」（light air）。風速每小時 1 ～ 5 公里。上升的煙會飄，風標仍然一動也不動。海面出現小漣漪，但這些漣漪沒有波峰。

蒲福風力 2 級的正式用語為「輕風」（slight breeze），風速每小時 6 ～ 11 公里。現在你很容易就能感覺到皮膚上有風吹過。樹葉沙沙作響，但樹枝不動。風標開始轉動。形成小水波，但波峰平滑，起伏不大。

蒲福風力 3 級是「微風」（gentle breeze），每小時 12 ～ 19

公里。樹葉和小嫩梢不斷搖動。重量輕的旗幟飄展。出現大的水波，波峰破碎不相連，偶有白浪。

蒲福風力 4 級是「和風」（moderate breeze），每小時 20 ～ 28 公里。灰塵和沒綁緊的紙張被吹了起來，小樹枝開始搖動，出現帶有許多白色浪頭的小浪。

蒲福風力 5 級是「清風」（fresh breeze），每小時 29 ～ 38 公里。中型樹枝晃動，帶葉小樹全株搖動。大部分的浪都有白色浪頭，也有點浪花。

蒲福風力 6 級是「強風」（strong breeze）。風以每小時約 39 ～ 49 公里吹著。大樹枝搖動，電話和頭上的電線開始呼呼地叫。雨傘不容易抓牢，空的塑膠垃圾桶翻倒。大浪形成，處處可見白浪和浪花。

蒲福風力 7 級是「疾風」（moderate gale）。風以每小時 50 ～ 61 公里吹著。大樹搖動，走路有點費力。海面推高，碎波的泡沫有的順風吹成條狀。

蒲福風力 8 級是「大風」（gale）。這種風每小時 62 ～ 74 公里。嫩梢和小樹枝折斷離樹而去，路面亂七八糟，行走困難。巨浪形成，帶有飛沫。

蒲福風力 9 級是「烈風」（strong gale），每小時 75 ～ 88 公里的風。有些大樹枝啪地一聲從樹上掉下來，大樹狂搖。臨時性交通號誌和路障被吹走。高達 6 公尺的浪使海面翻騰，濃密的泡沫也讓能見度降低。

蒲福風力 10 級是「暴風」（storm）或「狂風」（whole gale）。風以每小時 89 ～ 102 公里呼嘯而過。細弱的樹被吹倒或連根拔起，幼株彎折或變形。屋頂上脆弱或老舊的瀝青瓦剝落下來。6 ～ 9 公尺大浪有倒懸浪峰。海面翻騰洶湧，因泡沫而呈現白色。能見度降低。

蒲福風力 11 級是「強烈暴風」（violent storm），每小時 103 ～ 117 公里。樹木和作物廣泛受損，許多樹被吹倒。許多屋頂受損，許多沒有保護好的物品被吹走並砸破玻璃。海上有 11 ～ 16 公尺、非常高的浪，處處泡沫，能見度有限。

蒲福風力 12 級是「颶風」（hurricane）。風速超過每小時 118 公里。作物、植栽和樹木廣泛受損。有些窗戶可能會破掉，拖車屋和脆弱的車棚、穀倉受損，大型碎片拋得到處都是。浪很大，超過 15 公尺。海面因泡沫和浪花而全白。能見度可說是無，這是因為浪花被風颳散。

我列出整套蒲福風級表只為了一個理由：因為辨識現況且能加以標記，意味著你可以更專注地觀察空氣的運動，而更好的觀察創

蒲福風力 11 級、每小時 112 公里左右的風，威力略小於颶風，但還是輕易摧毀這座森林裡半數的樹木。

造出更大的樂趣。照這種方式，如果你看見樹枝搖動但大樹幹穩如泰山，而且你頭頂的電線正在呼呼地叫、塑膠垃圾桶剛被吹倒，你可以自信地說：「嗨，親愛的，外頭吹的是**強風**呢，風速在每小時 39 ～ 49 公里之間。」然後換來你那根本就不在意的另一半敷衍地點點頭。

　　無所謂。風的魔法令你和你那些熱愛大自然的同好為之著迷，說不定還讓你們想起阿爾哈金，他在一千年前就想出風的盡頭在何

處。還有托里切利，他的話依然縈繞耳際：

「我們浸浴在……空氣之海底部而存活。」

注釋

1. 下面是依照薩菲爾—辛普森颶風分級表，你在每一級所體驗到的狀況摘
   要描述。這些描述是從薩菲爾—辛普森小組（Timothy Schott, Chris Land-
   sea, Gene Hafele, Jeffrey Lorens, Arthur Taylor, Harvey Thurm, Bill Ward, Mark
   Willis, Walt Zaleski）所製作的描述中節錄出來，並得到美國國家海洋暨大
   氣總署（National Oceanic and Atmospheric Administration）慨允使用。

   第一級颶風（持續風速每小時 119 ～ 153 公里）
   非常危險的風，會產生某種損害。這意味著老舊的活動式住家可能損毀，
   某些建築結構不良的住家可能遭受嚴重損害，像是屋面和雨遮被吹走。
   磚石造煙囪可能傾倒。連結構製作最精良的住家也可能在屋瓦、乙烯外
   牆板和簷槽有所損害。高層建築的窗戶可能被飛來碎片打破。商店招牌、
   圍籬和遮陽棚偶有損害。大樹枝會折斷，淺根樹木可能傾倒。電線和電
   線桿大規模損害可能導致斷電，並可能持續數日。多利颶風（Hurricane
   Dolly，2008）就是帶來第一級風的颶風，對德州南帕德瑞島（South Padre
   Island）帶來損害。

   第二級颶風（持續風速每小時 154 ～ 177 公里）
   極端危險的風，會導致大規模損害。人、畜和寵物因飛來與落下碎片導
   致傷亡的風險顯著。老舊的活動式住家損毀的可能性非常高，因而產生
   的碎片會飛去砸壞附近的活動式住家。較新的活動式住家也可能損毀。

建築結構不良的住家屋頂構造被吹走的可能性高。無防護的窗戶被飛來碎片打破的機率高。建築結構完善的住家可能遭受屋頂和外牆板嚴重損害。鋁製游泳池遮蓋常會失去效用。公寓建築和工業建築屋頂與外牆板損壞的比率相當顯著。未經重新強化的磚石牆可能倒塌。高層建築的窗戶可能被飛來碎片打破。商店招牌、圍籬和遮陽棚會受損害且往往會損毀。許多淺根樹木會折斷或連根拔起，阻斷許多道路。預期會幾近全面停電，停電可能持續數日至數星期。法蘭西斯颶風（Hurricane Frances，2004）就是帶來第二級風的颶風，對佛羅里達州聖露西港（Port Saint Lucie）海岸地區帶來損害。

第三級颶風（持續風速每小時 178 ～ 208 公里）
會發生毀滅性損害。人、畜和寵物因飛來與落下碎片導致傷亡的風險高。1994 年之前的活動式住家幾乎全部會損毀。較新的活動式住家大多會遭受嚴重損害，有屋頂全毀與牆壁倒塌的潛在可能。建築結構不良的住家可能因屋頂和外牆被吹走而損毀。無防護的窗戶會被飛來碎片打破。結構建造良好的住家可能遭受重大損害，包括屋頂露臺和山牆被吹走。公寓建築和工業建築的屋面與外牆板損壞的比率高。木構造和鋼構造可能出現零星的結構損壞。較老舊的金屬建築有全毀的可能，未經重新強化的老舊磚石建築可能倒塌。高層建築的許多窗戶會被吹走，導致玻璃掉落，這些玻璃會在暴風過後構成威脅達數日至數星期之久。大部分的商店招牌、圍籬和遮陽棚會損毀。許多樹木會折斷或連根拔起，阻斷許多道路。暴風通過後會有數日至數星期沒有水、電可用。伊凡颶風（Hurricane Ivan，2004）就是帶來第三級風的颶風，對阿拉巴馬州灣岸市（Gulf Shores）海岸地區造成損害。

第四級颶風（持續風速每小時 209 ～ 251 公里）
會發生災難性損害。人、畜和寵物因飛來與落下碎片導致傷亡的風險非

常高。1994 年之前的活動式住家幾乎全部會損毀。較新的活動式住家損毀的比率也高。建造不良的住家可能遭受所有牆壁全倒及屋頂結構被吹走。建造良好的住家也可能遭受嚴重損害，屋頂結構及／或部分外牆被吹走。屋面、門窗會出現大規模損害。大量隨風而飛的碎片會被拋向空中。隨風而飛的碎片會打破大部分無防護的窗戶並擊穿部分有防護的窗戶。公寓建築的頂樓結構損壞比率高。老舊的工業建築鋼架構會倒塌。未經重新強化的老舊磚石建築倒塌的比率高。高層建築的窗戶大部分會被吹走，導致玻璃掉落。商店招牌、圍籬和遮陽棚幾乎全部會損毀。大部分樹木會折斷或連根拔起，電線桿會倒下。倒下的樹木和電線桿會使住宅區遭到隔絕。停電會持續數星期或數月。查理颶風（Hurricane Charley，2004）就是帶來第四級風的颶風，對佛羅里達州潘塔哥達（Punta Gorda）海岸地區造成損害，該市其他地區則經歷了第三級風狀態。

第五級颶風（持續風速超過每小時 252 公里）

會發生災難性損害。人、畜和寵物因飛來與落下碎片導致傷亡的風險非常高，即使他們待在活動式住家或構造住家屋內。幾乎所有活動式住家都會近乎全毀，不論新舊或建築好壞。構造房屋損毀的比率高，屋頂全毀且牆壁倒塌。屋面、門窗會出現大規模損害。大量隨風而飛的碎片會被拋向空中。幾乎所有無防護的窗戶和許多有防護的窗戶會因隨風而飛的碎片而受損害。木屋頂的商業建築會因屋面被吹走而發生顯著損害。許多老舊的金屬建築可能全倒。未經重新強化的磚石牆大部分會損壞，導致建築倒塌。工業建築與低層公寓建築損毀的比率高。高層建築的窗戶幾乎全部會被吹走，導致玻璃掉落，在暴風過後構成威脅達數日至數星期之久。商店招牌、圍籬和遮陽棚幾乎全部會損毀。幾乎所有的樹木都會折斷或連根拔起，電線桿會倒下。倒下的樹木和電線桿會使住宅區遭到隔絕。停電會持續數星期、可能數月。長期缺水會令人更加不適。大部分地區會有數星期或數月不宜居住。安德魯颶風（Hurricane Andrew，1992）就是帶來第五級風的颶風，對佛羅里達州卡特勒里奇（Cutler Ridge）海岸地區造成損害，南部的邁阿密戴德郡（Dade County）其他地區則經歷了第四級風狀態。

2. 關於雲的誕生，最關鍵的事實為冷空氣無法如暖空氣一般留住那麼多的水氣。兩者差距令人印象深刻。攝氏 38 度時，空氣所能留住的水分比攝氏 0 度的時候多 **10 倍**。所以，當暖空氣上升並冷卻時，來到某一高度，空氣便冷卻至它的保水極限。在達到飽和的那一刻，肉眼不可見的蒸氣轉變成說不清有幾十億顆的微小液滴：雲。這就是為什麼雲通常有平坦的底部。當天的空氣在那個高度和溫度達到其露點。較乾燥的空氣必須升得更高，才能冷卻到足以飽和，這說明了為什麼冷涼日子的雲比潮濕日子高得多。

3. 氣象預報這一行有一個公開的祕密：氣象學家**偏愛**暴烈的天氣。那時，他們在書上所讀到有關低氣壓和緊密排列等壓線的一切才會鮮活起來。鍾格（Sebastian Junger）在他的 1997 年暢銷書《超完美風暴》（*The Perfect Storm*）中，給了大眾一個有關這個祕密的提示：人們了解，**完美**，對氣象學家有某種涵義，而對其他人則有相反的涵義。

第 10 章

墜落

最遠距力量之謎

宇宙,這整個該死的東西,

終有一日必將墜落。

　　——奈莫洛夫(Howard Nemerov),〈宇宙喜劇〉(Cosmic Comics),1975

　　我們把滴滴答答的落雨視為理所當然,對自己牢牢立足於地表毫無想法。但有誰能實實在在地解釋重力、說他知道現在是什麼狀況嗎?古希臘、中國和馬雅,這些在其他方面表現睿智的文化,連試都沒試過。

　　即使到了今天,我們之中有多少人曾經真正注意墜落這件事?隨便一個曾以腹部落水式跳過水的小孩都知道,跳水高度越高就越痛。那是因為我們越往上去起跳,撞擊水面的速度就越快。以前唸五年級時都以每秒每秒 32 英尺為落體加速度,直到小學自然課換成公制,後來變成 9.8 公尺每秒平方。太糟糕了。當年如果能以日常語言來表達,我們或許會多加用心。

　　墜落一秒鐘,你會以每小時 35.4 公里的速度撞擊地面。簡單。

你每在空中多待一秒鐘，就會讓你著陸時又加快了 35.4 公里時速。還是簡單。

如果你想在空中停留剛好一秒鐘，得從 16 英尺的高度起跳。一樓半。如果你落在彈跳床上，大概不會痛。但就像電視上說的，你不可以在家裡這麼嘗試。然而，在空中停留兩秒鐘，意味著要從六樓屋頂跳下來，到時你會加速到每小時 70.8 公里，在這種衝擊下通常是沒辦法活命的。所以，和松鼠不一樣，人類安全墜落的範圍非常小。下降一秒鐘有時可能沒問題，兩秒鐘就意味著死亡。[1]

這是所有的人和動物，打從幼兒期邁出第一步開始，所面對的頑強現實。我們所做的運動是我們的肌肉和下方地面之間的對抗，因為地面永遠想把我們盡可能抓近一點。

我們先前提過，亞里斯多德和他的朋友們解決向下運動的問題時是這麼說的：所有由水元素和土元素組成的東西都想要墜落。而且是一直線。不管怎樣，拋出懸崖的石頭一邊下降、一邊改變角度，軌跡越來越趨近直線。

古人望著天空，相信天上的物體想要繞圓運動。太陽和月亮每天繞著我們轉圈圈，星星在晚上繞著北極星輪轉。[2]

而且，天體中不是點狀的，就只有太陽和月亮的盤狀——更多的圓。顯然，諸神喜歡在祂們的領域中有圓。你不能怪祂們，根據希臘人的說法，圓是完美的幾何形狀——完美到具有神聖意涵，其遺緒延續至今，還存留在婚禮和訂婚儀式交換戒指這類傳統中。唯有這種形狀的邊界沒有特殊點或方向變動，且其邊上每一個點與中心皆等距。

　　所以，照希臘人的說法，所有的運動要嘛是直線，要嘛是圓周。上頭那兒是圓周，下到這兒就是直線。沒有一個字提到重力。當時甚至沒有下拉力量這種概念，而是物體自己「想要」一頭栽下去，障礙物一移開就會這麼做。

　　一直以來，小孩絆倒擦傷膝蓋而老人悠閒地拿石子打水漂，就是這麼回事。

　　直到現代，重力這件事在太空探索和高空彈跳這類活動中才變得重要起來。另一方面，空氣阻力這個處境相似的主題也自己發展成一門顯學。這是航空工程和跳傘活動的核心法則，也一直是動物王國中經過精心設計的一項特色──據此得以解釋為何貓和松鼠無論從多高的地方掉下來，通常都不會加速到足以致命的速度。[3]

　　在古希臘人的時代，這些科技上的有趣物事都還沒到來。但16 世紀剛剛揭開序幕時，科學正在處理之前被基督教教條收編的古希臘觀點，設法要把那些柏拉圖理念式四四方方的塞子放進真實行星運動的圓孔裡。

　　問題在於這些孔洞**不是**圓的，而是橢圓。要以恆星為背景來繪製行星運動圖，就得觀測全然不同於繞著靜止地球轉的環狀軌跡。於是，在 16 世紀，由對此著迷的丹麥天文學家第谷‧布拉赫（Tycho Brahe, 1546–1601）進行二十年嚴謹的夜間觀測，把一年的長度精算到誤差不超過一**秒**的精準度，這證明他是個拒絕任何「四捨五入」的 A 型人格狂熱分子。他很**棒**，但還是沒能解開天體之舞背後最單純的祕密。

　　行星看起來不像是循圓周路徑在運行。第谷假想了各種荒唐可笑的拼湊式系統──行星繞著空間中空無一物的點做圓周運動，而

這些點又循著更多圓形軌道運行，然後這些軌道再繞著我們轉——來保住傳統中「神聖的圓」，也讓靜止不動的地球能留在這一切的中央。而他的心靈健身操、多年智力勞動的病態煉獄，全部都是為了一項毫無指望的目的而服務：讓宇宙合乎神職人員錯誤的自然運動觀。

第谷死於 1601 年，他的助手克卜勒（Johannes Kepler）接收他的筆記，並在接下來的十年間加以思考，運用 1610 年伽利略第一具望遠鏡的發現〔譯注：指伽利略發現木星的四顆衛星〕，並加以超越。傑出的數學家克卜勒得出一個驚人的結論。天體的小步舞要能說得通，除非是太陽位居所有運動的中心，而諸行星——包括地球——要循**橢圓**路徑運動。

橢圓形並不迷人，當時如此，今日亦然。但這是宇宙的事實，幾乎所有天體都依此方式受重力作用而運動。

如果你能畫個圖，要了解橢圓並不難。把兩枚圖釘半壓入膠合板或紙板中，然後用一條繩圈鬆鬆地圈住這兩枚圖釘。拿一根鉛筆插入繩圈之中，把繩圈往旁邊拉緊，這樣你就能畫出一個橢圓。在真實的宇宙中，這兩枚圖釘都叫做焦點，而太陽居於每一個行星軌道的焦點之一（另一個焦點只是空間中空無一物的一個點。這令某些人很苦惱。他們覺得，數學上這麼重要的一個點，理當賦予比空無一物更有價值的意義。或許將來有一天，某家富有創業精神的太空旅行社會在那兒開一家飄浮咖啡店，取一個有趣好記的店名，像是焦點咖啡）。這是關於每一顆行星的太空穿行路徑簡單又完整的真實。

克卜勒發現，每一顆行星在它的橢圓路徑上接近太陽時都會加

速，但當它調頭離開時則會減速。天哪：地球和其他星球全都**不斷改變速度**。之前都沒有人想到這一點。

顯而易見，太陽有什麼東西在拉著行星。就在同一時間——17世紀頭十年——伽利略也在思索這個謎。

和克卜勒一樣是《今日日心說》（*Heliocentrism Today*）長期訂戶的伽利略，決心研究物體運動和墜落的方式。他建造了具有各種不同斜度的坡道，讓球在上面滾，然後看看會發生什麼事。他仔細給這些物體計時後得出結論：無論斜坡有多陡峭或多平緩，或是在什麼高度放球，球都會沿著斜坡奔馳而下，然後沿著另一個斜坡往上，**直至來到與初放下時相同的高度**。

如果第二個坡道完全平坦，也就是水平，滾動的球會一直前進，而最後停下來的唯一原因——伽利略的判斷正確——是摩擦。他突然有了一個驚人的想法。或許，月球和行星也是在往旁邊滾。若是這樣的話，它們會不斷地運動下去，直到永遠，而它們看起來正是這麼做。

他運用簡單的數學計算，而且計算的結果符合，只要這些行星不因任何空氣阻力而慢下來的話。它們必須是在空無一物的場域中繞行！

我們這個時代已經習於太空是真空的觀念，但回顧當時，「虛空」在哲學上有著一段漫長崎嶇的歷史，而且最後的結局一點都不美好。比方說，希臘人就虛空何以不可能做了很多引人入勝的論證，但文藝復興時代神職人員的推論為：「上帝無所不在，所以不會有真空」。[4]

在 17 世紀的頭幾年，伽利略成了第一個確定自己知道在天國

「上頭那兒」有什麼東西存在的人：什麼也沒有。在他那本異端出版品《星際信使》（*The Starry Messenger*）中，伽利略對於虛無著墨不多，純粹是因為這與他所受到的啟發關係不大。他也大膽斷言，亞里斯多德說重物下墜比小物要快，那是錯的。不管怎樣，伽利略最大的金屬球滾得並沒有快過較輕的球。他反倒聲稱，令羽毛這類開展狀物體變慢的，就只是空氣阻力而已（當太空人大衛‧史考特〔David Scott, 1932–〕同時放下槌子和羽毛而兩者完全同步降下時，我們才得以看到伽利略的突破性概念在月球上實現。史考特是在 1971 年的阿波羅十五號任務接近尾聲時做了這件事）。

現在，無可迴避且可預見，我們終於要談到牛頓了。順帶一提，這位先生真的告訴過至少四個人，他是看著落下的蘋果得到關於重力的靈感。他那廣為流傳的小故事唯一的錯誤，是關於一顆金冠蘋果砸在他頭上這回事。

牛頓思索月球和蘋果的行為方式，明白伽利略已經觸及關鍵所在：兩種物體以相同方式運動。他捨棄了希臘人長久以來的直線／圓周推理方式，打造出統一天與地的新名詞：**重力**（gravity）。他是根據 gravitas 一字而造，這個拉丁字的意思是「沉重」（heaviness）。他說不出這到底是什麼，但說到如何作用——啊，這他可就有辦法完美地加以量化。

其實，和他同時代的人，包括虎克（Robert Hooke）和哈雷（Edmond Halley），也設想有某種神祕的力量把物體拉向地球中心。哈雷甚至設想這種力量隨距離增加而變弱，而且在一次如今已被遺忘的實驗中，他把一個單擺帶到 750 公尺高的山頂，並宣稱他

看到單擺在那兒擺得稍稍慢了一點。這些自然哲學家，這是當時對
科學家的稱呼，不只相信行星被太陽拉住，還正確說出這種力量隨
距離平方成正比變弱。意思是距離太陽比你遠 3 倍的物體，所經受
的是 $3 \times 3 = 9$ 倍弱的拉力。[5]

　　所以，很難說牛頓當時有「力」（force）的想法，儘管是他命
名並引介給西方世界。其實，他只是就其如何作用予以精確描述。

　　牛頓在 1643 年生於英格蘭林肯郡，時為伽利略過世一年後。
他就讀於劍橋三一學院，後來成了那兒的數學教授。在一份出版於
1687 年、不久便以《自然哲學之數學原理》之名廣為人知的論文
中，牛頓以數學方式證明太陽的重力應該會使行星沿橢圓路徑行
進，因而形同在克卜勒身後追贈他 1600 分的學術性向測驗（SAT）
滿分成績。在這篇論文中，牛頓提出他著名的三大運動定律，但說
句公道話，伽利略早就把前兩項說得很清楚了：

一、所有物體皆持續靜止不動或等速直線運動的狀態，除非受
　　施加其上之力所迫而改變該狀態。
二、運動的變化與施力成正比，並沿該力所作用之直線方向而
　　為之。
三、每一個作用都有等量反向的反作用。

　　用白話來說，運動中的物體傾向繼續運動，而靜止物體喜歡保
持不動。這兩種傾向都稱為**慣性**（inertia）。牛頓也引進了**動量**
（momentum）的概念。動量只牽涉到兩種東西：物體的質量（在

我們的感知就是重量）乘上其速度。慢速移動的卡車可以和自行車以相同速度運動，但卡車的質量較多，因而有較多的動量，比較難停下來。

牛頓也是第一個正經八百地陳述眾人皆知之事的人——力的強度由力對物體運動的影響程度定之。他也提到加速度就是運動的變化，無論是在速度或方向上。

牛頓把重力（gravity）當成一種力（force），純粹是因為重力改變了物體的運動方式，把物體拉得越來越快。在地球這兒，我們知道重力把事物往地心拉，使其每秒加快 35.4 公里時速。牛頓出類拔萃之處，在於明白墜地蘋果的行為方式和繞著我們公轉的月球一模一樣。[6]〔譯注：作者的意思是，gravity 的字源 gravitas 原意為沉重或具重量之狀態或特性，並無「力」之意。所以嚴格來說，gravity 是「重」而非「力」，the force of gravity 才是「重力」，但因 gravity 的作用效果和力相同，所以在操作定義上兩者並無差別。慣用中譯直接將 gravity 譯成重力，使得這句話以中文讀來容易引起困惑。作者有此說，是在為後文介紹愛因斯坦廣義相對論改寫重力定義預留伏筆，也有為牛頓重力說與愛因斯坦重力非力說居間調合之意〕

牛頓的第三定律則傳達了全新的內容：大小相等且方向相反的反作用概念。這個意思是，任何施力物體也會感受到力作用在自己身上。如果你推一輛動彈不得的車子，你的手也會感受到相同的力回推於你。

炸藥爆炸推動子彈向前，來福槍裡也產生後座力。由於子彈較來福槍為輕，其中一物取得更大的前進速度，較重的那個則以較小的勁道向後運動。當狀況涉及我們的星球時，這種不對等的情形變

得完全不成比例。如果你往上跳，你就是同時把地球朝相反方向往回推。然而，因為地球比你重 10^{23} 倍，它的運動也比你跳起時的運動少 10^{23} 倍。

這條相等但相反的定律說明了底部噴出高速氣流的火箭為何會往相反方向——往上——運動，即使在太空的真空中也是如此。那些氣體沒有必要對著任何東西推。

運用牛頓的數字，只要再加上一點點數學，我們就能算出一根金條如果被黃金本位極端分子從英格蘭銀行屋頂扔下來墜落得有多快。或是一個因為中年危機去玩高空彈跳的人，從二十樓高的橋上跳下來時墜落得有多快。抓起一台計算機，別怕，「數學好好玩」的時間到了。

把彈跳者的高度（以英尺計）乘上 64.4，然後按下開平方的按鈕。這就是他以英尺／秒計的最終速度。如果你比較喜歡英里／小時，就把這個數再乘上 0.68。

我們來看一個例子。我們這位高空彈跳者從 200 英尺處跳下來，所以這個數乘上 64.4 等於 12880，開平方是 113。這便是他的最終速度：每秒 113 英尺（約 34.5 公尺）。把這個乘上 0.68 就得到每小時 77 英里（124 公里），不怎麼難嘛。

如果從所有可能位置中的最高處跳下——比方說，甚至是從比月球還遠的地方朝著地球跳——你所能達到的最大速度會是每小時 40,284 公里，空氣阻力不算的話。這就和憑藉一次向上噴發——好比你是從加農炮裡點火發射出去的馬戲團表演者——脫離地球所需的速度完全相同。所以，脫離任何天體所需的速度，也就是你從極高處掉到那兒的落地速度。

　　上升速度等於下降速度這回事滿酷的。把一顆柳橙往上拋，然後讓它掉回到你的手中。有趣的是，你所決定的上拋速度和它下來被你抓到時的速度完全相同。

　　每一個天體都有自己的衝擊速度或脫離速度，取決於天體的質量和直徑。以月球來說是每小時 8639 公里，太陽是每小時 160 萬公里以上，或是每秒 618 公里。這是指一艘被技術欠佳的外星人開到燃料耗盡的流浪太空船，會被重力往太陽拉到多快的程度。

　　在地球上，空氣阻力讓物體慢下來。上特技跳傘課程時，他們要你張開手臂和腿，讓你的身體以最大表面積迎向風。如果你這麼做，速度超過每小時 193 公里就不會再增加了。這便是著名的「終端速度」。[7]

　　從高度才 150 公尺或五十層樓跳下來，很快就達到這個速度。或許你會覺得驚訝，如果你從一百一十樓跳下來，到最後也不會比你從五十樓跳下來更快。膽子大不怕死的人不選五十樓，偏要從高上很多的樓頂跳，只是想要為自己爭取更多滯空時間好讓降落傘打開──這點子滿好。[8]

　　但我們還是沒有解釋為什麼會這樣。好，讓我們快轉到 1879 年誕生的愛因斯坦。

　　按照他 1905 年、尤其是 1915 年的相對論，愛因斯坦不只是把牛頓力學扭一扭、擰一擰。他是把它給扔了，用一些怪異的概念加以取代，而這些概念怪異到即使在一個世紀後的今天，依然讓人傷透腦筋。這是對於宇宙中的運動採取一種全新的思考方式。

　　如果舊的捕鼠器運作得滿好，愛因斯坦就不會發明出更好的。但經過舊的牛頓力學對力、質量和加速度加以簡單的計算，天體的

行止動靜有如在透鏡下接受檢視，有了一些微小但無法解釋的疙瘩。[9]

　　愛因斯坦認定重力根本不是力。經過一次空前絕後——或許除了海森堡（Werner Heisenberg, 1901–76）那一票量子幫之外——的靈感飛躍，愛因斯坦說，有一種看不見的基體，他稱之為**時空**（spacetime），遍及宇宙的每一個角落。時間與空間的混合體，其組態決定物體必須以何種方式在其中運動。物體的存在，即其質量，扭曲了周遭的時空。運動通過這個區域的任何物體都以可預測的方式改變其運動軌跡，及其時間推移。

　　照這個想法，太陽並未拉著我們這個世界。地球只不過是循著最直、最偷懶、最不拐彎抹角的路徑，通過局域的彎曲時空。我們鄰近的太陽巨大的質量壓陷時空，就像重球放在橡膠布上使之下陷一般。地球順著這塊翹曲的橡膠膜和曲線弧一路滾了一年後，又回到它的起點。

　　時空並不局限在遙遠的地方，就在房間裡的此處也有。我們站在地球表面，感覺到地面把我們的鞋底和腳跟往上推。這是因為我們體驗到地球和我們自己穿過局域時空的運動，這個時空已經被地球的質量給扭曲了。

　　所以，愛因斯坦以幾何取代了重力，每一個物體的路徑皆由局域時空的組態決定。我們就拿球場上的兩個打者為例，近距離觀察這是如何運作。第一位打者把球擊向空中，行經一大段距離且在高處停留一段長時間後，才被外野手接殺。下一位打者打出一顆高吊球，這顆球走的是比較線性的路徑，被同一位外野手抓住時所達到的速度也快上許多。

對我們這種把時間和空間分開考量的心靈來說，這兩顆擊球走的是非常不同的軌跡。兩者乍看好像是不一樣的事件，但在單一的時空基體中加以標定，走的卻是同一路徑。的確，無論何時，當放開物體任其自行移動（只要出發點相同、到達點也相同），就必定會循著相同的測地線（穿行時空的路徑）。只有對我們人類知覺而言，兩者才是耗時各不相同且穿行空間的路徑互不相似。事實上，兩者連結如此密切，要是你改變一物的時間路徑（例如讓球在空中停留得比較久），空間路徑也會自動改變。

不幸的是，關於時空的翹曲方式與物體穿行時空的運動方式，愛因斯坦的場方程式複雜得不可思議。[10] 這些方程式如此的勞力密集，就連美國太空總署在計算太空飛行器前往各行星的航行路徑時都不使用。他們寧可謹守牛頓比較簡單的數學，所得出的結果已經夠好，處理起來也容易得多。

今天的學童所學到的通常還是比較舊的牛頓式觀點，亦即地球是因為太陽重力而繞著太陽轉。科學課程很少提供孩子們更先進的愛因斯坦觀念，亦即我們的星球純粹是沿著一條穿行彎曲時空的直線路徑（測地線）而墜落，而這個彎曲時空是由近旁那顆大質量的太陽所製造出來。

我們這篇關於鑰匙掉下來和行星飛馳的故事原本可以在此告一段落，只是還有一個問題。無論我們稱其為扭曲的時空或重力，物體被拉向其他物體的現象依然充滿神祕。畢竟，時空是一種數學模型，並非如瑞士起司這種實存之物。時間除了作為我們人類感受變化的一種方式之外，本身並非獨立的存在。空間也非實有其物，我們無法帶著它到實驗室加以分析，如我們分析一片石英那樣。時空

是描述和預測運動的一種精確的數學方法，它不是終極的解釋。許多物理學家還是比較喜歡講重力，彷彿愛因斯坦從未存在過一般。

有一天，我們可能會查出為什麼物體會被拉向其他物體。如果重力是一種力，應該要有一種載力粒子把重力從一處帶到另一處。光子（光的微粒）就是傳輸電磁力的載力粒子。愛因斯坦假設「重子」（graviton）的存在，來為重力打點大小事。然而，到目前為止，重子還沒被偵測到（但要是重力只是一種幾何、一種時空扭曲，那麼或許載力粒子就沒必要了）。[11]

重力有多大威力是否因宇宙的其他部分而定？重力是否與科學家假想的弦有某種關聯？當宇宙擴張，重力「常數」也跟著變嗎？地球重力會隨時間而變弱嗎？重力會不會是來自另一維度的某種影響呢？

重力之謎，就像秋天掉下來的蘋果、牛頓的靈感之源，依然在我們周遭啪嗒啪嗒落下。

注釋

1. 這些速度是假定沒有空氣阻力，空氣阻力會讓下降速度多一點點不精確，因為空氣阻力依你伸展身體的方式而改變——舉例來說，看你是俯衝下墜或是張開四肢，就像特技跳傘課程教你的那樣。張開手腳的人下墜兩秒鐘後是以每小時 67.5 公里（而不是 70.8 公里）行進，三秒鐘後是每小時 96.5 公里（而不是 106 公里）。

2. 天空中所有星座和恆星繞之以旋轉的位置——類似我們在學校用來畫圓

的圓規靜止不動的那隻腳——稱為天北極（也譯作北天極）。北極星碰巧座落在離那個點不到 1 度的地方。但由於我們的行星兩萬五千七百八十年來的地軸晃動，這個靜止不動的天文點在過去幾個世紀緩慢移位，而很少落在距任何肉眼可見的恆星不到 1 度之處。在古希臘時期，最接近不動狀態的恆星剛好從天龍座 α 星（又名右樞、紫薇右垣一）、也就是吉薩大金字塔主要通道大略所指方位，變為小熊座 β 星（又名帝星、北極二）。目前的北極星碰巧是整個兩萬六千年進動循環中最接近天北極、也最明亮的恆星。長夜漫漫，北極星似乎動都沒動一下。

3. 獸醫對貓從高層建築掉落的研究證明，90％的貓活了下來，而且有 30％沒有受傷。家鼠和松鼠也具有不會致命的終端速度；根據物理學（而不是實際經驗），墜落的家鼠最快也只有墜落的大象 1％的速度。事實上，對大部分的囓齒類而言，沒有致命高度這回事：牠們的終端速度低到足以免於會達到致命速度的加速，不論牠們是從什麼高度掉下來。不過，要避免傷害，尤其是貓，有賴於地面略帶柔軟。要斷定草坪比人行道更好降落，應該不需要什麼高深的學問吧。

4. 希臘人不相信虛無，因為他們是如此一絲不苟的邏輯學者。我們死後變成什麼？對那些會說「我們一無所是」的人，希臘人會反駁說，**是**這個動詞與虛無牴觸，把「是」和「無」結合在一起是荒謬的。你不能「一無所是」，一如你不能「走不是路的路」。〔譯注：古希臘所建立的形上學體系中，「是」〔to be〕這個字眼有「存在」或「存有」的意涵〕虛無是矛盾、無意義的概念——不具實質內涵的字眼。你似乎在說些什麼，其實沒有。按照他們的推理，真空不可能存在。今天我們弄懂了他們的邏輯，這邏輯依然無懈可擊，但不管怎麼樣，他們錯了。這是因為真實世界沒有義務要按人類語言規則而活，人類語言是建立在符號體系之上。真實的水不等於**水**這個字，it 這個字和 it is raining（正在下雨）這句話一點關係都沒有。

5. 這件事在今天西方世界的課堂上少有人知道也罕見討論，但有可信證據

顯示，談到發現重力的存在，古印度天文學家擊敗文藝復興時代所有的科學家。在牛頓之前整整一千年的 7 世紀，住在拉賈斯坦邦的婆羅摩笈多（Brahmagupta, 598–668）說過：「物體朝地球掉落，因為吸引物體是地球的本性，就好像流動是水的本性一樣。」像這麼深奧的思想，他也不是碰巧矇到。他是傑出的數學家、發明（或許我們應該說**發現**）數字 0 的人。

但連他也可能不是第一個。再往前一個世紀，另一個我們在第八章談過的印度人嵐日，他在文章中提到可能有一種力量讓萬物一直附著在地球上。這甚至超越了局域落體的概念；嵐日認知到很重要的一點：這種力量可以用來解釋太陽對行星的牽引。gurutvakarshan 這個字——在牛頓之前好幾個世紀就造出來——就是梵文的重力，意思是「被吸引」。

6. 為什麼一顆枝頭落下的蘋果表現出與月球相同的行為，原因如下。月球距離地心比蘋果遠了 60 倍，因此，月球體驗到的重力應該比蘋果少了 60×60 也就是 3600 倍。所以，月球並非如蘋果以每秒加快 35.4 公里時速的加速度落下，而應該是慢了 3600 倍，也就是 0.0096 公里時速——大約一分鐘 15 公分。這是你抖過毯子後的落塵速度。月球就這樣勉強算有下降。而月球下降的同時，也以每小時 3540 公里的速度水平行進。這兩種運動組合起來，產生一條彎曲路徑。月球前進的速度恰如其分，我們的行星地表也以同樣的比率從月球正下方往下彎曲，因此，月球接近我們的程度永不至於會更強大的重力牽引；這就是為什麼月球的速度永遠不會增加。月球向前進也向下掉，保持著相同的距離，因而永遠繞著我們公轉。

7. 特技跳傘者擺出流線型的俯衝姿勢，可以達到每小時 320 公里的速度。

8. 伽利略證明了重物掉得比輕物快這個廣為流傳的信念是錯的。但你摔跤時，難道**不該**比重量較輕的物體被往下拉得更快嗎？答案令人意外：你是被往下拉得更快，儘管這沒讓你下降得更快。和輕物比起來，重物的確是被拉得更用力。就說你是前任世界西洋棋冠軍尼姆佐維奇（Aron

Nimzowitsch）好了，他真的曾經跳上棋桌大喊：「為什麼我得輸給這個白痴？」如果當他跳下來的同時，一顆棋子被他敲到而掉向地板，兩者同時觸地。重力拉他的身體所用的力量比拉那顆小兵要大。然而，由於西洋棋冠軍的體重這麼重，他的質量花了更長的時間把速度提高，就像卡車加速比跑車要緩慢一樣。結果一來一往扯平了。他的身體被拉得更用力，但速度提高得更勉強，於是兩個物體以相同速度落下。

9. 尤其是行星的不對稱橢圓公轉軌道改變角度偏離太陽的方向並不固定。軌道本身就像擠壓變形的呼拉圈在轉一樣，在太空中不斷改變朝向。連月球的卵形公轉軌道也一直在改變其最長直徑（即橢圓形的長軸）的指向，長軸每 8.86 年做完一趟環繞地球的完整公轉。所以，不只月球在繞著我們轉，其橢圓軌道也以慢了 118 倍的速度環繞我們旋轉。水星的擠壓軌道也一樣，只不過速度是牛頓物理學所能估算的 2 倍快。

10. 連愛因斯坦自己也算得一團亂。他的太陽表面時空扭曲量一開始的數字錯得非常離譜。原本這會給他帶來災難性的後果，因為對其理論的最佳測試就是測量太陽邊緣的恆星位置。遙遠的星光在來到我們眼前的路上，恰恰擦過太陽邊緣，通過時空彎曲最大的位置。根據愛因斯坦的理論，這應該會使星光走較長的路徑，導致恆星看似位於非預期中的位置——他說，這是一個應該不難測量的偏離。

我們何時能測量炫目的太陽邊緣一顆背景恆星？就在日全蝕期間！由於一次大戰，1915 年一次原本可以測試相對論的日蝕不適於觀看——去看這次日蝕的探查之旅可能會不安全。1919 年 5 月的日全蝕期間，很幸運，昏暗的太陽就位在金牛座的畢宿星團眾恆星之間。但在這次事件到來之前，愛因斯坦已經修正他的數學，並就恆星與其星表位置之間的預期偏離提出一個新的數字。著名的英國天文學家愛丁頓（Arthur Eddington, 1882-1944）是愛因斯坦的支持者，他帶領一支探查隊出發，雖未真正精確測量到預期結果，卻使得愛因斯坦大名一夕之間家喻戶曉。但質疑之說喧騰不止。愛丁頓用的是 10 公分鏡片的小小望遠鏡，觀測是在空氣擾

動的日間進行，恆星影像模糊且跳動，而所需的精確度是 1 弧秒——從 4.8 公里外目視一枚兩毛五分錢硬幣的大小。愛丁頓真的證實愛因斯坦的理論，抑或只是看到他想看的？

著名的 1919 年觀測結果至今依然爭論不斷。沒關係，後來的觀測證實了相對論。時空連續體是真的，天體運動是穿越彎曲空間的旅程。

11. 不同於其他三種描述物理系統之間關係的基本力，重力依然神祕。其他三種——電磁力（表現為磁場與電場之類）、弱核力和強核力，後兩種只在原子裡面的微小領域內作用——理論上甚至是可以結合起來的。但重力讓所有想把它納入更大圖像、與其他基本力連結的嘗試都無功而返。

第 11 章

人體尖峰時刻

內視所得到的啟示

而心跳必先暫止而能喘息……

　　——拜倫，〈於是我們不再遊蕩〉（So We'll Go No More A Roving），1830

「抱歉，我現在在忙，」你對朋友這麼說。

這話說得真對，你的身體像銀河系一樣忙。

即使在我們休息和作白日夢的時候，體內活動也未停止。其中有些是顯而易見的。我們可以感覺到自己的脈搏、自己的心跳、自己的胸腔正在吐氣。也許還有我們的肚子咕咕響個幾下，其他就沒什麼了。像這樣僅限於對少數幾種體內運動有知覺是件好事。大自然放我們一馬，免於被皮膚底下正在上演、多到數不清的戲碼給煩死了。

但現在讓我們來知覺看看吧，即使只是為了理解青少女畫眼線時那種微妙又巨大的複雜性。

我們或許可以先來思考一下思考這回事。大腦當然是我們神經系統的冠頂之珠、最高主宰。（會不會就是大腦在此刻吹響它的號

角，讓我寫下這段話？）大腦有八百五十億神經元細胞，而更令人印象深刻的是，大腦豪擁一百五十**兆**神經突觸。這些是它的電性連結、它的可能性，這個數目比銀河系恆星之數大上近千倍。

　　大腦神經元數目大得驚人。以每秒一個的速率來數的話，得花上三千兩百年。但大腦神經突觸，或是它的電性連結，數量之多更是令人難以置信。那一百五十兆沒花上三**百萬**年是數不完的。事情還沒完呢，接著想到的是每個細胞可以有多少種彼此連結的方式。講到這裡，我們就必須用到階乘了。這東西很酷。且說，我們想知道書架上的 4 本書有多少種排列方式。簡單：你把 4×3×2——唸作「四的階乘」，寫成 4!——乘起來，就能找出有多少可能，也就是 24 種。但要是現在你有 10 本書呢？還是簡單：是 10!，或是 10×9×8×7×6×5×4×3×2，那將會是 —— 準備好了嗎？—— 3,628,800 種不同的方式。想像一下：從 4 個項目到 10 個，可能的排列方式從 24 種增加到 360 萬種！

　　總結：可能性總是比我們周遭的事物數量還多，多到一發不可收拾、多到令人抓狂。如果每一個神經元或大腦細胞和你顱骨內其他任何一個神經元都可以連結，其組合數會是 850 億的階乘。這個數裡頭的 0 多到可以填滿地球上所有的書還有剩，而這只是 0 而已——只是記數法，不是實際的數目。記住，每次你光是加上六個 0，不管在此之前的數有多大，你所表式的量都比它還要大上 100 萬倍。大腦連結的可能性超乎同一顆大腦的理解能力。

　　這種複雜構造全都在一團看似了無生氣的 1.4 公斤重起司裡，大小約與 1400cc 引擎的活塞相同。因為顱骨內沒有肌肉，也因為大腦的密度比水大不了多少，所以看起來的確像是一團爛糊糊、不

起眼的東西。然而，大腦的賦動能力完全隱藏了起來。使它活躍有
生氣的，是它無休無止的電性活動。肉眼不可見的火花四處飛躍，
每個神經元都以大約 100 毫伏（1 毫伏為千分之一伏特）在運作。
十分之一伏特非常夠用了：這個運作基體比一顆 AAA 電池還小。
即使你把大腦全部的能源消耗量加起來，也只不過 23 瓦特（一個
人每天消耗 2400 卡）。儘管如此，只占人體質量 2％的大腦，還
是用掉人體能源的 20％這麼一大塊。大腦是耗能大戶，沒有斷電
裝置，電流持續不斷地流動著。

　　關於這種電性活動最早的線索來自義大利醫生賈法尼（Luigi
Galvani, 1737-98），他在 1791 年發表青蛙的神經電刺激研究成果。
如果是電使得肌肉收縮，那麼這就是大腦完成其指令的必要方法！
隔年，他的義大利同胞、博物學家法布羅尼（Giovanni Valentino
Mattia Fabbroni, 1752-1822）指出，這種電性神經活動一定會動用
到化學物質。八年後的 1800 年，當義大利物理學家伏特（Alessan-
dro Volta, 1745-1827）發明濕式電池，這整個想法聲勢大漲。這種
電池是以自我閉合的方式產生電力並加以儲存──大腦有沒有可能
同樣如此？

　　當然，大腦比這複雜多了。當 1906 年的諾貝爾醫學獎頒給義
大利病理學家高爾基（Camillo Golgi, 1843-1926）和西班牙病理學
家拉蒙─卡哈爾（Santiago Ramón y Cajal, 1852-1934），獎勵他們
在神經系統組織研究上的突破，也不過是標識出探索這個迷宮構造
的先驅腳步。而即使到了今天，這個構造仍然遠比人體其他部分神
祕得多。但至少在那一刻，我們掌握到指揮肌肉運動的機制。

　　電通過銅線是以 96％的光速行進，進了神經纖維就沒這種好

事了。我們人體的神經元有好幾種不同的種類和功能，但沒有一種能讓電流流動得像在電動開罐器中那般迅捷，連1％都沒有。不過，我們顯然不需要靠這種光速認知能力，便能在日常心智表現上有出色成績，像是把垃圾放進袋子裡。我們實際上只有每秒約120公尺的最大運作速率，比光速的百萬分之一還少，就已經快到夠把這差事給搞定了。

我們很快地做個實驗，就能明顯看出這一點。閉上你的眼睛，然後舉起一隻手快速地四面揮舞——在頭頂上揮、往旁邊揮、隨便揮。你每一分每一秒、隨時都清楚那隻手到底在哪兒，無論你的手變換位置的速度有多快。你對手掌位置的即刻察覺能力證明，神經電訊號到達大腦的速度極快，因為在這種情況下，唯有「即時」資訊才派得上用場。事實上，那些脈衝訊號每小時前進400公里。

這是神經對必要內容的傳送速度。但怎麼樣才算得上「必要」？幸好，你不必針對大腦接收到的所有感覺、肌肉、壓力、疼痛和其他訊號，就其相對重要性排優先順位。這件事甚至在你離開子宮之前便已經安排、設計、透過基因內建好了。朋友興高采烈但粗心大意的手勢就要戳到你的眼睛？你馬上一邊眨眼、一邊閃避。吃東西時叉子最好別刺到自己？你的手指和嘴唇傳來的位置訊號當下就整合起來。某次露營過夜之旅，你赤腳走出帳篷，踩到一個可疑的物體，感覺起來是一坨像蛇一樣的可怕東西，你在剎那間猛力把腿拉起來。這些反射動作都是神經以每小時400公里的速度在下命令。

但現在用你的腳趾踢東西，請記住是什麼時候踢到。要過幾秒鐘才會感覺到痛。那是因為疼痛訊號的行進是沿著不同的線路，以

每小時只有 4.8 公里或每秒 0.6 公尺的低順位速度。傳遞壞消息不用急。

那思考呢？這類訊號以介於兩者之間的速度出現，既不是最快、也不是最慢。這些訊號以每小時 112 公里滑行、分進，通過大腦皮質層。這個過程的速度夠快，所以你可以在另一套電路系統──你的本我、你的自我感知──獲知之前做完決定。

2006 年，晚近的研究者、美國神經生理學家利貝特（Benjamin Libet, 1916-2007）及其研究團隊要求志願受試者，在他們想好要舉起哪隻手臂的當下按下按鈕，然後立刻抬起正確的那隻手臂。驚人的事情來了。盯著實驗對象腦波的研究人員在志願受試者弄清楚自己的選擇之前十秒，就能有把握地分辨出受試者做了哪一種決定！

換句話說，大腦的電性活動會自動進行，像胰臟或肝臟一樣。大腦自主做出決定，我們要稍晚一點才明白決定了什麼。

我們可能對選擇這件事有一種主觀的認知。我們可能會說：「我決定今晚要吃中國菜，不吃義大利菜。」但事實上，我們根本沒有發揮自由意志，大腦藉由自發的電性連結自行做了決定。要如何把這個活動控制得比對自己腎臟運作的掌控更好，我們沒人有一丁點的概念（好，如果你對此不以為然，聲稱**能夠**自己做選擇且這些決定**並非**自動產生，那麼你應該要知道，你這個想法本身甚至在你起心動念去想、去說之前，就已經自行形成）。

這些或快、或慢、不快不慢的電脈衝和突觸連結，全都連續不斷地發生，而且早上的步調最快。只有在燈光熄滅時才得以休息：當我們睡著時，大腦運轉程度降低很多。

二十二歲至二十七歲之間達到高峰後就開始萎縮的神經系統活

動，當然是體內其他無數運動的控制系統。而我們感知最明確的，
當然是呼吸和心跳。

就算是心臟的基本實況，也不是隨隨便便弄得清楚。儘管有解
剖屍體一點一滴累積起來的知識（在倫理上能接受的幾個世紀
間），直到晚近，人們還是覺得心臟的作用及其怦怦聲神祕得令人
不知所措。早在西元前 4 年，希臘醫生就知道有心臟瓣膜和動脈，
但還是做出錯誤的結論。因為人死後血液淤積在靜脈而非動脈，希
臘解剖學者錯誤地假定動脈是輸送空氣到全身各處。死於西元前
250 年的亞力山卓港醫師埃拉西斯特拉圖斯（Erasistratus）說過，
人們的動脈被切開後流出血來，純粹是因為來自靜脈的血液突然湧
進那些「充滿空氣的脈管」。

後來在 2 世紀，聲名卓著的希臘醫師蓋倫（Galen, 129-200）
確實主張過動脈和靜脈都含有血液，但他並不認為是心臟在輸送血
液，反倒說是產生脈搏的動脈在輸送。心臟只是吸取血液，充當某
種儲存槽，沒有循環這回事。血液由肝製造，然後經由某種方式被
用掉，並且不斷地換新血。

一直到 1628 年，英國醫生哈維（William Harvey, 1578-1657）
終於釐清循環系統的來龍去脈，並解釋我們胸口之所以會怦怦跳的
原因（遵照科學界對待先驅者的神聖傳統，哈維為此被嘲弄了幾十
年）。

人的一生中，心臟跳動 25 億次。成年男性每次約 4.7 公升持
續不斷輸送血液（女性約 3.8 公升），平均流速每小時 4.8 ～ 6.4
公里——相當於步行速度。這速度快到足以讓手臂注射的藥物僅僅

幾秒鐘就到達大腦。但這種血速只是平均值。血液一開始是以令人印象深刻的每秒 38 公分衝過大動脈，接著在身體各個不同部位減緩為不同速率。

正常來說，像水這樣的液體被迫流經狹窄管路時會加速。孩子們喜歡擠壓水管，讓水噴得更遠，把朋友弄得一身濕。但窄小的微血管卻反其道而行。此處是血液流動**最慢**的位置。

一切都是為了氧氣交換。這個理由不受微血管離心臟最遠此一事實所限。反倒是微血管如此之多，其總截面積比靜脈和動脈還大。血液的體積在那兒完全展開。

淋巴液也經由自己的管道系統，以一分鐘約 0.6 公分的慢速移動。但空氣活潑得多。正常來說，男性與女性同樣每次呼吸約 0.47 公升的空氣，每分鐘呼吸十二到十五次。這加起來就是一分鐘僅僅不到 7.6 公升的空氣攝取量。為了做到這一點，肺和橫膈膜進行每秒 2.5 公分的吸進呼出運動。

同時，總是令人心情愉快的食品百貨店裡，我們把糕點塞進嘴裡嚼，下排牙齒執行所有動作，以每秒 2.5 公分的速率上下、上下（研究顯示，我們肚子餓的時候，唾液噴得比較多）。大口吞下去吧，此時我們要靠食道蠕動，一陣陣的收縮以每秒近 2 公分的速度把食物往胃裡送。

潑啦一聲——掉進胃裡了。在那兒平均要待上二至四小時。

接下來，食物一邊做進一步加工、移除所含水分，一邊轟隆轟隆、軋軋響地通過 6 公尺長的小腸，然後是 1.8 公尺長的大腸。這團正在腐敗的東西以每小時 0.3 公尺至每三個小時 0.3 公尺不等的速度一路前進，快慢因人也因食物而定，含有許多粗糙食物的移動

最快。大便中整整有一半的重量是細菌。真的，2012 年的研究揭露，我們每個人大約有 3％純為細菌。我們每個人都是「我們」，而非「我」。

　　整個過程——一邊進、一邊出——一天之內就能結束。也有可能需要三天。這無所謂「正常」與否，雖然我們都對應該多久上一次廁所有所見解。有些人一天大便三次，有些人則幾天才一次。如果你想加快速度，增加膳食纖維到一天 25 公克以上是最好的辦法。我們無法控制電通過神經元、淋巴液流過淋巴系統、氧和二氧化碳在肺裡交換位置或血液流過微血管的速度。我們也不能改變小行星的速度。我們希望當個「控制狂」並獲得我們想像中的最佳速度，也只有在個人的胃腸消化這個領域了。

　　小便也是一樣。男的女的、大的小的，尿尿的平均速率完全一樣——每秒 10 ～ 15 毫升。由於一天的平均排尿量是約 0.95 ～ 1.9公升，我們被迫每天要花整整一、兩分鐘尿尿，很少超過三分鐘。女性一天平均排尿八次，男性平均七次；不過，不管你同不同意，一天多到十三次也不算異常。合計合計，一天排尿七次的人每一回需要九秒至二十七秒來搞定這件事。

　　因此，我們一生中有一整個月要投入在這個活動上。

　　男性和女性眨眼睛也有相同的速率。意思是，我們一分鐘大約眨眼十次，或每六秒一次。凝視——像我們看書的時候那樣——會讓這個頻率減半。儘管持續專注在視覺工作上會讓我們眨眼次數減少，但疲勞會產生反效果，因而導致更頻繁地眨眼。

　　嬰兒一分鐘只眨眼一或兩次，原因不明。有一個可能的解釋是：嬰兒需要的眼部潤滑比成年人少，純粹是因為他們的眼睛比較

小。而且，嬰兒在他們生命中的第一個月不會產生任何眼部分泌物，我們也就不會看到哭得淚眼汪汪這令人心碎的一幕。嬰兒也睡得遠比成年人為多。無論如何，隨著小孩長大，眨眼次數穩定增加，並在青春期達到成年人的頻率。

眨一次眼只花我們十分之一秒，但其中謎團勾留得就久了。罹患帕金森氏症的人幾乎完全不眨眼，而精神分裂症患者則眨得比無此困擾的人多，沒人知道為什麼。

眨眼的誘因甚至比眨眼本身速度更快。人眼的反射反應，有時不過是被一股氣流所誘發，從大腦到眼睛費時三十毫秒至五十毫秒（millisecond, ms，千分之一秒），比二十分之一秒還快。與此相比，在實驗室裡，即使實驗對象繃緊神經且有所預期，對影像訊號的自主反應時間還是要七分之一秒左右。如果是在車子裡，駕駛把腳從油門移到煞車，還要多花四分之三秒。反射動作才是正途，有意識的選擇或許被高估了。

有些身體運動甚至比眨眼還快。例如，細胞內的蛋白質合成會創造出新的物質，每一種都有特定的重要功能。有多快？細胞的核糖體可以在十秒內製造出抗病蛋白質。由於數以百萬計的細胞同步生產蛋白質、對傳染病作戰，入侵的細菌要取得立足點的機會非常渺茫。

幸好如此。這些軍隊經常勢均力敵、勝負難分。細菌占領區的規模可以在 9 分 48 秒內擴大 1 倍，我們也都經驗過像癤這類暫時壓過體內防疫系統的病菌之「城」。

我們旅行時，尤其是在人潮擁擠的密閉空間如客機或巴士裡，接觸病原菌的風險最大。

這又帶出了我們全身性運動的課題：步行。我們身邊到處都有人在擺動他們的四肢。一般人的腿部和手臂完成一次前後擺盪約需一點五秒，意思是我們在三秒內走完兩步。

當然，我們可以刻意選擇走快一點或慢一點，但人和動物有一種他們不知不覺就會盡可能採取的自然步速。腿「想要」像遊樂場的秋千那樣擺盪。擺盪有一種自然循環，而循環的週期完全由擺盪的長度來決定。我們大家都知道，遊樂場裡鍊子長的好秋千盪起來令人滿意、週期又長，短鍊子坐起來前後擺盪快又令人膽戰心驚。這就是單擺效應。

當年，除了伽利略之外，沒有人發現這一點。伽利略第一次注意到自然擺盪物此一迷人性質的場所到今天還在，沒什麼改變。如果你曾去過比薩斜塔，不會沒看到緊鄰斜塔旁的大教堂。在那處巨大、陰暗、發出霉味的空間裡，從高高在上的天花板垂下的鍊子上，吊燈依然掛著。有時，尤其是在風起的日子，這些吊燈顯現出微微的、慢到令人發疼的前後運動。1582 年，有一次在做彌撒的時候，伽利略——或許因禮拜儀式而陷入狂喜狀態，他茫然地瞪著天花板看——有了令人驚奇的發現：吊燈完成每次擺盪所花的時間長度從不改變。大約是九秒，無論吊燈是移動幾英寸或好幾英尺。他的腦袋顯然因此一觀察而焦躁不安了一陣子。

漫長的一陣子。整整二十年後，他決心要對這個單擺效應做個研究。從 1602 年開始，他寫信告訴某人，鍊子、線或繩子末端的擺錘重量，並不影響擺盪的週期。基本上，擺幅也不會。意思是如果你給秋千上的孩子輕輕地、幾乎察覺不到地推了一下，輕到秋千只移動幾英寸，前後移動所花的時間，相較於你大大推上一把、讓

義大利比薩的大教堂廣場是兩次和運動相關的重大事件發生地。依照伽利略學生維維亞尼（Vincenzo Viviani）的說法，伽利略在 1589 年把一件輕物和一件重物從斜塔上丟了下來，證明兩物以相同速度墜落。此前七年，1582 年，在照片中前排的大教堂裡，伽利略第一次注意到單擺效應。

她高高往上到幾乎側移，然後再猛烈盪回另一邊，並不會有差別。

　　伽利略了解到，這個稱為等時性（isochronism）的性質讓單擺可用來充當時鐘。意思是：擺盪週期完全取決於繩子的長度。每一種事物都有一個自然的擺盪速率。任何重量綁在一條 39 英寸長的繩子上——非常接近但不是剛好 1 公尺——都可以做成一條完美的秒擺，意思是完整的前後擺盪週期為兩秒（邏輯上來說，這個長度似乎可以當作公尺的基礎，然而實際上並不是：公尺一開始就定為赤道與極地之距離的一千萬分之一）。於是，鐘擺長度正確加上製

作得宜的老爺鐘，分秒不差地滴答滴答響。

也許大多數人的腿同樣是那個長度左右，或是多個幾英寸。當腿以髖臼為中心旋轉時，這些毛茸茸的擺錘「想要」以約略一點五秒完成一次前後擺盪。[1] 以約 162 公分的女性來說，步速稍稍比這快一點。

還有，身體自然而然會採取最輕鬆、耗能最少的步速。如果你趕時間，當然可以耗費額外的能量，喜歡多快就多快。近年來，我們驅策自己的身體高速向前衝，而在我們之前（速度較慢）的一萬兩千五百代人類，除了最後這八代之外，看到這種速度應該會不知所措吧。

人類的旅行速度算是「自然」運動嗎？我們通常認為我們在科技上的成就與丟沙子、趕大象這種事情有所區別。但也許這種區別太武斷了。我們的大腦和我們無休止的身體活動，已經發展到超乎我們所能控制；或許我們自己就和密西西比河一樣，迂迴曲折得那麼自然而然。

我們來簡述一下我們移動整個身體的快慢程度。這件差事在人類歷史的頭兩千個世紀並不難。我們要嘛用走的，要嘛用跑的。辛苦一小時，讓我們汗流浹背地把自己推進 4.8 ～ 16 公里。等養了馬，我們駕馬馳驅短程。

今天的美國人平均一輩子走 104,608 公里的路，世界各國則是這個數值的 2 倍以上，和我們的祖先差別不大。但底下這個就有差別了：我們每人一生之中**旅行一百萬英里**。這種程度的運動前所未聞（不光是因為**百萬**〔 million 〕這個字眼在 14 世紀之前並不存在，在那之前最大的數目是萬〔 myriad 〕）。當時每英里所潛藏

的危險比今天高得太多，即使晚近如美國南北戰爭時期，也少有人能活到累積這麼多的旅行常客點數。真的，不同於一般人的 19 世紀火車列車長或航海員，或許自然而然就會增加到足以加入百萬英里俱樂部——但他大概會有很多傷疤以資證明吧。

　　人類旅行的關鍵轉折點在兩個世紀前到來。1790 年至 1830 年間，出現了巨大的變化。那個時期的一開頭，大多數人乘馬車旅行，以每小時 6.4 ～ 9.6 公里駕車走在坑坑洞洞的泥巴路上。不管怎麼看，這都是種酷刑。如果你的行程帶你踏上的是最好走的路，像是紐約和波士頓這種大城市之間的道路，你可以來趟五、六天的旅行。你會受熱或受寒，馬匹會引來嗡嗡叫的蟲子，而你會被這些蟲子圍攻，這可不好玩。

　　兩項重大改良把長程運輸推上每小時 12.8 ～ 14.5 公里這個值得稱慶的新均速。第一項是墊高鋪上碎石、有側溝以供排水的道路。這意味著要鋪上三層石頭，最大顆的墊底而最細的鋪在上層壓實。駕車走在這些「高」路上，大幅減少了搖晃顛簸。[2]

　　第二項增速因子是驛馬車。到了 1830 年代，馬車公司採用馬匹替換法，沿途每 65 公里左右換一次。每間隔一段固定距離，也就是**驛程**，就有新的馬匹，跑一趟紐約到波士頓減少為一天半。

　　大約在這個時期，河道上漸漸擠滿了蒸汽船。帶頭的是後來慣稱為「克勒蒙號」（*Clermont*）的北河汽船號，從 1807 年開始了溯哈德遜河而上的航程，1825 年伊利運河開通後更添助力。鐵路也大幅成長，到了 1830 年代後期，火車總是以 24 ～ 32 公里的時速按時進站。這是前所未有、中途無休的速度，人們放下田裡的工作來看燒柴、冒煙、有頂蓋的馬車通過，搶在前面的人吸了滿臉的

煤煙和灰燼。到了 1840 年，4800 公里軌道已經鋪好，主要在美國東北部，波士頓之旅如今只要一天時間。

1790 年代出生的孩子們長大到五十幾歲當爺爺時，為他們親眼所見的旅行速度快速變遷而感到吃驚。那是一個全新的世界。不過，也有衰退的一面。當人們越來越常搭火車、乘船旅行，馬路無人關注，到了 19 世紀中開始因轍痕而毀壞。這些馬路變得只適合地區性運輸——你從農場進城或造訪幾個小鎮外的親戚時會走的路。這種轉變一直到兩個世代後，對汽車的著迷已經根深柢固，才開始逆轉。

汽車一開始是以環保救主之姿受到眾人歡呼喝采，因為汽車保證會根除馬臭味、馬糞招來的成群蒼蠅和疾病，以及馬蹄鐵在市區鋪路石上沒完沒了的噪音。在今天的洛杉磯和北京，大概很少人會認為汽車是「綠色」的——但汽車確實推動著我們的故事演變至今，如今的我們日復一日以每小時 112 公里沿著高速公路向前猛撲。我們身體最快的速度是多少？在地面上是每小時 290 公里。那是歐洲、日本和中國子彈列車的速率。那也是笨重的巨無霸噴射機即將升空前的起飛速度。這是我們大多數人在地面運動所曾達到的最快速度。

在空中（立下第三座里程碑的旅行方法），說到速度就看噴射機了。美好的老波音 747 最有效率的常態航行速度為每小時 1055 公里。更新的巨型雙層空中巴士稍慢一點，是每小時 1040 公里，和波音 787 一樣。[3]

不靠科技來推動身體的話，非意志所控制的運動是我們最快速

的運動，而其中一種可謂臭名昭彰。不過，打噴嚏通常是從慢動作開始。**打噴嚏**這個反射動作的第一階段，是隨著化學或物理過敏物引發刺激而來的鼻子顫動。有時是由一種名為光噴嚏反射（photic sneeze reflex）、古怪的亮光反應所引發，像是人們看完午場電影出來、走進陽光下的時候。無論是什麼引發的，一開始的怪怪顫動逐漸增強，直到顫動的程度引爆更加活躍的第二階段。

這是所謂的傳出階段，包括閉眼、突如其來且不受控制的深吸，然後一邊緊閉喉嚨、提高胸腔氣壓，一邊把氣吹出去。反射性地突然打開喉嚨，釋放出超新星級的急速氣流，穿過嘴巴和鼻子，以爆炸性的方式把任何過敏物給排出去。

一次噴嚏能以高速釋放出四萬顆微粒。到底是什麼速度？你在網路上會找到各種全然不同的速度數據，有些聲稱這是人體運動中唯一打破音障的。真相雖然離一小時 1236 公里（即音速）的成就還有一段距離，但還是令人印象深刻。電視節目《流言終結者》（*MythBusters*）針對打噴嚏進行過實際測量，他們的實驗對象最快是每小時 62.8 公里。在一所醫療機構中運用可信的設備，測到噴嚏的最快紀錄為每小時 164 公里。基於某種原因，金氏世界紀錄的最大噴嚏所列出的紀錄比這個慢一點，時速 115 公里。快是一定夠快，算得上是最高速人體運動。[4]

有一個存在已久的謎：打噴嚏的人為何在打噴嚏時閉上眼睛？最佳的推測是我們在保護眼睛免於細菌和特定物質的超快噴散。還有一種可能的原因：噴嚏是一種獨一無二、牽動整個身體的反射動作。許多部位的肌肉會收縮──包括鼻子、喉嚨、胃、橫隔膜和背部。連括約肌都會收縮，這就是為什麼膀胱比較弱的人打噴嚏時會

有點漏尿。所以，在一個規模更大、獨一無二的生理激烈反應展現過程中，閉眼只是其中一環而已。這一切全都源自腦部一個稱為延髓的原始區塊，這個區塊位於腦幹，在其他打噴嚏方式和我們很像的許許多多動物身上都看得到。

所以，我們逃不出這個急急忙忙的宇宙，賴在床上也躲不開。

這個宇宙如影隨形地跟著我們，在我們的頭顱之內，也在我們的表皮之下。

注釋

1. 其實，我們必須在動物的肢體與繩子末端綁重錘或懸錘這兩者之間做個區隔，後者是真正的擺，擺繩占裝置整體質量並不很多。如果改成拿沉重的剛性桿子──或以這個例子來說，是剛性、結實的腿骨──用在擺上，那麼擺盪速度會與真正的擺（懸錘幾乎等於全部質量且用來綁懸錘的是可忽略的質量）但擺長為三分之二的情況相符。所以，以人類的情況來說，腳的質量只比整隻腿的重量小一點而已，三分之二的作法最能告訴我們所觀測的週期。用真實的數字來算，一條 39 英寸長的繩子綁上重錘來回擺一趟的週期是兩秒。但人腳在 39 英寸腿骨末端扮演鉛錘的角色，擺盪起來就好像把它放在一個只有 20 英寸長的擺上，前後一趟約一點五秒完成。

2. 第一條採用蘇格蘭人馬卡丹（John Loudon McAdam, 1756-1836）的方法鋪設的美國全國高速公路是 24 公尺寬的非凡成就，從馬里蘭州坎伯蘭（Cumberland）一路向西，最後成為美國 40 號公路的一部分。〔譯注：馬卡丹推廣碎石道路鋪設法，一說中文的「馬路」一詞就是「馬卡丹道路」的簡稱；這

裡提及的這條馬卡丹道路鋪設於 1830 年代〕但馬卡丹真正的貢獻是發明更具成本效益的方法來建造這些道路——並加以推廣。三層鋪石、最細的鋪在最上面壓實，這個方法早在幾十年前便由法國人特列賽傑（Pierre-Marie-Jérôme Trésaguet, 1716–96）設計出來。〔譯注：特列賽傑在 1764 年左右發明雙層鋪路法〕或許對舌頭來說，把這些路稱為**馬卡丹**道路就是簡單一些吧。

3. 想知道你下一趟旅行可能會有多快嗎？下面是其他的班機速度。波音 777 每小時飛 1028 公里、767 每小時飛 980 公里，而許多商用噴射機——包括空中巴士 A320、A310 和到處可見的波音 737-800——每小時飛 956 公里。如果你懷念舊日的驛馬車經驗，那就搭乘比較老舊但還算常見的波音 737-300/400/500 機型。它們以僅僅 906 公里時速從容不迫地往前飛。

4. 我們身體在自然狀態下動得最快的是哪個部位？這是個勢均力敵的局面，競爭者只有兩個。最好的棒球投手可以飆出每小時 164 公里的快速球，這意味著球出手的那一刻，投手自己的指尖在空氣中的穿行速度就是那麼快。這樣和歷來最快的噴嚏紀錄不相上下，形成平分「人類最高速度獎」的局面（紀錄上獨占鼇頭的最速球是在 2010 年投出，由當時辛辛那提紅人隊的後援左投查普曼〔 Aroldis Chapman 〕創造歷史，飆出大聯盟正式比賽測速器所測到的最速球：每小時 169 公里）。或許應該把獎項分成自主類和反射類才對。

第 12 章

小溪與浪花

地球的最大資產是液體

但老人河啊，

他就是一直滾滾向前。

——奧斯卡・漢默斯坦二世（Oscar Hammerstein II），
〈老人河〉（Ol' Man River），1927

這則報紙標題很可怕。

「五十四名移民在地中海船難悲劇中渴死」

2012 年 7 月 11 日發自日內瓦的這則報導細述了一樁駭人的苦難。根據僅存的生還者阿貝斯・瑟托（Abbes Settou）的證詞，五十五名來自非洲、想到義大利的移民，他們的充氣船在地中海壞掉，因而渴死。聯合國難民署高級專員辦事處說，向海岸防衛隊示警的漁民在突尼西亞外海發現喝海水活命的瑟托攀著破船的殘骸。該名生還者說，船上沒有淡水，幾天內就開始有人死掉，包括他的三個家人。

浸在水中渴死，這是最殘酷、最諷刺的事了。

這也凸顯出水極為重要。在我們周遭內外所有移動物體中，至

關重要的就是水和空氣——令人好奇的是，只有這兩種必需品是透明的。

我們的身體有三分之二是水，我們的大腦主要由水組成。所以囉，這種腦袋喜歡看水的流動，像是我們出了神地望著河流、對瀑布讚嘆不已。我們用水洗澡、動不動就跳進水裡；水是假期的核心要件，假期繞著水而轉。而且，和這顆陰陽行星上的一切事物一樣，有時水會轉過頭來對付我們，我的姪女和瑟托很難過地學到了這一點。

滔天大水總是令人害怕。但無數個世紀以來，關於水，既有事實、也有虛構，彼此相爭又齊頭並進。直到 19 世紀有了像樣的科學知識，挪亞的大洪水才從一字不假的真實變成純屬寓言。這種轉變只有在以下這一點變得顯而易見時才能成立：如果大氣中每 29.5 毫升的水蒸氣都凝結成雨水，**只會讓海平面上升僅僅 2.5 公分而已**。不需要用到方舟。儘管有挪亞的四十天大雨，洪水也絕不可能超出區域性的規模，當時、今日皆是如此。

不過，水和人類之間的關聯還是有可能比我們所猜想的更加深層。有一種理論認為人類可能是一種在基因上與湖或海有所關聯的**水猿**（aquatic ape），雖然人類學家普遍不加採納，但或許能解釋種種謎團，如我們相對而言沒有毛髮、我們鼻子的大小，以及為什麼我們和其他靈長類不同，受驚嚇時會倒抽一口氣。[1]

不管怎麼樣，地球以水行星的型態存在，70%的地表是平均深度達 3650 公尺的液態，這在太陽系是獨一無二的。但這也合乎邏輯，因為 H_2O 是宇宙中最普遍的化合物。

　　這也完全可以理解。宇宙中最豐富的元素是氫、氦和氧，氦不和任何東西化合，所以把它從「最重要」的清單上劃掉。而即便氧的普及度比氫少了 1000 倍，但氧總是熱切地想加入派對——什麼派對都行。所以囉，H- 和 -O 的求愛儀式，以及沒完沒了的「交換戒指」，在時空的每一個角落一再重複，也就不用太大驚小怪。

　　望遠鏡中顯示，水幾乎是無處不在。大多數的恆星都有蒸汽包覆。彗星就是塵冰球變成的百萬英里蒸汽流、那美妙的彗尾。土星環，自然界最壯觀的景致之一，是由無數的普通冰塊所構成。

　　問題是，水在攝氏零下 273.15 度（絕對零度）至攝氏 0 度之間保持冰凍——而宇宙的大部分都處於這個範圍內。氣態水、也就是蒸汽的維持溫度範圍更大，從攝氏 100 度至攝氏 1482 度，攝氏 1482 度時水分子開始崩解。因此，冰和蒸汽在宇宙各處高舉水的大旗。液態形式只在一個非常窄的區間內取得優勢：攝氏 0 度至攝氏 100 度（華氏 32 度至華氏 212 度）。[2]

　　而即使溫度正確也不足以讓水維持其液體狀態。雖然我們多半生活在攝氏 0 度至攝氏 100 度的溫度下，已知地球平均溫度為攝氏 15 度，但除非我們受壓力作用，否則還是看不到液態水。在宇宙的部分地區——像是夏季時期的火星——存在夠多的熱，足以把水變成液體，但可以說是沒有壓力，所以 H_2O 在這顆紅色行星上始終只能是蒸氣和冰。

　　地球大氣的重量提供了所需的壓力。降低壓力，水很容易沸騰成氣體。你只需要開車上山，就能自己證明這一點。你每爬升 150 公尺，沸點就大降約略攝氏 0.56 度。所以，丹佛最燙的咖啡比波士頓最燙的咖啡涼了 10 度。在聖母峰頂，水很容易沸騰為蒸汽，

以至於水的液溫最高大約是攝氏 71 度，除非我們使用加壓裝置。
假設太空人從太空船上拖來一桶水，要給杳無人跡的月表上一處裝
飾用的小水盆注滿水，那麼水會在劇烈沸騰的同時凍結成冰。[3] 結
果就是：一座奇形怪狀的現代藝術雕塑品。

　　所以，H_2O 常有，然其液體形態罕見。但正是這東西，構成
了我們這顆行星表面的大部，以及觀看這整個盛景的人類眼睛。我
們周遭到處都是這神奇的東西。

　　多達 1.36×10^{18} 立方公尺的水覆蓋著地球。這其中，97.2％是
海，0.65％左右是以淡水的湖、溪流、地下含水層和大氣中的水蒸
氣與霧等形態存在，大約 2％以冰的形態鎖住。而這些液體全都做
好移動的準備，一旦找到路，便蠕動著向行星中心逼近。第一步是
從天而降，水流動的情景也就在所難免了。

　　蒸氣變成水滴降下，像這樣通過空氣持續不斷循環的水量真的
很龐大。一年當中，有 38×10^{13} 立方公尺的水落下成雨，如果能把
這些雨全留在地表，將會形成覆蓋全球近 1.2 公尺深的水層。這是
我們全世界的年降雨量，這些雨必須有地方可去。

　　雨水徑流一開始是寬廣的一大片，找到狹窄的隙縫或都市下水
道的溝渠就流進去。從此刻起，水要嘛滲進地下蓄水池，不然就沿
渠道而流，這種渠道的寬度多變，從窄窄的小溪到亞馬遜河都有。

　　小溪大河可以**蹦蹦跳跳**，一小時只前進 0.8 公里，也可以每小
時 40 公里競速，不管在哪裡都量不到比這更快的了。通常河的流
速大約是步行的速度，平均值為每小時 4.8 公里。就算是尼羅河，
在它著名的年度氾濫期間，也只不過是每小時 8 公里往北衝而已。

　　河流在容易溢流的氾濫期以勢不可擋的態勢製造破壞。水比空氣稠密 800 倍，所以不管撞上什麼東西，都能斷然加以推移。僅僅 0.3 公尺深的水就能移動 90 公斤重的物體。還有，溪流的侵蝕作用很大一部分源自沉在水中的顆粒把岸邊給刮掉了——在流速快的情況下，這些顆粒可能是整顆的卵石。

　　大雨過後一定會有一連串的徑流，一開始是在渠道內流動的窄窄細流，沖刷出河岸陡峭的 V 形溪床。過了一段時間，岸邊遭侵蝕，渠道變成寬廣且底部平坦的水道。在非洪氾期，溪流就在這個新近形成的河谷中央流動。

　　愛因斯坦似乎是第一個指出河流往往會遵循 π 的規律的人，也就是 3.14159 這個數，後面還有無盡位數。意思是拿一條河從源頭到入海的直線距離，去除這條河實際在地面上蜿蜒的里程數，就等於 π。河流往往會自己造出一條多彎路徑，因為即使最小的彎也會導致外側流速變快。這又產生額外的侵蝕與更尖銳的轉折，進而導致流速進一步加快、侵蝕加速，以及更加尖銳的扭曲（被移除的沉積物通常貯存在下一個轉折的**內側**，造就後續的河灣）。但有一種自然過程限制了水想要迂迴曲折的渴望：彎得太過頭會讓河流一百八十度大轉向，結果製造出牛軛湖而縮短了路程〔譯注：河道彎成 Ω 形狀，開口兩端因侵蝕作用而越來越接近，最後連通恢復直線河道，留下彎道成湖，形似牛軛故名之〕。留給我們的是許多半圓形，以及 3.14 的整體值。你可以從空中或在地圖上看到這種漂亮的景致。

　　彎道對直道之比，隨每一條河流的情況而有所不同。最近似 π 的那種比值最常見於流經緩坡地形的河流。當河流在陡峭地形急洩而下，水勢太快，π 效應無法發揮。

我們希望在其他星球上也看到這種情形,除非沒有別的地方有河流。火星在數百萬年前有流動的水,不過還沒人確定這些流水是長期存在,或只在倏忽即逝的急流事件中出現。火星表面的河道是久遠年代殘留的幽靈,有些看起來的確迂迴曲折。距離密西西比河4光年以內僅見的液態水並非流動的水,而是地表下的巨大蓄水庫。木星的衛星歐羅巴(Europa,木衛二)和土星的衛星恩克拉多斯(Enceladus,土衛二)擁有溫暖、誘人的鹹水海,這是因為上方1.6公里厚冰層的重量和壓力所致。

河流侵蝕、帶走的沉積物一直增加,累積量大得驚人。有些含有溶解的固體,如鹽類,但大部分是**懸移質**(suspended load),就是這種東西使得河流混濁。河流也輸送所謂的**推移質**(bed load)——以滑動和滾動方式沿著渠道底部移動的物質。

單單密西西比河,每年便帶走7億5000萬噸物質入海。這其中有三分之二是懸移質(不意外,因為那條河以巧克力色出名),2億噸是溶解質,5000萬噸是推移質。

流速至關重要。水的動能(衝擊力)隨其速度平方而增大。所以當水的速度加倍,造成損害的能耐升高4倍。在洪氾期,河流的速度很容易便能增為3倍——也就是說,從每小時3.2公里增為9.6公里——沖刷河岸的能力就乘上9倍,非常強大。這便是為什麼洪氾期會發生此種一發不可收拾的破壞與地形改變。

地下水通常也會移動,但在多孔岩石間蠕動,一天只有幾英尺,鑽縫隙則只有幾英寸。專家評估,隱藏在地表下600公尺內的水相當於全世界河流和湖泊總和量的20倍。說起淡水,我們只不過瞄到冰山的一角。

　　對我們危害最大的也是水，儘管**各種**因運動所致的不幸事故只占美國一年死亡人數兩百四十二萬人的 5％。[4]

　　這些致命的意外事故大多是車禍或墜落之類所造成。總的來說，大自然可以辯稱無罪。**大自然所導致**的致命事故全部加總起來，也只占所有死因的千分之一。儘管如此，暴風雨猛烈到誇張的程度，而且我們之中確實**有人**被風和地震給帶走了，這樣的事實確保了新聞標題與實際的危險程度不成比例。就近年來的常態而言，美國每年有一百人死於水患——洪氾，而死於閃電的有六十五人、死於龍捲風及其他暴風的有七十五人。與此相比，死於車禍的有三萬六千人。

＊　　＊　　＊

　　就水的運動而言，在以往的作家們眼中，只有海值得一提。古人說七大洋，這個名稱為英國小說家吉卜林（Rudyard Kipling, 1865-1936）所用而家喻戶曉。當然，因為所有海域彼此相連，其實只有一個全球之洋，但鹽度、洋流及其他屬性因地而異。

　　科學之外，是海的魔法。海似乎是為了令人謙卑而設計成這樣的大小。尼安德塔人看著海水毫不倦怠地移動、鳴吼，凝視著波濤起伏，最後的人類亦將如此，而即使到了那時，其波動的力道也不會稍減。我們看不到空氣移動、星系旋轉或太陽脹縮脈動，但在這岸上，亞里斯多德的「永恆運動」似乎不證自明。面對大海，無需訴諸理智。

　　此水以渴為刃，屠戮了這麼多人，這樣的殘虐真是弔詭。因絕

望而喝海水，首先導致嚴重的痢疾，接著是神智錯亂、腦部受損，最後死於腎衰竭。飲用鹽含量超過 1% 的水，會使得血鈉值和血壓快速上升。身體的反應不是針對水，是針對鹽，而腎臟只要用淡水就能把鹽排除掉。距離以重量計的含鹽 3.5% 可飲用標準，海水還差得遠呢（城市自來水的鈉含量一般少於 100 ppm〔 parts per million，0.0001%〕，法定的鹽含量最大容許值是 1000 ppm，也就是 0.001%）。〔譯注：原文此處數字有誤，應為 0.1%〕

在蒸發量大而河流補充量小的水域（例如波斯灣和紅海），鹽度很容易達到 4.2%。相反的，波羅的海淡水注入量大，只有 2% 是鹽。因此，海洋鹽度是河流活動另一項因其行動所致的結果。不過，閒話說得也夠了，我們回頭來談談海的「三大」推動力。

波浪、潮汐、洋流，每一種都是規模浩大，每一種都發出不知多少噸的力量。

* * *

所有探查潮汐的地點沒一個比得上加拿大濱海諸省的芬迪灣（Bay of Fundy）。我到此地，站在新斯科細亞省特魯羅（Truro）鎮外的河岸上親眼看看。鮭魚河（Salmon River）的爛泥河床就在我下方 18 公尺處。在河床中央，一條 30 公分深、不起眼的小溪向左朝著遠處的河灣流去，接著應該就入海了吧，從這裡看不到。一個富有創業精神的加拿大人在這處岬角上蓋了一間餐廳，觀景窗朝下望向下面的多沙深淵。東西不多，不過這是世界上最令人嘆為觀止的地點之一。

　　這裡是名聞遐邇的**湧潮**地點之一。至少在海洋愛好者和加拿大濱海諸省民眾之間是名聞遐邇。我們這顆星球上只有幾處地點有湧潮，這就是為什麼大多數民眾壓根兒沒聽人用興奮的語氣說過「潮來了！」這句話。

　　世界知名的芬迪灣是個由寬而窄的形狀，而且表層之下看不到的恰好是傾斜的海床，兩者一起導引並放大了流入的潮水。大西洋的海水進入 80 公里寬的海灣，而收縮的形狀迫使海水在行經 240 公里距離的過程中上升，因而在米納斯海盆（Minas Basin）、在新斯科細亞的沃爾夫維爾（Wolfville）附近，還有在特魯羅這兒及鄰近幾個地點，造成了真的很古怪的結果。

　　會發生這種情況全都是因為沿岸潮汐平均來說是上、下 1.5 公尺的程度，這兒的海面卻是頻繁地上、下 18 公尺起落。六層樓。六層樓的**垂直高度**。滿潮時，我們看到船繫在碼頭邊漂著，模樣正常。僅僅六小時後，這些船就一路往下，陷在下面 18 公尺處的泥巴裡，古怪地暴露出碼頭的整個高度，相當於一座大型公寓建築，笨拙地矗立著。就像在潮汐初期微弱無力卻危機四伏的階段，失去戒心的人受誘惑而陷入其掌握中，此時大海已經退得遠遠的，和旁觀者之間隔著 0.8 公里的海藻、水窪和開心的海鷗。

　　世界各地的潮汐在月球和太陽連線時波動比較劇烈，新月時兩者在同側，滿月時在反側。因此，一個月兩次，海邊社區會經歷這種**春潮**。這個名稱產生嚴重的誤導，因為這和春天或任何季節都沒有關係。名稱的緣由已不可考，或許人們認為這就像泉水一樣〔譯注：spring 也有噴泉之意〕。在這段時間裡，滿潮時的海水逼近海邊的木棧道，乾潮時則露出平常看不到的整片泥沙地。這時候，採蛤

蜊的會查看他們的潮汐表，抓起桶子和鏟子出門。此時的海面通常會比潮汐平均值多個 0.3、0.6 公尺的起落。

但只有這裡不是這樣。芬迪灣奇異、複雜的水奇觀根本無視於每個月的日月連線，這裡的海在春潮期間幾乎沒什麼變化。倒是在**月球最接近地球時**——每個月的近地點——芬迪灣的潮汐會變大。這種月距變動效應在其他地方影響都很小，在此地則事關重大。這就是為什麼在安排芬迪灣之旅前，如果你想親眼看看最佳潮汐景觀，先查看月球近地時間表才是明智之舉。

我坐的地方是往內陸 1.6 公里處，完全看不到海的動靜。然後，彷彿大家說好了一般，人們開始魚貫走出餐廳，站在高築的河堤上。每一顆頭都向左轉，朝向 0.8 公里外的河灣。人們看著他們的錶、他們的智慧手機，談話中壓低著嗓音，充滿期待。

突然，它來了。湧潮。像個活物般繞過河灣，從這岸漫向那岸，60 公分高的水牆現身，朝我們所在位置推進。當它到達我們下方，因其浪潮迎頭撞上流向相反的河水而發出怒吼，其動量帶著混合在一起的水向右流。大海輕輕鬆鬆就贏了這場水的戰爭。湧潮繼續向右流，直到消失在視線之外。

這場秀還沒結束。下一個小時，水繼續流入河道，越來越高漲。是海在利用低河床讓自己前進，越來越深入內陸。我要離開時，水說不定有 9 公尺深，顯示出正在快速行進，方向與我剛來時相反。

沿岸每一個社區都有自己特別的潮汐奇聞——儘管不像此地這般異乎尋常——因為潮汐通常錯綜複雜，沒辦法每一種都完全弄懂。其源頭主要來自月球，不過太陽也施加自己的潮汐力，比月球

力的一半略小一些。

　　大多數人完全誤解了眼前所見的潮汐。月球**並非**直接去拉動海水。如果月球真這麼做，新世紀運動所信仰的月球拉力影響人類生命，可能真有點道理了──畢竟我們的身體有 65％是水。但故事真正的發展以非常特殊的方式與月球的重力產生關聯。因為我們坑坑洞洞的鄰居如此靠近，而且因為潮汐力隨地球與月球間的距離立方（不是平方）而變動，月球對地球面月一側所施加的「拉力」比對遠側的要大。這種差異並非導致潮汐效應的成因，差異本身**就是**潮汐效應。

　　潮汐效應並非重力，而是兩個地點之間的重力**差值**。

　　這便是關鍵所在。因為當月球通過我們頭上，比起月球和你的頭之間的距離，月球和你的腳之間的距離只不過多了 1.5、1.8 公尺，算不上是有效的差值。

　　但地球的 12,875 公里直徑就不同了。那幾乎是月球與地球間距的 4％。所以，地球面月側半球與反側半球所受的月球力差值產生了些許力矩，結果導致海水隆起 0.9 公尺。[5] 說到製造潮汐，幾乎是月球說了算，這純粹是因為月球太近了。事實上，太陽對我們所施加的**重力**拉力遠為強大得多──比月球大上 177 倍。畢竟，太陽的分量要大上 2700 萬倍。但因為太陽的所在如此遙遠，它對我們這顆星球相反兩側的作用力根本沒多大差別。而且──這一點再怎麼強調都不嫌多──重要的是重力差，而非整個重力。

　　但潮汐古怪多變。在大溪地，根本沒有因月球所致的潮汐。法屬玻里尼西亞只看過一天一次、微不足道的 30 公分高**太陽**潮汐。當因潮汐而隆起的水在不同海域四處遊走，就會有搖動、振盪，大

溪地碰巧位於轉折點上。這就像拿著一淺盆的水，水很快前後晃蕩起來。但盆子中央的水幾乎不動。大溪地便座落在太平洋的支點上。有些地方因港口或海灣的形狀，潮汐抵達的時間難以推估。[6]

　　洋流是海的第二種推動力。這些洋流是力量強大的海水河，影響甚巨。海水是連續移動，我們在海中游泳或行船時，大概都有感受到水平移動的洋流。有些洋流來而復去、隨風轉移，或是影響只及於海邊一小塊區域。但其他洋流因為赤道炎熱氣候與盛行風的影響，可以跑過整個半球許多地方。

　　洋流能以每小時 0.8～9 公里的速度四處流動──一般而言與河流流速相同。墨西哥灣流把溫暖的水從加勒比海往上帶到美國東岸，然後再到歐洲，是速度最快的洋流之一。加利福尼亞洋流就悠閒多了。這股洋流帶著冷颼颼的阿拉斯加海水，經奧勒岡到舊金山，使得舊金山的海灘只宜於海豹，不適於他種動物。同屬慢速的還有名氣響亮、寒冷的洪堡洋流，從南極往上移動到南美洲西岸，讓企鵝逛街逛得比人們所以為的還更靠近赤道。

　　全球大約 40％的熱傳是靠海面表層洋流來輸送，深度一般來說不超過 300 公尺。這種洋流幾乎都是由盛行風製造、引導。

　　我們最後一種海的推動力是波浪──三種之中最明顯可見的。這裡也是一樣，幾乎所有能量都來自風。開放海域的波浪通常介於1.5～4.5 公尺高，每小時跑 72.5 公里。重要的是要記住，儘管波浪看似在動，但一滴滴個別的水並未移動，除了繞行幾英寸寬的小小循環路徑之外。一道波浪通過後，每一滴水大致都回到一開始的位置。我們觀察漂浮的碎屑就清楚看出這一點了。

　　海上的波浪一般來說有 120 公尺的跨距（波長），就一指定位置而言，每幾秒鐘便有一道波浪通過。就同一系列的連續波來說，波和波的間隔永不改變——有時長達九秒，但幾乎從不超過——這些波浪日復一日，以緊密一致的步伐橫越廣大的海洋。

　　當波浪抵達淺水區，這些步伐緊密一致的單調日子就到了尾聲。一旦浪的波谷距海底的距離為波長的一半，摩擦力開始作用在波浪底部，讓波浪漸漸慢下來。在此同時，動量依然帶著浪的頂部以先前的速率往前。結果是波浪頂部升高的同時，也越來越往前傾。當陡峭程度的比值達到 1:7（也就是波高為波長的七分之一），

每五秒至八秒便有波浪以每小時 72.5 公里從開放海域而來，而且一旦高長比達到 1:7，浪就「碎了」。

波浪無法自我支撐，浪就「碎了」。

　　碎浪所展現的威力之大，就不用我多說了。其無休無止、一再重複的痛擊，幾已超乎人類所能理解。僅僅一道海浪就重好幾千噸。在暴風雨期間，高漲浪濤的每一波衝擊都能令地面顫動，無論受其撞擊的材質為何（最好是不要太貴），每 1 平方英尺要承受 1 噸重的力。

　　不用說也猜得到，波浪現象在**海嘯**時達到令人嘆為觀止的極致。即使在我們這個時代，要不是 2004 年印度洋和 2011 年日本東北令人痛心的事件有很多錄影畫面，海嘯可能還是會被大家誤解為一道向岸邊移動迫近的潮汐波浪。現在應該很少人會犯這種錯了。平均來說，正常的海浪以每小時 72.5 公里前進，但海嘯每小時移動 805 公里左右，和噴射飛行器不相上下。還有，撇開挪亞的故事不談，古代世界對於大海有可能全然改變行徑並奪走無數生命，似乎也是一無所知。

　　大約在西元前 6000 年的史前時代，挪威海確實曾遭一場猛烈的海嘯蹂躪，但沒有紀錄留存以警告中東、波斯和地中海文明提防海嘯的破壞力。而希拉島（Thera），今天稱之為聖托里尼（Santorini），幾乎整個被西元前 1650 年左右的一次爆裂式火山噴發摧毀，這次噴發所製造的海嘯如此猛烈，把克里特島附近的先進米諾斯文明（Minoan civilization）給徹底抹除了。但千年之後，當基督教聖經寫出部分章節而古典希臘最早的思想家正在觀察大自然，這件事也已被忘得一乾二淨了。千年，畢竟是段漫長的時間啊。

　　這種認知不足在西元前 426 年夏天有了改變，當時要去參與伯

羅奔尼撒戰爭的武裝船水手，被一次中型海嘯給嚇到了。古希臘歷史學家修昔底德（Thucydides）在他為這場衝突戰爭所撰寫的史書中，坦率地思索導致海洋行徑如此怪異的可能原因，並且做出正確結論，認為必定是海底地震。他因而成為把固態土地與液態海洋兩者的運動加以連結的第一人。

半個世紀後，西元前 373 年，一場海嘯使得希臘的赫里克城（Helike）沉淪滅頂、永不見天日，人口滅絕，而當年五十多歲的柏拉圖或許因此得到靈感，玄想出他稱之為亞特蘭提斯的滅絕文明。但這大體上還算是一樁地區性事件。

經過七百三十八年後的情形就不是這樣了。

西元 365 年 7 月 21 日，一場海底大地震，類似規模每隔幾千年才會發生一次的地震，襲擊了克里特島到埃及一帶的地中海東岸地區。雖然該地區所有人都感受到地面劇烈搖晃，卻沒有造成大範圍的毀滅就結束了──除了克里特島，沒有人警告他們，一道驚人的百英尺水牆正向外輻射而出。我們回想 2004 年海嘯的 26 公尺潮浪，造成印尼班達亞齊這些地方二十五萬人死亡，或是 2011 年的 23.5 公尺高海嘯，毀了日本福島第一核電廠（因為尷尬的是，備援的柴油發電機設在地面層），我們就能理解，30 公尺──十層樓──的水牆一定很可怕。

我們有一份西元 365 年海嘯倖存者實際的目擊紀錄。而且這不是隨便一位倖存者，而是羅馬歷史學家馬切利努斯（Ammianus Marcellinus），此人以其對所處時代的日常生活做精確、不加渲染的紀錄聞名。就是他，在一樁絕非日常的事件展開時驚愕地注視，又幾乎不帶感情地詳細記錄在他的巨著《往事記》（*Res Gestae*）

第二十六卷裡：

才剛破曉……整個堅實大地為之震動、顫抖，海水被驅離……海不見了，無底深淵沒了遮蔽，形狀繁多、種類各異的海洋生物困在黏濕泥穢中為人所見……。那時，許多船隻彷彿擱淺在乾地上，人們隨意遊走……徒手撿拾魚蝦之屬；接著，怒吼的大海……漲高後回流，穿過熙來攘往的淺水區，猛烈撞擊島嶼和廣袤的大陸，夷平城裡無數建築……。由於大量的水在最出人意料之時回頭，淹死了好幾千人……。大船遭到猛擊狂推，棲上了屋頂……其他船則被拋到離岸近 2 英里處。

另一位歷史學家修昔底德說：「在我看來，如果不是地震，不可能發生這樣的事。」

他不全然正確。任何一種大質量，像是隕石，擊中了海域，都能移動夠多的水而達到同樣的效果。歷來所記錄到最大的波浪有驚人的 525 公尺高，大約比帝國大廈還高出 50％，在 1958 年 7 月 9 日狂湧過阿拉斯加的利圖亞灣（Lituya Bay）。這是史上最高的海嘯。這場海嘯的確是因地震而起，不過這地震並不是特別大；但震動把一大堆岩石給敲鬆了，這堆岩石俯衝 900 公尺、掉進吉爾伯特灣（Gilbert Inlet），移動了夠多的水而製造出怪物級波浪。這種運動光是它的規模就讓人難以想像那樣的畫面。不管怎麼說，每 1 立方英里的海有 50 億噸重。

西元 365 年的海嘯一路上摧毀了埃及亞歷山卓大片地區、克里

特島和利比亞濱海地帶，並且溯尼羅河而上，把船隻往內陸拋了
3.2 公里。地震使得克里特島海岸從此升高了 9 公尺——至今仍是
單一突發事件所造成的上升紀錄保持者。這場日出海嘯破壞力如此
之大，亞力山卓把這一天定為「恐怖日」，每年都要做週年紀
念——而且**持續了兩個世紀！**一直到 6 世紀末才趨於沉寂而被遺
忘。[7]

　　觀察海浪是每個人都會做的閒暇消遣。海浪有許多很酷的特
性，像美國靈魂樂歌手奧提斯・瑞汀（Otis Redding, 1941–67）這
些人，當他們「坐在海灣碼頭，看滾滾潮水遠走」〔譯注：瑞汀知名
單曲〈坐在海灣碼頭〉的歌詞〕，就曾一而再地察覺到。其中最受人
喜愛的特性之一與**繞射**（diffraction）有關。開車經過山丘或建築
物附近時，打開車上的收音機，調頻電台時有時無，而調幅的訊號
穩定得多，我們這時所體驗到的就是這種原理。這是由於電磁輻射
繞著障礙物轉彎——繞射。波長較長的，繞射較穩定。調幅電台所
發射的波比調頻波段的長了好幾百倍，所以這些波轉彎繞過障礙物
要容易得多，因而不像調頻那麼容易被障礙物阻擋。換言之，當我
們收聽間隔寬的調幅波時，不會那麼容易掉進無線電的**陰影**裡。

　　現在回頭來講海，海的波浪也是滿長的——幾百英尺——所以
不容易被小障礙物擋住。仔細看看波浪遇上燈塔小島時，如何在小
島後方快速地再次合流並繼續其路線。如果一波波的海浪彼此再貼
近一點，在小島後方就會有更大的「陰影」區，當中的海域永遠平
靜無波。注意一下防波堤、碼頭和其他各種尺寸的障礙物，你可以
看到進行中的繞射效應。

　　海的運動依然有很多謎團。例如，紐約市以南、遠及佛羅里達

的海岸線上，有很多地方散布著堰洲島（barrier island，亦稱離岸沙洲）——與海岸平行的離岸低矮砂脊。海浪打在這些島上，因而屏障了其後的平靜潟湖，船夫們樂於享受幾英里有保護的航行，不用面對開放海域的狂風巨浪。

問題是：為什麼堰洲島不會消失？所有海岸線在大海和暴風雨無休無止的猛擊下，都經歷了大幅的地形變動。邏輯告訴我們，這些堰洲島不可能一直維持下去。這些島一直存在，就是個謎，但海洋學家不會因此而停止猜想。

會不會是碎浪把海底沖上來的砂一直往岸上堆，為這些島儲備生力軍？這些島上的砂比滿潮線還高得多，所以必定是極強烈的暴風雨才能把砂儲存在島上。但這樣的暴風雨大有可能把這些狹長、脆弱的島給沖刷掉，所以，我們又回到原點。或者，這些島說不定是巨型砂丘的殘餘，或許是上一次冰河期存留下來？如果是，那麼，說不定是這些島和大陸之間的平靜海域才需要解釋——會不會這片海遮蓋了與這些砂脊丘平行、在海面上升時沉沒的一片低地？

光從這個例子——這種例子隨便找都有好幾百個——就能看出，關於運動威力強大的海洋與任其長期肆虐的海岸線之間的關係，即使是幾個簡單的面向也還無法確認。我們目前的科學，並非每次都能讓我們對這永不落幕的水劇場有充分的理解。

有時，像我們之前的許多人那樣，就只是「在海灣碼頭」坐著，看著海浪消磨時間，說不定會更好呢。

注釋

1.　水猿假說（aquatic ape hypothesis, AAH）指出，現代智人有許多非此無以
　　解惑的特性，皆可從水中得到解釋。這個假說是在 1942 年由德國病理學
　　家威斯坦霍佛（Max Westenhöfer, 1871–1957）最先提出，1960 年又有英
　　國海洋生物學家哈代（Alister Hardy, 1896–1985）在未先得知的情況下提
　　出。威爾斯作家伊蓮·摩根（Elaine Morgan）則在《水猿》（*The Aquatic
　　Ape*）和《兒童的衍化》（*The Descent of the Child*）這類書中諄諄不倦地
　　推廣。

　　這一套推論認為，我們從熱帶草原起家時不光是猿類的一個小分支而已。
　　我們是在海平面上升時期來到水濱地帶（大概是在非洲東部），或是換
　　一種說法，我們發覺陸地上的競爭太多，決定去湖泊或內陸水道尋找機
　　會。或許我們的祖先當中有一個大群落在海面上升時期被困在某座島上，
　　必須學會在海灘生活、從海洋起家。

　　我們的祖先開始使用工具，因為他們需要撬開蛤蜊之類。我們花更多的
　　時間待在海裡，很快就失去外層的毛皮，因為沒有毛髮在水中比較有利。
　　我們頭上的頭髮還留著，或許是要讓我們的小孩能在我們游泳時有東西
　　可抓。我們的鼻子長得遠比黑猩猩要長，這樣當我們設法抬高頭部就比
　　較容易呼吸。我們的脂肪變成附著在皮膚底下，像海豚和鯨那樣，而不
　　是另外形成一層，像其他猿類和陸生哺乳類那樣。

　　吃驚或嚇到時，我們會倒吸一口氣。為什麼？猿類從不倒吸氣。除非這
　　是為了下潛而急吸一口氣的殘留遺緒，否則是說不通的。

　　水猿假說也解釋了為什麼我們這麼迷戀水。其他猿類只有在有必要或對
　　岸有食物時才會涉水，牠們不喜歡水。我們喜歡：我們在湖濱、海畔度
　　假，新生嬰兒如果被拋進水中，本能就會做出正確動作而不溺水──至
　　少不會馬上溺水。（可別去試喔！）儘管古生物學家對於水猿假說大體
　　上是漠視或不當一回事，但要是一個世紀後的學童關於我們的起源所學

到的是這種解釋，我也不會感到驚訝。

2. 液態水存在於華氏 32 度至華氏 212 度（攝氏 0 度至攝氏 100 度）這 180 度範圍內，並非巧合。當華倫海特發明他的溫標時，他想要以彼此相反的數字來代表冰和蒸氣——他認為這是相反的物質狀態。在圓或羅盤中，反方向、「向後轉」就是從你的起點轉 180 度。而且，兩個地理極的所在相隔了緯度 180 度。經度也一樣：從英國格林威治零度點到極東地或極西地的經度有 180 度。所以，華倫海特按所需尺度製作他的溫標度數分級，這樣 180 個華氏度才會標示出冰凍到沸騰的進程。至於為什麼他選擇一個這麼古怪的數字作為水的冰點，這是因為他的零度是他所能製作的最冷液體溫度——幾近結冰的泥漿狀鹽水。他發現，從這裡開始往上升高 32 度，就是淡水結冰的溫度。

3. 下面是另一個頂級的《危險邊緣》型事實：月球是水可以**同時**結冰和沸騰的地方。

4. 除了年輕人之外，意外不再名列前三大死因，但意外死亡率有重大的性別差異。只有 3.5％的女性死於非故意傷害，但男性的這項比率是 6.5％。我很懷疑有誰會對此感到驚訝。

5. 我只說位置約略在月球下方的是「0.9 公尺」的潮汐隆起，但海岸地區由於當地海床較淺的效應，平均有 1.5 公尺的潮汐差。往外到了開闊海域，就是 0.9 公尺。

6. 我居住的地方要從紐約市沿哈德遜河往上游 160 公里，海潮一路上都有辦法以十足的力量向前邁進。滿潮一打上曼哈頓，就以每小時 27 公里往上游前進，花七小時到達我們這兒，這意味著當上游這兒是滿潮，下游那座大城市正好是下一波的乾潮。雖然潮汐隆起以每小時 27 公里移動，但水本身不動。任何人看著垃圾在哈德遜河潮汐中漂浮，就像湧潮一樣，都會看到垃圾隨著潮來只緩慢向北前進，接著稍後又會觀察到垃圾往南漂。在它終於把那個位置清乾淨之前，這個來來回回的過程可能會重複個幾趟。這就是為什麼套著游泳圈的人從我這一區漂到下曼哈頓要花上

一百二十六天——大約四個月走那 160 公里。很少有通勤的人選擇這種便宜的旅行方式。

7. 相較於歷史上令人悲痛的亞歷山卓海嘯，2004 年耶誕節隔天死於印尼強烈海嘯的人或許還多了 10 倍，這場海嘯導因於一場釋放出兩萬三千顆廣島原子彈的地震。但這場海嘯會被紀念多久？即使才幾年後的現在，在他們死於史上第六慘的自然災難之後，我們有年年想到那二十二萬八千人嗎？這當然就要提到富於同情心的亞歷山卓人，他們一直鮮明地記憶著西元 365 年那場大災變的受難者，超過兩百年之久。

第 13 章

看不見的同伴

快速穿透我們身體的怪東西

昨天，在樓梯上，

我遇見一個不在那兒的男人……

——邁恩斯（Hughes Mearns），〈安提格尼施〉（Antigonish），1899

　　20 世紀之前，大多數人都相信有鬼或靈魂。但古往今來，沒人猜想過有看不見的**微物**朝著我們的身體直穿而過。表達這樣一種信念會害你被扔進中世紀瘋人院，那種地方大概連「中世紀農奴」都不准提吧。

　　這種看不見的東西是我們日常生活的一部分。這種東西並非全然無害，但我們也沒辦法加以去除，除非我們請房地產仲介幫我們在礦坑深處找到一間不錯的兩房公寓。

　　故事從 1800 年開始。那年，德裔英籍天文學家赫歇耳（William Herschel, 1738–1822）發現一種沒人看得到的光。不可見光？如果真有什麼東西是超乎意料之外，就是這個了。人類的宇宙演化模型中沒有適合它的位置。若非赫歇耳是當時全世界最受敬重的科

學家，因十九年前發現第一顆新行星天王星而名噪一時（也沒人預見會發生**這件事**），這項發現想必會遭質疑且嗤之以鼻。

因為光可以視之為一股粒子流，所以我們可以正確無誤地說，無以計數、看不到的彈丸持續不斷地在我們周遭快速移動。話雖如此，我們最先知道的這種不可見光倒也不是都沒被注意到。我們的皮膚以熱的感覺偵測到赫歇耳的「產熱射線」（後來稱之為紅外放射線）。太陽的放射線幾乎有一半是紅外線。所以，當我們看看周遭，可見與不可見的粒子不加區別地混合在一起，正從岩石和兔子身上發射出來。

你可以想像，熱量移動得很慢，要花點時間才能讓炒鍋加溫。但紅外線藉由加快分子移動而在我們的皮膚上製造熱能，這可是快如光速。當你們在冷颼颼的夜晚圍在營火旁，就能體驗到這一點。如果有個大塊頭走過面前，你馬上感受到這個效應，因為不可見的紅外線被那個人擋住而射不到你。他製造了紅外線陰影。

赫歇耳的發現一年後，1801 年，德國「天兵」里特（Johann Ritter, 1776–1810）發現紫外光，卻沒有加以充分發表。他有一種習性，常會東拉西扯一些不相干的事物，像是他相信有鬼，所以到最後不受重視、陷入貧困。他的發現一直到他死後才得到應有的評價──這倒也適得其所，一切榮耀歸於他那甩脫肉身的靈魂。

就在那個世紀接近尾聲時，事情有了更加令人不安的轉變。1895 年 11 月 8 日，另一個德國人侖琴（Wilhelm Röntgen, 1845–1923）發現了 X 射線。我們都知道，這些波或粒子觸及皮膚時不會停下來。它們可以完全穿透我們的身體，雖然還是有很多被骨頭或牙齒這類緻密質料給吸收了。發現 X 射線兩星期後，侖琴拍了

史上第一批 X 光片，看到的是他妻子安娜・貝塔（Anna Bertha）的手，她驚駭地瞪著自己的骨骸影像宣稱：「我看到自己的死亡！」（有鑑於當時還不知道 X 射線這類短波輻射潛在的致命性，而這種致命性到頭來奪走了第一位兩屆諾貝爾獎得主居禮夫人〔 Marie Curie, 1867-1934 〕及車諾比和廣島等地數千條人命，安娜・貝塔的評論可以說有著詭異的先見之明。）

1896 年，荷蘭物理學家洛倫茲（Hendrik Lorentz, 1853-1928）假想有一種全然不同的不可見之快速物：史上第一種次原子粒子，**電子**，比兩千三百年前德謨克利圖斯理論性提議的原子還要更小。洛倫茲已經比他之前的任何一位物理學家還要深入，並且想出了所有光的起源！他說，光之所以存在，純粹是因為一種帶負電的微小物體運動的結果。不久後，當電子正式被發現時，洛倫茲的先見之明為他贏得了 1902 年諾貝爾物理學獎。

這是一個尋找不可見之物的多產時代，發現的步伐絲毫沒有減緩。也是 1896 年，法國物理學家貝克勒（Henri Becquerel, 1852-1908）被前一年侖琴發現 X 射線所引起的全球狂熱給掃到了。貝克勒的興趣在發光物質，他認為鈾鹽之類的磷光物質曬過太陽後可能會發出 X 射線。然而，到了那年 5 月，他弄清楚了，鈾所發出的是某種未知的新形態「輻射」──當時開始有這樣的稱呼。七年後的 1903 年，貝克勒獲頒諾貝爾物理學獎，接受貝克勒的想法並加以運用的皮耶・居禮（Pierre Curie, 1859-1906）和居禮夫人也共同獲獎。

這對新婚夫婦迷上這些發出射線的物質，居禮夫人稱這種射線為鈾射線。多年來觀察這些奇特的岩石在底片上製造些許微光，居

禮夫人終於弄清楚，最強烈的輻射是從兩種全新的元素流出。她把第一種命名為釙（polonium），以紀念她的祖國波蘭（Poland）；第二種命名為鐳（radium），單純因其有輻射（radiate）反應之故。後面這種元素就像是她的小孩、她的心愛，她稱之為「我漂亮的鐳」，因為關於這東西日後將以熾熱的放射線致她及眾人於死地，她連一丁點隱隱約約的概念都沒有。鐳的放射性比鈾還強3000倍。

所以，相當突如其來的，此時的 19 世紀科學家發現五種成色各異的一群不可見之物，在我們周遭飛來飛去。

紫外線光子可以在海灘上灼燒我們，打造皮膚癌登場的舞台，但也會做善事，甚至是至關重要的善事：身體被紫外線射中時會製造出維他命 D。

在地球上，X 射線很少會自然出現。

紅外線隨處可見，但不會有傷害。

電子也是，電子流應用在老式電視映像管以召喚出羅傑斯先生（Fred Rogers）和露西・里卡多（Lucy Ricardo），已經有好幾十年了。〔譯注：前者為美國兒童電視節目《羅傑斯先生的鄰居》主持人；後者為美國電視劇《我愛露西》女主角〕

但貝克勒和居禮夫婦以鈾和鐳為射源的「輻射」，將來會證明其危險性比較大且大很多，即便一開始人們相信鐳是有益健康的物質，是一種強身藥（基於這個目的，鐳被當成長生不老藥，混合了氣泡礦泉水來行銷，並且以返老還童藥的名號來兜售，有幾百萬瓶賣出也喝掉了。接下來是數字和刻度盤會發光的鐳錶，大部分是由工廠裡的年輕女性塗繪，這些女性在危險性得到確認之前便已身受

可怕的早死之害）。[1]

對看不見的虛無縹緲之物進行陰森可怕的探求，很快變得更加詭異駭人。1909 年，德國物理學家吳爾夫（Theodor Wulf, 1868-1946）發明了粒子探測器蓋格計數器（Geiger counter）的前身——一種被稱為驗電器（electroscope）的儀器，這種儀器能發現密封容器內的原子是否正破封而出。這東西顯示艾菲爾鐵塔塔頂的輻射量比塔底還高。因為這沒道理——放在塔頂的設備離地面的鈾和鐳放射源更遠——他的論文沒人理。但在 1912 年 8 月 7 日，奧地利物理學家赫斯（Victor Hess, 1883-1964）自己一個人拿著改良版的驗電器，搭氫氣球上到 5300 公尺，驗電器顯示輻射量是地面的 2 倍強。他正確地歸因於外太空的輻射源。

赫斯很快排除了太陽所致的可能性：他在太陽的入射能量幾乎全被月球擋住的日蝕期間放了一顆氣球。他也冒著危險在夜間進行了幾次飛行。結論令人驚訝，但也令人不安。他宣布：「一種具有甚大穿透力的輻射從上空進入我們的大氣層。」因為這項發現——至今仍是籠罩在飛行員頭上、與日俱增的不祥陰影，也對未來人類在其他星球的殖民地造成嚴重危害——赫斯獲頒 1936 年諾貝爾物理學獎。[2]

真是驚人的巧合，赫斯的氣球飛行正好一個世紀後，2012 年 8 月 7 日，剛登陸的火星漫遊車「好奇號」（Curiosity）首度在另一顆行星上測量這種輻射。

物理學家一開始相信這些不可見的外太空入侵者是某種波，是一種電磁現象，這就是為什麼當時會——至今大致仍是——稱之為**宇宙射線**。這兩組字眼都會激發科幻式驚悚，隱約暗示著來自外星

的怪異危險，宇宙射線因而榮膺名號最嚇人、說不定也最酷的高速飛馳微物。

但它們根本不是射線。意思是它們並非某種形式的光。它們的入射路徑因我們的行星磁場而彎折，而光從未因磁性而改變方向。宇宙射線根本不可能如 X 射線般是另一種電磁現象。二次大戰開始前，所有人都明白了，這些東西一定是帶電粒子，就像鈾和鐳流出來（如我們最終所確認）的那些東西。

真相、結局，既強而有力，也虎頭蛇尾。宇宙射線主要是質子。尋常、清淡香草口味的質子，也就是氫原子核，在每一個原子的核心都能找到的帶正電粒子。這些質子在超新星爆炸時彈出，像無家可歸、高速飛馳的莽漢在宇宙中流浪。

但為什麼這種入射物質有 90％ 是質子呢？為什麼其中只包括一小撮可以忽略不計的電子（1％）？宇宙中的電子可是和質子一樣多喔。為什麼電子出現的比率這麼低？

由於太過偏重質子的組成不合邏輯，加上其中一小部分以快得令人不知所措的近光速呼嘯進入我們的大氣層，陰森可怕恰如其名的宇宙射線因而令人困惑至今。宇宙射線甚至還含有些許反物質。

質子比電子重 1836 倍，所以不管擊中什麼，撞擊力都非同小可。幸好，我們的大氣層和磁場擋下其中的大部分。你和我經常被穿透，但主要是太空人才有醫療上的問題，這就是為什麼二十七位阿波羅探險家每分鐘都看到幾可亂真的明亮光線橫過他們的視野，因為質子急速穿過了他們的腦部。

而且，就像打撞球一樣，質子通常會撞擊 56 公里高空的空氣原子，敲出一些更小的組成物質，像瀑布一般灑下來。這些東西的

其中一種是緲子（muon），緲子衰變很快，但在穿透我們可憐如針墊般的身體之前還不至於。

我們每個人每秒鐘至少會被兩百個緲子快速穿過。緲子比電子重 208 倍，所以要是撞穿並改變我們其中一個染色體內的一個基因，就不是完全無害了。只要你住在地底下，像電影《駭客任務》中的錫安城這種地方，就能避開緲子。緲子所引發的突變使得動植物不斷演化，有助於解釋今天的貓和包心菜何以看起來不同於一億年前的類似物種。

這下清楚了：我們持續不斷受到許多相異的不可見粒子和波撞擊並穿透。其中有些會造成傷害。如果這令你憂慮，而且你把這種擔心告訴了心理治療師，那麼他會建議你定期找他報到。這時候，或許你可以提議往後的療程在地下停車場進行。

時至今日，**輻射**這個通用詞可以指任何一種不可見的高速微粒，但通常這個字眼只用於那些可導致基因缺陷和癌症之物。這包括短波，像是 X 射線和伽瑪射線，以及固體粒子，像是宇宙射線的質子和分量更重的阿爾發粒子。

宇宙中充斥著輻射，無處不有。從地面往上，從天空往下。大多數人對此毫無察覺，甚至不知道輻射是什麼。他們不了解其危險性，但我們很容易就能算出我們每人每年的輻射暴露量。[3]

我們是以毫侖目（millirem, mrem）為單位來測量暴露量。除了那些定期接受醫療電腦斷層掃描的人之外，一般人一年接受 360毫侖目輻射，其中 82％來自天然輻射源——即便我們遠離所有健康食品店。這種輻射要為人類普遍染患的某些自發性腫瘤負責。

我們的大氣層擋下了其中一些，但你住的地方越高，接受的輻射越多。

話雖如此，令人好奇的是，西藏人和祕魯人一輩子都住在高緯度地區，因而所接受的輻射比紐澤西州紐華克的人多得多，但罹患白血病的比率**並沒有**增加。2006 年法國一項大型研究顯示，居住在核電廠附近的孩童罹患癌症的病例並未增加。不過，這些都是比較小的輻射源。這些輻射源比我們等一下會談到的「前三大」小了 1 萬倍。

如果你對這種高速微粒咻地穿過你最喜歡的器官感到憂心，可以用下列方法來計算你個人每年的輻射暴露量。

首先是大條的：

賞你自己 26 毫侖目，只因為你住在地球表面。

你的住家高度每增加 300 公尺就加 5 毫侖目。如果你住在丹佛，得加 25 毫侖目，因為你更靠近那些宇宙射線。

你家是石造、磚造或混凝土造？只要不是木構造，就加 7 毫侖目。這些材質帶有些微輻射性。你的房地產仲介大概從沒提過這一點吧。

你有地下室嗎？如果有氡的存在，至少要加 250 毫侖目；這是貨真價實的大條。一般屋主最主要的年輻射量就是這樣來的——從氡來的。這是你所能碰到密度最高的氣體，因此它喜

歡在你最底層的地板上聚積。它也是唯一一種只含放射性同位素的氣體，所以，無庸置疑，這對健康是一種危害。

氡是在鈾和釷衰變時產生，而這些元素存在於很多房屋底下。有一件事很怪：氡氣本身衰變會產生永為固態的放射性新元素。這些元素附著在空氣中的塵埃微粒上，然後被吸進肺部。這是僅次於吸菸的肺癌最大單一病因。但有的住家完全沒有這東西。有一種平價檢測可以讓你弄清楚。在確實有氡射出的地下室裡，通常氡會累積，不過，利用排風扇很容易就能解決。

因為你從食物和水得到的輻射，加 40 毫侖目。這無法避免。

賞你自己 50 毫侖目，因為你自己體內放射出天然輻射——例如鉀，如果你喜歡香蕉的話。嗯！光吃一根香蕉，你所受到的輻射比那些住在核電廠旁的朋友一整年所得到的還多。

因為 1950 年代那些核試殘留在空氣中的輻射，加 1 毫侖目。這也是無法避免。你知道，那些混蛋一直是拿每個人的後代未來的健康在亂搞。我們就是那些後代。

接著是你**能夠**避免的主要輻射源：

你每旅行 1600 公里就加 1 毫侖目。光是華盛頓到洛杉磯往返一趟便讓你得到 6 毫侖目。這就是為什麼每天接受這種輻射的

專業機長和機組員罹癌機率比其他人高 1%。他們的機率是每
100 人有 23 個病例，全體人口則是 22。他們沒把這一點告訴
正在上飛行課的未來機長。

你每照一次醫療 X 光，加 40 毫侖目。

做一次全身電腦斷層掃描，要加上驚人的 1000 ～ 5000 毫侖
目。有些機器所發出的輻射多達 10,000 毫侖目。在美國，每
年進行六千兩百萬次電腦斷層掃描，這大概已經取代氡，成為
我們最大的單一輻射源。**一次電腦斷層掃描帶給你的輻射，比
廣島原爆點 1.6、3.2 公里內的倖存者所受輻射**（平均約 3000
毫侖目）**還多**。根據可靠的估計，美國大約有 2％的癌症是電
腦斷層掃描輻射所造成。

如果你看的是老式映像管機型的電視，再加 1 毫侖目。

檢測你家地下室的氡，有必要的話安裝排風扇，並且問你的醫
生，X 光是不是可以得到和電腦斷層掃描一樣的效果，這些顯
然是**大幅**降低你輻射暴露量的最簡單作法。避免不必要的商務
飛行，可以再多降低一些。這提供了實際可用的理由，讓你不
去拜訪老婆娘家那邊的親戚。

最後是一年帶給你不到 1 毫侖目的較小輻射源，按劑量由多到
少的順序出場。這些是你真的可以不去管它的項目：

看電腦螢幕：0.1 毫侖目。

戴液晶顯示錶：0.06 毫侖目。

住在距離燃煤電廠 80 公里內：0.03 毫侖目（那是因為煤和煤煙帶有些微輻射性）。

屋內有兩具煙霧偵測器：0.02 毫侖目。

住在距離核電廠 80 公里內：0.009 毫侖目。

行李接受 X 光檢查一次：0.002 毫侖目。

通過機場安檢的背向散射式 X 光掃描機：0.01 毫侖目。

　　這種超低劑量到底會不會產生傷害？梅約醫學中心（Mayo Clinic）、保健物理學會（Health Physics Society）和大多數的流行病學家都相信有一個門檻，低於這個門檻的輻射溫和有如爆米花。有些科學家對此則有不同見解，他們相信，1 毫侖目這麼低的劑量程度，也有可能產生某種每四千萬人就有一人死於癌症之類的微小效應。不過，連這群自尋煩惱的少數派也同意，兩具煙霧偵測器或住在核電廠附近所涉及的風險**如此**之低，根本什麼危險都沒有（當然，意外事故除外）。

如果輻射令你憂心，那麼搬到火星去這件事連想都別想。殖民火星的人在兩年內所受輻射可能足以摧毀他們 13% 的腦部。有人說是 40%。

輻射和其他次原子粒子、光子不是唯一飛穿我們的事物，另有一項更為要緊之物壓倒一切。的確，宇宙中為數最眾之物，除了光本身之外，就屬**微中子**（neutrino，也譯作中微子）。

微中子無所不在，一如蟑螂之於里約熱內盧。我們每個人的舌頭每秒鐘有兩兆微中子穿過。舌頭不覺得有味道呀？那是因為微中子很少碰到我們的身體。儘管微中子以奔流不止、漫山遍野之勢出現，但倒是全然無害。

科學家是在八十年前預測有微中子的存在，用以解釋原子的古怪行為，這種行為牽涉到與微中子名稱相似的中子（neutron）。別把兩者搞混了。中子存在於所有原子的中心，除了氫的最普遍形態之外〔譯注：即只有一個質子、沒有中子的氫〕。中子是最重的穩定粒子，而且長生不滅。不過這裡有點古怪：中子要是離開原子核，就毀了。它接下來會在大約十一分鐘內衰變掉。

不受束縛的中子失控且難以預料，噗地就不見了，轉變成一個質子和一個電子。這種微粒一閃而逝的樣子怪怪的，好比有瑕疵的煙火，使得奧地利理論物理學家庖立（Wolfgang Pauli, 1900–58）在 1930 年認定必然另有某種東西存在，某種幾乎沒有重量的東西。這個神祕的東西不久後被命名為微中子，意思是「微小的中性之物」。經過四分之一個世紀，微中子的存在終於得到證實。這是科學的勝利，也是解脫，因為在恆星賴以發光的核融合過程中，微中

子早就在理論上占有重要的地位。太陽核心釋放出無數微中子，這些微中子基本上是以光速飛快遠離，而且不和其他任何事物產生交互作用，至少不是以一般的方式。它們根本穿透一切事物。

白天，來自太陽的微中子穿透你的頭和肩膀，咻地完全穿過你的身體，然後繼續往前射入並穿透我們的行星，再從另外一邊出來。晚上，數量相同的微中子從下方入侵你的身體、穿過你的頭部離開，而在此之前，微中子在二十分之一秒內快閃穿透整個地球，彷彿我們這顆行星沒有比霧氣紮實多少。

微中子要在一年之內影響你身體七千兆兆個原子當中的一個，機率也只有百萬分之一。平均來說，你需要 1 光年厚的鉛牆才攔得住微中子。[4]

近來我們已經發現，微中子甚至比我們想像的更怪。這要歸功於美國物理學家戴維斯（Raymond (Ray) Davis, Jr., 1914–2006），他最先想出要如何計算這些幽靈粒子。他所用的裝置是一大缸 38 萬公升乾洗溶劑。戴維斯把這東西放在南達科他州霍姆斯戴克（Homestake）廢金礦內地下 1.6 公里處，只有微中子能透入。連蝙蝠都到不了。他估算，45 萬公斤重的全氯乙烯所含的氯，多到偶爾會有一個被微中子轉變成氬的一種形態。四個月後，他使出渾身解數，總算偵測到六個微中子的蹤跡——微中子擾及任何人或任何事物，即使是無數兆個原子當中的一個，其程度就是這麼少。那是在四十年前。戴維斯腦力勞動的成果確實有用，讓他在過世前四年贏得 2002 年諾貝爾獎。

微中子有三種不同的種類，穿越空間時會從一種形態轉變成另一種形態。但不變的是，它們無所不在。你的大拇指指甲每秒鐘有

一兆個微中子穿過，但因為正常狀況下，微中子不會對一般的重子物質（baryonic matter）產生影響，所以不會導致基因突變、乃至癌症。它們就像塵蟎一樣，是我們的無害睡伴，但沒有人會對微中子過敏。

此刻正在撞擊你的不可見快速物體速覽表

……以及它們究竟是安全（S）、有害（H），
或只是造成輕微風險（SR）

紅外光光子	S
紫外光光子	SR
電子	S
宇宙射線	SR
微中子	S
緲子	SR
暗物質	S
阿爾發粒子（例如氦）	H

　　從心理學的觀點來看，微中子替最為晚近才確立的不可見之物預先打好了底：暗物質，我們最終的疾馳魅影。這是當今最神祕的物質。

　　從 1933 年起，事情就明擺著：宇宙中除了所有恆星、星雲、黑洞、行星、起司漢堡及我們想得到的每一樣東西加總起來，另外還有多上 6 倍的物質。這些物質使得銀河系以奇怪的方式旋轉，並黏合本星系群的星系。其重力的拉力強大，但卻不可見，我們稱此

種物質為暗物質。暗物質的每一種粒子皆必為數甚眾。[5]

由於宇宙經確認充斥著「說變就變」、幾乎不影響任何事物的微中子，暗物質可能只是分量比較重的微中子。但因為暗物質不發光、甚至不反射光，勢必對電子毫無影響。

在智利山巔的那個晚上，我親眼目睹天文學家對暗物質的迷戀。我看著天文物理學家馬道爾皺起眉頭，研究一幅他剛剛用百英寸望遠鏡拍下的照片。那個星系的特徵無法用邏輯解釋。

「我們還是不了解星系周邊這些暗物質環帶，」馬道爾嘟囔著對我說。「看看這些參差不齊的邊緣，」他一邊說，一邊用手指彈著照片上外圍的部分：「這是什麼造成的？為什麼這霧直往外飛進星系間的太空？是什麼導致這樣的運動？」

最後他聳了聳肩膀。

「我據我所學的猜想，是暗物質。」

暗物質似乎遍及宇宙各處。暗物質甚至可能潛伏在我們家的房間裡、在我們周遭的空氣中，但肉眼不可見。2012 年進行的一項研究顯示，暗物質不受限於星系之內，而是滲進星系之間似乎空無一物的太空中。暗物質可以是無所不在。2012 年另一項研究揭露，暗物質密布於太陽及其鄰近恆星附近的區域。

對暗物質的偵測並非依其外觀——因為它沒有任何外觀——而是依其對鄰近諸事物之所為。暗物質的重力吸引作用黏合了星系團，使其組成分子不會各自流浪天涯。

馬道爾再次盯著影像看。「但說不定當重力與它正在拉扯的那個什麼東西距離遙遙時，本身就會有怪異的反應。所以，也許根本沒有暗物質。我的意思是，這會兒怎沒看到奧坎的剃刀（Occam's razor）呢？」他下了結論，而這個結論援引了「最簡單的解釋通常就是正確的解釋」此一原則。〔譯注：此即「奧坎剃刀」原則，14 世紀前半的英國方濟會修士奧坎〔 William of Occam 〕所提的簡約法則〕

　　但哪一個才是最簡單？是長距離重力行為詭異這個想法，也就是所謂牛頓動力學修正（Modified Newtonian Dynamics, MOND）這個只獲少數研究人員擁戴的理論？或是奇異的新形態物質這個概念？馬道爾大聲嘆了口氣問道：「你選哪一個，難以成立的，或是新奇怪異的？」

　　我們的身體、我們的星球，其實是每個角落的每個原子，大半由全然的空洞所構成。如果把宇宙壓縮、移除其中所有的空間，你就可以把存在的一切事物擠進一顆比獵戶座參宿四這種超巨星還小的球裡。想像我們體內這些開闊空間可以容許其他領域的生物或物體共存其中，也不盡然是牽強附會。說不定——且讓我們憑空想像一下——有意識之物在我們日常生活中倏忽穿梭好似鬼魂一般，渾然不覺有我們，猶如我們渾然不覺有它們。

　　2012 年至 2013 年一些近期研究關注於我們銀河系中的「暈族恆星」（halo star）——那些高踞於絕大多數太陽所在平面上方的恆星——這些研究顯示，似乎沒有任何東西在拉扯這些暈族星。而這些區位正是被認為由暗物質所支配之處。另一方面，針對星系團這些遙遠龐然大物之運動所進行的研究，確實指向有暗物質存在。簡而言之，現今所掌握的證據令人左右為難且相互牴觸。而且，和其他把我們的身體當成瑞士起司般不斷穿梭來去的快速物體不同的是，暗物質尚未有明確定義：我們還沒法說出它是個什麼東西。

　　也許，還是不知道比較好吧。

注釋

1. 研究人員終於了解，鐳的輻射大部分以阿爾發粒子的形式出現。這是兩個質子和兩個中子組成的重粒子團，移動慢到連皮膚都無法穿透。真正的問題出現在鐳被吸入或吞入之後。到時候，鐳會被骨頭吸收，其阿爾發放射會穩定地轟炸並摧毀骨髓。

2. 獲頒諾貝爾獎之後，赫斯在 1938 年偕同猶太裔妻子遷居美國，以避納粹迫害。他隨即成為福坦莫大學（Fordham University）物理學教授，住在紐約州弗農山市（Mount Vernon）一間公寓裡，直到 1964 年過世。

3. 物理學家把一般的光稱為**電磁輻射**，但這種輻射一點也不有害。每當我們打開牆上開關時，不會有被射死的危險。像我們肉眼所見的這種長波光，以及我們的皮膚所能感受到的遠紅外線，不會對原子造成傷害。可見光、無線電波、Wi-Fi，甚至是微波，不會傷及基因、導致癌症。住在手機基地台旁，意味著不可見的微波以光速飛穿你，讓你體內的所有原子顫動。這會稍微加熱身體組織，但不會打破原子或形成腫瘤。（但對你可能還是不好喔！）相對之下，伽瑪射線和 X 射線的短波真的會使原子解體。這就是「離子化輻射」，會破壞基因的那種壞輻射。重且快速運動的次原子粒子，像是中子和質子，也會摧毀原子，所以常被稱為輻射，儘管它們是粒子而非能量波。不過，反正其間區別模糊不明，因為所有的物質都有像波的那一面。

4. 有一個可信的引用資料出處說，1 光年厚的鉛牆太過火了，你只要一團從太陽延伸到土星的水，應該就能擋下一般的微中子。那比 1 光年窄了6400 倍，而且原料的取得也便宜許多，即使還是不可能上亞馬遜訂購。不管是哪一種方法，捕捉微中子都不是什麼你隨隨便便就能辦到的事。

5. 生命的通則是：會動的東西只要不攻擊我們、只要不是很多，通常都會討人喜歡。兩隻鳥在窗外啁啁啾啾，開心；兩千隻的鳥群，有點像是希區考克電影裡跑出來的東西。窗台上的一隻瓢蟲，漂亮；出現一千隻，

這就需要採取防治作為了。松鼠、花栗鼠、螞蟻，甚至是腸內菌叢：我們希望這些運動中的同伴限量出現就好。不過，微中子、很可能還有暗物質，以無法想像的數目持續滲透我們，但它們不會「破壞人際關係」，因為它們不只是不可見而已：**它們也不會多管閒事。**

∞第 14 章∞
定格殺人犯
還有他的剎那之爭

大聲不代表什麼。通常呢,只下一顆蛋的母雞會咯咯咯地叫得好像她下出了一顆小行星。

——馬克・吐溫,《赤道漫遊記》(*Following The Equator*),1897

微風、蟋蟀、熔岩、消化作用、繞行旋轉的月亮、蜂鳥、飛沙——在人們熟知的時間框架中所展現的運動,我們大概都已經探討過了。甚至,我們看得到的東西,是在打造出**科學**一詞之前便已察知的事物。但打從古希臘人起,早在定格攝影年代之前很久,觀察家們便已經開始越來越著迷於**超快速**之物。就像蜂鳥的翅膀一分鐘拍打一千兩百五十下,這類事情與其說是神祕,不如說是**快到不可見的程度**。

人們是藉由所遺留之物事而得知有這些事件。說不定是一陣嗡鳴聲,像是蚊子翅膀,或是一道模糊的影子,標識出某種快到看不見、引人好奇的動作外緣。[1]

此一未被察知的世界打一開始便擄獲人心,因為這牽涉到被許

多文化推崇為人類和動物最渴望的特質——速度。在希臘人指認過的所有星座動物中，真的存在、速度最快的——相對於飛馬這類神話動物——是大犬。根據傳說，大犬座催動速度的腿，讓牠與那頭號稱世界最快動物的狐狸進行史詩級競速賽時獲勝。宙斯因那次勝利而把這隻狗化為天上的不死之身（如果來一場真實的狐狗競速，結果應該是勢均力敵到得靠終點照相才能分出勝負；兩者的紀錄分別是每小時 67.5 公里和 70.8 公里）。[2]

　　模糊的腿和翅膀，以及其他快速穿梭的事物，引起了文藝復興時代科學家的好奇心。一些科學家拚了命想研究此一不可見領域的速度。有的在眼前快速揮動手指，製造出簡陋的「定格」頻閃效果，還真能顯現出飛行中的蜂鳥翅膀，即使蜂鳥翅膀一秒鐘拍打二十次。如果你在轉動中的電扇前試著這麼做，並改變你揮手的速率直到完全合拍，真的就能凍結模糊的影像，清楚看到一片片的扇葉。[3]

　　到了 19 世紀後期，更繁複的技術終於開始揭露自然界的高速之祕。時至今日，只剩一人仍因解開這類不可見運動之祕而為世人所知。他就是如今以埃德沃德・麥布里奇（Eadweard Muybridge, 1830–1904）之名傳世的那位才華洋溢的大鬍子。

　　麥布里奇 1878 年快馬奔馳的連續照片以重複迴路的方式表現，是 19 世紀最出名的「動畫」（movie，即 moving picture 的組合字）。藉由將原先快到無法察知的動作「減速」，這組照片解決了長久以來關於馬如何奔跑的爭論。這是 1870 年代令人心煩的話題之一，而不論在都市或鄉村，這種當時隨處可見的動物都是最顯

眼的風景。

　　以愛德華・馬格里奇（Edward Muggeridge）之名在英格蘭誕生，這位很古怪、不見得討人喜歡的知名人士，自從 1855 年、二十五歲那一年移民舊金山之後，就不斷改名。他一開始說自己姓麥哥里奇（Muygridge），後來把名字改為埃德沃德，卻在自己所有照片上署名「赫利俄斯」（Helios，希臘神話泰坦諸神中的太陽神）。不僅如此，當他到了美國以南的國家拍攝照片時，堅稱自己叫做愛德華多・聖地牙哥（Eduardo Santiago，不過，他的墓碑上寫的又是另一個名字，叫做埃德沃德・梅布里奇〔 Eadweard May-bridge 〕，所以即使到了今天，我們還是不知道該用**哪一個名字**稱呼他）。

　　他一開始從事的工作是書籍販售和代理英國一家出版公司，當時舊金山有幾十家書店，攝影工作室差不多也有幾十家。但他的生命在 1860 年夏天有了變化，當時他原本打算取道南方、跨越大陸前往紐約，展開一場返英之旅。然而，這趟旅程在德州畫下慘烈的句點。

　　麥布里奇在一場撞得粉碎的驛馬車車禍中頭部重傷，同車有一人死亡，其他人也傷勢嚴重。他花了三個月在阿肯色州接受治療，醒來後對自己的前半生毫無記憶：他的記憶在這一刻全新開始。

　　接下來這一整年，他都在紐約繼續治療模糊的視力。他的味覺和嗅覺也受到永久性損傷，並表現出古怪、情緒化且異常的行為。有些傳記作家因而聲稱，他的大腦額葉皮質層明顯受損，其實是讓他從壓抑中解放出來，為運動相關攝影的突破預作準備，最後使他聲名大噪。

　　他最後終於繼續他的英國之旅，在那兒接受進一步的治療。麥布里奇在英國研究最新的攝影技巧——並加以改良。他很快獲得兩項與照相有關的發明專利。

　　1867 年，他重返舊金山時，不再是出版代理商、書商，而是擁有朋輩前所未見之尖端技術與藝術天分的專業攝影家。他很快就聲名遠播。

　　他的重大契機在 1872 年到來。當時，前加州州長、家財萬貫的賽馬主史丹佛（Leland Stanford, 1824-93）要求麥布里奇進行一項非常特殊的攝影研究。這關係到賽馬圈一個爭論不休的話題：馬在小跑或疾馳時，四隻腳到底有沒有同時離地過？

　　沒有人能單憑目視就分辨出來。當時的藝術家筆下的疾馳快馬或是單腳著地，或是四蹄同時凌空——通常是兩隻前腿往前伸而兩隻後腿往後蹬。史丹佛想要一個斬釘截鐵的答案。他拿出一筆可觀的金額給麥布里奇，前提是他要能解決這項爭論。

　　麥布里奇可不是混假的。1878 年，他在賽道沿線邊上布置許多玻璃感光板相機，拍下一組連續照片。馬通過賽道時踢到接上快門的線，就會依序一一啟動相機。麥布里奇在相機後方掛上白板，為這些定格動作的短暫曝光期間提供最大反射光量。後來，他把這些剪影照片集中放在一個適合放於桌面的轉盤上，觀者透過一道細縫看著轉盤，一次看一張照片。這東西讓我們看到的是流暢動作的驚人幻覺。麥布里奇發明這項裝置，他稱之為動物實態觀察鏡（zoopraxiscope）。

　　這東西不只清楚顯露出奔馬的步態，還風靡一時、蔚為時尚。《科學人》雜誌做了一篇報導，把麥布里奇說成是現代牛頓（這項

裝置在開創性方面的歷史評價如此之高，以致在發明百週年紀念的 2012 年，Google 還專為這個「動畫」做了一個連續重播的 Google Doodle）。

這段動畫沒多久有了個片名，叫做《運動中的馬》（*The Horse in Motion*，或是另一個名稱，《奔馳中的莎莉‧嘉德納》〔*Sallie Gardner at a Gallop*〕〔譯注：莎莉‧嘉德納是那匹馬的名字〕）。此片不僅是世界上第一部電影，而且此例一開，其他定格影像如潮水般湧現，打開了超快速物理事件隱藏、模糊的世界。動物實態觀察鏡正是愛迪生第一部商用觀影機組 —— 活動影像觀賞機（kinetoscope）——的主要靈感來源。

至於馬的步態爭論，麥布里奇的連續照片不只顯示出奔馳中的馬會四足同時離地，而且此一完全凌空的時刻**並非**發生在馬腿向前、向後伸展之時，如 18、19 世紀畫師所描繪那般。馬只有在牠的四條腿全都收攏在其身體下方時才會完全凌空，也就是在牠從前腿「拉」轉成後腿「推」的過渡時刻。

有了這個，加上麥布里奇後來製作的高速連續照片，像是著名的野牛慢跑「動畫」，他和我們的故事之間的關聯大概就有了定論，只不過他在舊金山的生活變得越來越怪，讓我們還沒法這麼把他給擱下。

1872 年，他以四十二歲之齡娶了一位名叫芙蘿拉‧史東（Flora Shallcross Stone）的二十一歲離婚女子。三年之後，麥布里奇無意間看到他那位年輕妻子的一封信，寄件人是她的一位朋友，劇評家哈利‧拉爾金少校（Major Harry Larkyns）。這封信使麥布里奇懷疑，拉爾金可能是他們七個月大的兒子弗羅拉多（Florado）的

父親（他的懷疑或許不全然無理；他並不知道，芙蘿拉寄了一張這男孩的照片給拉爾金，上面的題字是**小哈利**）。

1875 年 10 月 17 日，麥布里奇踏上一趟六小時的旅程，從舊金山前往納帕郡的小鎮卡利斯托加（Calistoga），他是跟蹤拉爾金來到此地。當麥布里奇當面對上此人，他彷彿演戲般說出：「晚安，少校。我叫麥布里奇，這是你寄給我妻子那封信的回函。」

說完，麥布里奇開槍直射他的胸膛。拉爾金當晚過世，麥布里奇被捕下獄，並且被控以謀殺罪名。這件事在南邊那座八卦城市天天上頭條〔譯注：指納帕南方的舊金山〕，後續的審判也一樣。

這場審判也是高潮迭起。前州長史丹佛幫忙出錢聘請頂尖辯護律師，律師提出抗辯主張他的客戶精神不正常，並找來一堆麥布里奇的多年老友，證稱他的個性在十五年前驛馬車車禍後就已經變得不穩定。但這位攝影家給這個精神異常的抗辯扯了後腿，他堅稱自己是經過深思熟慮之後才殺了他妻子的緋聞情人，而且真的是早就計畫好了。

陪審團搞不清楚坐在被告席上的那個男人到底是什麼狀況，他時而放空、像帕金森氏症般出神，時而大吼大叫地情緒爆發。他是瘋了還是沒瘋？反正到最後，他們駁回精神異常的抗辯，但認為他無罪，因為他們把拉爾金謀殺案看成是正當防衛殺人的案例。

獲釋後，麥布里奇搭船前往南美洲繼續原先的拍攝計畫。在他出國期間，他的妻子芙蘿拉想要辦離婚，但她的請求被法官駁回。審判結束五個月後，她生病過世，得年二十有四。他們的兒子弗羅拉多被麥布里奇送進一家孤兒院，此後麥布里奇幾乎是不聞不問（從長大成人的弗羅拉多日後所拍的照片看起來，他酷似麥布里奇

而非拉爾金）。這個男孩做了一輩子的牧場工人和園丁，七十歲那年，1944 年，他在沙加緬度被一輛車輾過致死。麥布里奇繼續運用他所開發的新型快門設計讓定格攝影盡善盡美，這種快門的速度達到前所未聞的千分之一秒。1894 年，在製作超過十萬組連續動作的照片後，這位多產的攝影家返回英格蘭，寫了兩本暢銷的攝影書，《運動中的動物》（*Animals in Motion*，1899）和《運動中的人物》（*Human Figure in Motion*，1901）。他死於七十四歲之年，當時他和表妹凱瑟琳・史密斯（Catherine Smith）住在一起。

麥布里奇為定格攝影和慢動作電影拍攝奠定了基礎，並且很快便有其他人接棒跟進，直到不可見的高速世界能為人人所見。奧地利物理學家薩赫（Peter Salcher, 1848–1928）在 1886 年捕捉到一顆飛行中的子彈影像，而到了 20 世紀中葉，技術人員能夠達到微秒（microsecond，即百萬分之一秒）等級的快門速度，比麥布里奇快 1000 倍。僅僅百萬分之三秒的快門速度所拍攝的影像，凍結了原子彈剛開始引爆那令人毛骨悚然的瞬間。

這種高速動作大多與我們在日常生活中共存。在以每秒十六格放映的早期默片中，我們經常感覺到有閃光。但在每秒七十二格的現代電影裡，我們看到的是穩定的光。[4] 人類的「閃光融合閾值」（flicker fusion threshold）一般認為是每秒閃二十次。〔譯注：閃爍頻率高於這個值的間歇性閃光看起來就像穩定的光〕如果你家閣樓還留著 1970 年代那些迷幻派對的頻閃燈，你可以自己實驗看看。把頻率設在二十，接著是二十五，然後是三十，看看一閃一閃的光什麼時候好似被掉包成了穩定的照明。

有些人說他們可以感覺到惱人的日光燈泡在閃，不過這個閃的

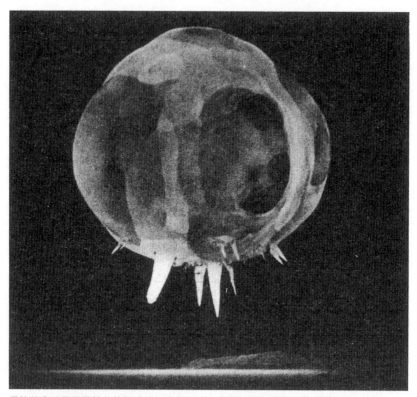

最快的事件需要最快的快門速度。美國政府一具特殊的高速動作電子攝影機（rapatronic camera）捕捉到 1952 年原子彈試爆引爆千分之一秒後的影像。曝光時間是百萬分之三秒。請注意，塔在那一刻尚未汽化。當照片上看不到的那些固定纜汽化時，熱量的「繩子戲法」詭異地如觸鬚般沿著固定纜往下擴張。（*US Air Force 1352nd Photographic Group, Lookout Mountain Station*）

動作一定是以通常的閃光融合閾值 3 倍的頻率在進行。發覺光在閃的這種能力經常是因人而異。不同動物對快速動作的反應也各有差異。我們去拍蒼蠅，但蒼蠅蹦開了。蒼蠅面對倏然出現的拍子，小小的腦袋計算著威脅所在的位置、定下脫逃計畫，然後把腳擺在最佳位置，往相反方向蹦──全部動作在十分之一秒內完成，正好和

眨一次眼所需時間一樣長。

　　蒼蠅這套戰術動作智勝某些快動作動物一籌，比如說貓，牠們抓蒼蠅就沒法百發百中。但猴子可以；猴子彷彿活在更快速的時間裡，看似不費吹灰之力就抓到蒼蠅。雞啄起地上的蒼蠅也是稀鬆平常得很。

　　這些事件和過程在我們身邊不斷發生。在動物王國裡，最快速的自然動作是驚嚇反射。這類快如閃電的防禦性反應往往與逃避突發性威脅的本能有關。這類反應是藉由神經電機制來運作，而這些機制完全跳過大腦程序與自主控制。由於所涉及的迴路比較短，驚嚇反射的經過時間也比自主動作短得多。以人類來說，這類反射動作可以在令人印象深刻的三十分之一秒內完成。鼠類可以反應得更快，經過測量，反應速度快到千分之一秒。

　　即便是非急迫性狀況下的動作，也可以真的是像一眨眼那麼快。某些蟻類的大顎僅僅十七分之一秒就把獵物圍住，並以時速128公里往內夾。土撥鼠，大部分的人都不覺得牠輕快活潑吧，但在地底下，只要鼻部附肢一接觸到可能的食物來源，牠馬上有反應。牠在七分之一秒內就會出擊，大約是叫「爸爸」叫到第二個「爸」所需時間。

　　近來在弄蝶科所觀察到的，算得上是自然界歷來最快的日常反應速度。弄蝶突然遇到亮光時，會以六十分之一秒的驚嚇反射加以反應。誰想像得到蝴蝶會名列地球上反應最快的物種？

　　非生物性過程往往進行得比動物和人類身上的過程更快——而且是快上許多。有些化學反應的發生比眨眼還快上千萬倍，不過也

有些反應，像是鐵氧化（生鏽），會花上好幾年才顯現出來。[5] 那速度最快的是什麼？倒也不是什麼稀奇少見的：就是氧和氫結合產生水。質子占據新位置的時間是以微微秒（picosecond，也譯作皮秒）——也就是**兆分之一秒**——來計算。

　　怪的是：為什麼水是液體？水主要由宇宙中最小、最輕的原子所組成，這麼小、這麼輕如鴻羽的分子，在室溫下應當是氣體才對。其他像水這種大小的分子都是氣體。像甲烷（CH_4）和惡臭的硫化氫（H_2S）這類化合物，在質量和大小上與水近似，但它們在地球上各種自然條件下，即使在南極，都是氣體。甲烷在攝氏零下162度就從液體沸騰為氣體，幾乎比水的攝氏100度低了近攝氏262度。如果水的行為「正常」一點，我們的血管會充滿蒸氣，意思是地球上就沒有生命。

　　水之所以會有這種古怪的液態性質，是因為幾何的關係：氫原子和氧原子連結時，形成略大於直角的奇特折角。這讓水分子帶了一點極性、一點電荷，使其與別的水分子產生微弱連結。要打破氫鍵、解放水分子成為氣體，就得耗費更多的動能（熱）。近來的研究顯示，這種氫鍵結所涉及的分子一次不超過三個，發生在大約兆分之一秒內。在這一微微秒內，暫時變大的三元結構使得水分子**就其行為表現看來，彷彿比它實際上要大許多**。因此，水在室溫下的行為像液體，即便那些脆弱的三人組每十億分之一秒就會聚散好幾百次。

　　沒有這些瞬息萬變的超快連結，我們沒辦法笑到掉眼淚——或是流口水、或是流血、或是擁有大腦。

　　微微秒等級的活動超乎我們的想像。這種時間量級得舉個例子

才能勉強揣摩。好，光速行進的光子一秒可以繞地球八圈半，但這樣的光子一微微秒，也就是兆分之一秒，只能前進兩根人髮寬度的距離。

那一兆秒呢？那可是三萬兩千年。從我們第一次具有生火的能力至今，也還不到一兆秒呢。一兆真的很大，一兆分之一則是難以想像的小。

就算只是要設想一下一奈秒，也就是微不足道的**十億分之一**秒，都會耗盡我們的心力，雖然**十億**這個字眼在今日科技中已經變得稀鬆平常。舉例來說，現在當我們使用測距裝置時，習以為常地利用那些發生於一奈秒內的事件。隨便一家工具店都買得到的新型雷射測量工具把脈衝光射到房間另一頭，內建的光度計感測到針尖大小的光線從另一邊的牆壁反射回來，並計算出光來回跑一趟所花的時間。光的反射每延遲一奈秒，換算相當於 30 公分的距離。接著把裝置對準鄰接牆壁，就會計算出房間的面積。這樣你就知道要買多少油漆或多大的地毯。現在你可以把老式的捲尺扔了。

當然，並非所有化學或物理反應都那麼快。物質的反應速度取決於物質的濃度，無論是氣體、液體或固體；還有物質的溫度，有時甚至是房間亮度這種奇怪的因素。亮度？那是因為光是能量，可以幫反應中的粒子再加一把勁，推動它們由慢而快到越過臨界點。化學家很喜歡拿普通的天然氣和氯混合來證明這一點。如果這是在黑漆漆的房間裡做，幾乎完全不會發生反應，動都不動一下。在昏暗的光線下，反應大幅加速。但要是在陽光直射下做，你會引起一場爆炸，光瞬間引發反應。

但對運動影響最大的是溫度。增加熱量，物體速度就會加快。

其實，熱只是我們用來表示原子運動的用詞，如此而已。這樣就說得通了，東西越熱，其反應進行得也越快，因為此時分子間的電子鍵結被打破，出現電子激發現象，原子間有更多的接觸。

室溫氣體分子通常跑得約略比音速快一點點。你家冰箱裡的氣體分子時速則慢了 80 公里。原子要移動得多快才會開始氧化或燃燒過程，因物質而異。白磷在比體溫低的溫度就會點燃，直接拿在手上很危險。

常見的可燃物通常需要至少攝氏 204 度，才能使其中的氫在空氣中、也在可燃物自身之中與氧化合。

大部分的氧化反應之所以危險，在其為放熱反應。也就是說，這些反應會產生熱。

因此，我們身邊有很多隨時準備要燃燒和助燃的物質，唯有其原子的日常低速才能讓它們安分守己。但若其原子在某種外來觸媒的促進下而加快速度，那就有好戲看了。一旦發動，這些反應所提供的熱足以讓反應自我延續。簡單的一根火柴是最常見的觸媒，能製造出這種脫韁野馬般的反應，就像創造科學怪人一樣。

對於廉價、便於攜帶之點火裝置的追求，在 18 世紀開花結果，並在 19 世紀獲致具有實用價值的成就。在那之前，人們隨身攜帶小塊打火石或其他基本上藉由摩擦製造火花的東西，要不然就是利用凸透鏡或凹面鏡，把陽光聚焦在可燃物上。到了 18 世紀，出得起錢的人帶著添加化學成分的棒子，把這種棒子插入硫酸罐裡，製造出猛烈、危險的點火反應。但在 19 世紀中葉，白磷的低燃點已經是人盡皆知且勢不可擋，隨便一家商店都可以買到「摩擦火柴」（lucifer match）。〔譯注：lucifer（路西法）在基督教聖經中原

意為明亮晨星，隱喻因驕傲而墮落的巴比倫王，後來成為魔王撒旦之別名〕摩擦火柴變得這麼稀鬆平常，連馬克・吐溫的書裡都經常提到，成為耳熟能詳的文化象徵，一如當代文學中的智慧手機。

　　但白磷是危險的化合物，導致許多中毒意外，也成為最常採用的自殺手法。到了 20 世紀初，大致上已由赤磷取代，許多國家也全面禁止。過沒多久，市面上的火柴就分成兩種，現今依然如此。**隨處劃**型的火柴棒頭裹著一層成分完整的三硫化四磷和氯酸鉀可燃混合物，拿火柴快速刮過任何粗糙表面，標準速度是每秒 1.8 公尺（每小時 6.4 公里），所產生的摩擦力足以讓火柴棒頭升溫超過其自燃點攝氏 163 度。輕而易舉。

　　有時是過於輕而易舉了。飛機或船上一向不准使用火柴。另一種選擇是**安全火柴**，這種火柴需要拿火柴棒頭去碰觸火柴盒的刮擦面，火柴棒頭約有 50％為氯酸鉀，這東西出了名地容易爆炸起火而產生氧氣，刮擦面含有一點點赤磷和玻璃粉，或是其他類型的粗化劑。火柴棒頭也含有一些三硫化二銻，這是一種安全成分，因為它需要靠其他成分的燃燒熱來點燃。這套「巫婆配方」所需的摩擦溫度較高，大約攝氏 232 度左右。

　　一旦點燃，火柴的火溫很快達到攝氏 600 度至攝氏 800 度之間，火焰最上面的部分最熱。其分子運動如此快速，輕易就能煽動其他物質的分子，而這些分子沒多久便達到能啟動自身燃燒反應的速度。科學怪人活過來了。啟動自我延續的「燃燒」事件所需的速度因物質而異。

　　火——重要到夠格成為亞里斯多德的四大元素之一——是以數種方式同步進行的運動展示。火舌舔舐空氣，以千種惑人風格翩翩

起舞，而看不到的編舞設計同樣令人著迷。

紙很容易「點著」。紙的燃點溫度為人熟知，還成了 1953 年布萊伯利（Ray Bradbury, 1920–2012）小說《華氏 451 度》的書名靈感，小說中的「滅火隊」四處燒書。紙容易著火，但實際上，種類不同、厚薄不同的紙燃點各異，從華氏 424 度（攝氏 218 度）至華氏 475 度（攝氏 246 度）不等。真實的科學往往不如虛構世界中的科學那般簡潔明確（2012 年過世的布萊伯利當然清楚這一點。他也很清楚，《華氏 424 度至華氏 475 度之間的某個溫度》這種書名沒那麼好記）。

煤燒得心不甘情不願，燃點是非常高的攝氏 450 度。煤油就很急著要先走一步，攝氏 229 度。汽油在攝氏 257 度點燃、酒精是攝氏 365 度，而氫是攝氏 400 度。但其間存在一些微小的差異，尤其是可燃液體。噴霧狀的家庭暖氣用油燒起來火光明亮，但如果漏到地下室成了 0.6 公尺深的油池，即使把一根點燃的火柴丟進去，也不太可能燒得起來。同樣的，你可以把料理用噴霧油對著燭火噴，馬上轟地一聲變成明亮的焰火。但食用油要不是噴成霧狀、使其周遭都是所需的氧氣，即使加熱到攝氏 340 度的自燃點也燒不起來。這個溫度略高於烤箱一般所達溫度，這就是為什麼你在查看起司烤茄子的時候，不會因為油燒得火光沖天給嚇得半死。

奇怪的是，低溫分子有時會自己動得越來越快，等到你發現時，你的房子已經燒成白地。而且不需要有火花或火焰。當燃點很低的某物，像是碎布、稻草，甚至是麵粉，持續接觸水氣和空氣，就會出現這種**自燃現象**。這些物質提供氧，讓促進發酵的細菌得以孳長。接下來會產生熱，身邊有堆肥或腐爛乾草堆的人都能證實這

一點。如果熱散不掉（比方說，油布被塞在桶子裡或埋在乾草堆裡，這本身就是一種很好的隔熱裝置），溫度上升，最後超過燃點。結果是一場熱的脫韁狂奔。

生火物質的分子只要非常少的刺激，速度便會爆發性加快。這些分子上緊了發條，急著要衝出去。在室溫或低於室溫時，一下子就燒起來。鈉是一個眾所周知的例子。在日常生活中，幾乎每個地方都高於鈉的自燃溫度，而鈉接觸到水、甚至是濕氣，就會產生劇烈反應。有很多穀倉火災找不到引發爆炸的火花，看似和玉米一樣無害的東西，一旦濕氣得以累積便炸了開來。開心果是自燃嫌疑最大的物質之一，你怎麼想都想不到吧。

重點是，這全都是運動。熱就是運動，原子的運動就是熱。發燒時，你的主訴症狀可能是體溫達攝氏 39 度。但你不妨對醫生這麼說：「我覺得很糟。我身體的分子此刻的運動時速比正常快了 4.8 公里。」

然後他會拿一些阿斯匹靈給你，並且說道：「拿去，這會讓它們慢下來。」

你也可以藉由物質加熱時的顏色，對原子的速度和溫度有粗略的概念。這出奇簡單。把鐵、銅和鎢放進燈泡裡——當不可燃物體開始發光，光的顏色就是物體溫度的精準指標。

光色轉譯為溫度

若某物質發出在黑暗中勉強看得見的暗紅光，為攝氏 400 度。

在柔和光線下看得出來熱到發紅，意即攝氏 474 度。

如果能在白天看見這個紅光，那是攝氏 524 度。

若在日光直射下看得出來是紅色，為攝氏 580 度。

若是櫻桃紅，約為攝氏 900 度。

橘色表示攝氏 1100 度。

黃色意即約攝氏 1300 度。

白色表示溫度約為攝氏 1500 度以上。

一旦達到白色，你很可能已經超過物體的熔點。不管怎麼樣，白色就是終點。理論上，更熱的話，物質會發藍光——就好像藍色恆星是宇宙中最熱的——但到那時，地球上所有物質如果不是沸騰為氣體，就是已經熔化。[6] 找出一種白熱時仍保持固態的物質，這便是愛迪生拚命改良其電燈時令他頭痛不已的難題。最後他找到了鎢，這個熔點第二高的元素，一直到非同小可的攝氏 3410 度還維持固態。這一點非常重要：一根細細的燈絲必須好幾個小時、甚至是好幾天都維持在高得驚人的攝氏 2482 度左右；這大概是熔鋼的**2 倍熱**（碳的熔點略高一些，但是太容易碎裂，拿來當燈絲並不實用）。白熱燈泡高到令人難以置信的熱度，終將證明是導致其垮台的主因：白熱燈泡現正被 LED 燈和螢光燈取代，或是全面遭禁用。人們抱怨的是，白熱燈泡把大部分的電用來製造熱，而非產生光。

鋁僅僅攝氏 660 度便熔化。銅要攝氏 1080 度，金是攝氏 1063 度。與約攝氏 1371 度熔化的普通鋼不同的是，這些金屬在低於白光溫的溫度就變成液體。這就是為什麼你絕不會看到白熱鋁塊，如同你絕對看不到紅熱的固態錫或鉛塊，它們在能發出任何光之前就熔化了。

說到這些金屬原子的速度，固體的主要運動是一種環繞其平衡

位置、振幅很小的振動。隨著溫度上升，這些振動變得越來越大、越來越狂暴，直到熔點放它們自由。但只有氣體原子突破音障。

　　麥布里奇所不知道的是，真正主宰我們生活每個面向的超快速節奏並非罕見的現象，這些節奏也絕不可能被他或其他任何人的攝影機捕捉到，不論當時或現在。

　　這些驚人的發現開始於 19 世紀末，當時的物理學家開始發現一些奇怪的小尺度振動。最酷、最有用的例子，大概是居禮兄弟（Jacques and Pierre Curie，弟弟 Pierre 即居禮夫人之夫）在 1880 年發現的壓電效應（piezoelectric effect）。他們發現，有許多種晶體（他們喜歡研究晶體）如果通上一些電，就會每秒自然振動數萬次。反過來操作也成立。如果晶體因受擠壓、扭折、撞擊而振動，會短暫產生電。這是一條雙向道。

　　科技洪流從此而起。1921 年至 1927 年間所出現的突破，主要是在貝爾實驗室，其結果就是創造出依石英振動為憑的超精準時鐘。真空管及其他體積龐大的元件使得初期的計時裝置只能擺在實驗室裡，而這些裝置代表國家標準局（今天的國家標準與技術研究院），讓美國標準時間維持在新的精確水準達三十年之久，直到原子鐘在 1960 年代接棒。

　　便宜的半導體科技讓製造商能大量生產 1969 年問世的石英錶，這種錶取代了機械彈簧錶，人人擁有一具每月誤差不超過一秒的個人計時器因而得以可能。你手錶裡的石英晶體被設計成一秒自然振動 32,768 次。這是 2 的次方數（2 自乘 15 次），便於讓數位電路輕易轉換為整秒。

　　現在每個家庭都有脈衝晶體。舉個例子，你可能有一具難用到讓人惱火的烤肉點火器。拉扳機撞擊晶體，藉由壓電效應製造短暫的高電壓，因而產生瞬間火花，根本不需要電池。的確如此，瓦斯爐需要運用振盪晶體製造火花來點燃瓦斯。每當你開瓦斯爐時，如果聽到反覆出現的「啪啪」聲，就是前面說的那種狀況。

　　每秒振動三萬兩千次，聽起來好像很快。但事實證明，會波動起伏的不只晶體。**一點也沒錯，所有東西都會振動**。組成我們周遭各種物質的分子表現出複雜的原子諧振。

　　我們可能會以為，像水這類簡單的常見化合物，由兩個氫原子與一個氧原子藉由電子鍵結而組成，具有剛性結構。其實不然。這些原子稍微延伸遠離其他原子，然後突然回彈，好似橡皮筋一般。在此同時，這些原子扭轉，然後回復原狀，還像節拍器一樣前後搖晃。這些反覆進行的原子運動——扭轉、延伸、搖晃、彎折和擺動——各自有其精準週期，介於每秒一兆次到一百兆次之譜。你可能認為這種晃動會減緩乃至停止，但它永不停止。

　　同樣的，光本身是由磁和電的波組成，其脈動率視顏色而定。舉例來說，綠光的光波每秒脈動五百五十兆次。這些振動不只是規律得超乎尋常而已，所產生的後果也很嗆辣。

　　舉個例子，一輛停放在陽光下的汽車會變熱，是因為車內遠紅外波的脈動率碰巧與汽車玻璃的原子振動率吻合。這產生一種混沌不明的邊界，阻止熱像光那樣透窗逃逸。相反的，光進得來，但光所產生的熱出不去，這使得你進車內時會感到非常不舒適。曾有人因為把寵物、小孩留在像這樣停放的車內而被捕。起訴罪名大概不會鉅細靡遺地載明嫌犯「無視於超快速振動的致命危險性」，但總

而言之就是那麼回事。

　　再舉另一個例子，鉻被用來裝飾摩托車、讓汽車外露的金屬部件看起來如此閃亮。之所以會這樣，是因為鉻元素的外層電子吸收了撞擊它們的光子，再放射出去。但光跑不了太遠。該金屬的內層電子被牢牢固定在軌道上，以致彈性太小而無法振動並發出光。最後的結果是，陽光擊中鉻和其他大多數金屬時，既未被完全吸收，也沒有穿透。既非透明，也非黯淡，而是另一種模樣：反光。

　　所以，我們周遭不是只有賦動現象而已。自然界並非一味熱中於那些難以計數、造成強烈日常經驗的脈動。自然界也把秒——或是毫秒、整秒、分、年、世紀、千年，你說得出來的都行——分割到極小，以之為其時間尺度，不斷地自我反覆而不倦怠。我們的自然界是個在多重層次上閃亮、振動的宇宙。這些彼此交互作用的模式，影響及於萬物——儘管我們對這一切可說是全然不知不覺。

注釋

1. 蜂鳥的雙面性——你一下看見，一下又沒看見——加上賞心悅目的色彩，使得某些古代文明為之著迷。阿茲特克神祇維齊洛波奇特利（Huitzilo-pochtli，意即「左邊的蜂鳥」）通常被畫成一隻蜂鳥，蜂鳥輪廓也出現在著名的祕魯納茲卡線之中。

2. 希臘人藉由搬弄他們的神話圖卡，為生物創造出想像中的可能運動方式。比方說，人首馬身所產生的組合，以某種方式發揮各自的優點。我最喜

歡的這類混種生物是伍迪·艾倫所想像出來的，這種生物有獅子的頭，還有獅子的身體——**不同的獅子**。

3. 哥倫比亞大學天文物理系前系主任赫爾方（David Helfand）告訴我，他曾運用揮動手指的技巧「凍結」蟹狀星雲中心著名的脈衝星並進行觀察。該星每秒明暗閃爍三十次，遠遠超過一個人的知覺能力，只能把它當成穩定光源。但赫爾方藉由在望遠鏡目鏡前快速擺盪他的手——做出像扇葉那樣的運動——而使之閃爍。低科技，但有效。

4. 現代電影會把同一格影像做成三個排成一排，中間夾著一閃而過的黑畫面，接著是下一格的三個影像，依此類推，每秒總共有七十二幅影像加上七十二段一閃而過的黑畫面——其實每秒呈現出來的只有二十四格**不同影像**。採用這種作法之後，沒人抱怨看到任何閃光了。

5. 鐵生鏽是個悠閒的過程，因為這需要快速運動的原子來撞擊。在日常的真實生活處境中，鐵原子的平均速度太過從容不迫，無法與氧進行反應。但不管是在什麼時刻，總會有一些原子移動得比全體平均快，就是這些原子持續製造出氧化反應。

6. 如果持續加溫的金屬發出紅光，然後是橘光、黃光和白光，而如果該物質沒有先沸騰為氣體的話，下一個色光會是藍色，那綠光怎麼了？除了綠光之外，彩虹所有色彩都有所表現。為什麼？這個答案也可以解釋為什麼沒有綠色恆星：當綠光放射到最大，在人眼看來是白色。那是因為在那一刻還有大量的紅、藍光混在其中，而每當這三原色同時射中我們，我們的視網膜感覺到的是白色。在這些情況下，白色**就是**我們的綠色。

∞第 15 章 ∞

聲光之障

天雷勾動了三千年探尋

盡其所能地快，光速，你知道的

一分鐘一千兩百萬英里……

——愛都（Eric Idle）與瓊斯（Trevor Jones），
〈銀河之歌〉（The Galaxy Song），1983

音障。光速。

這些經典物事給迷惑的人們製造了無窮無盡的心靈折磨。我們這些完全依賴聲光的人早就學會一件事：自然界以最急板指揮其交響樂。那些與聲光關聯最密切的人甚至得享大名，像是突破音障的葉格（Chuck Yeager, 1923– ）〔譯注：葉格曾任美國空軍試飛員，1947年 10 月 14 日駕駛實驗機 X-1 成為突破音障的第一人〕和光的作曲大師愛因斯坦，後者在他著名的方程式 $E = mc^2$ 中，以小寫 c 代表光速。

在這些 20 世紀名人成為聚光燈焦點的許久以前，這個令人摸不著頭腦的疑難已經開始出現了。一切可能都源起於雷電交加的暴風雨。大自然**唯有此時**方才同步展示耀眼的光芒與震耳欲聾的聲響。這種展示總是引來眾人注目。在亞里斯多德的年代，閃電會令

人暫時目盲，雷聲把碗盤震得喀啦喀啦響，戶外則不祥地一片鴉雀無聲。

至少，現在的我們是以科學方式來看待雷雨。閃光來時，我們想到的是「電」，並安慰自己：美國死於閃電的每年平均不到一百人，英國只有三個人，十之八九不會是你。如果你是女非男（男人被擊中的頻率高了 5 倍），而且既不釣魚也不打高爾夫（最吸引閃電的活動），說不定還可以坐下來欣賞這場火爆演出呢。[1]

回顧帕德嫩神殿建造當時，容易引來閃電的高爾夫球場不多，雷電交加的暴風雨總是被當成──意料中的──神力的展現。thunder（雷）這個字源自於古斯堪地那維亞的神祇 Thor（索爾），這個揮舞槌子的神祇也給了我們 Thursday（星期四）這個字。

不過他大概沒有獨占權。基督教聖經多次提及耶和華所施加的閃電。第一次是出現在〈出埃及記〉第九章第二十三節：「摩西向天伸杖，耶和華就打雷下雹，有火閃到地上。」

這種帶有娛樂效果的威嚇手段也是希臘羅馬眾神的拿手招數。終極雷電射手當屬日耳曼神祇多納爾（Donar）和希臘神祇宙斯，後者即羅馬人所說的朱比特。如果你往東走，就算有辦法躲過歐洲諸神之怒，也會遭到斯拉夫神祇佩庫納斯（Perkunis 或 Perkūnas，波羅的海地區的雷神）和印度神祇因陀羅（Indra，印度教雷神、戰神，佛教的帝釋天）先後痛擊。

閃電往往被描繪成一把標槍。在羅馬時代，無論閃電擊中了什麼，都被視為神聖之物。有時候，有玻璃砂熔岩標示電擊之處，那個地點會以圍欄隔離以示尊崇。雖然當局並未真正授權許可，但死

於閃電的人會因地制宜，在祝聖地點就地下葬，不運到墓地去了。在非洲和南美洲文化的神話中，巨大的雷鳥被指為暴風雨的肇因。

在古典希臘時期，科學與自然觀察蓬勃發展，視覺與聽覺的重要性引發廣泛思索聲音與影像如何能從 A 點移動到 B 點。儘管假說的構思並未中止，但早年那些令人困惑的基本謎題，如今已轉變成現代噱頭式科學不斷泉湧的源頭。[2]

在舊約聖經諸多內容落筆撰寫的那個世紀，見證了第一波針對視覺與聽覺狂熱而來的非宗教觀點，這是由希臘思想家泰利斯（Thales, c. 620–c. 546 BC）及其追隨者阿那克西曼德（Anaximander, c. 611–c. 547 BC）和阿那克西美尼（Anaximenes, c. 585–c. 528 BC）所提出。這三人因為退出宙斯擲標槍這項活動而加分，即使他們的結論錯誤。他們都在著作中寫道，雷是風擊穿雲層，他們相信是這個過程引燃了閃電之火。因此，雷先出現，這結論在接下來的兩千年一直受到擁戴，真奇怪。

倒也不是無人異議。阿那克薩哥拉（Anaxagoras, c. 499–c. 427 BC）說，因為某種原因，是火光先閃現，只是被雲裡的雨給澆熄了。他相信雷鳴是閃電被猛力撲滅的聲音。

亞里斯多德的腦袋裡塞滿了對萬事萬物精細複雜的定見，而在他西元前 334 年前後那部叫做《天象論》（*Meteorologica*）的論文集中，亞里斯多德加入了這場戰局。在該書中，他與泰利斯站在同一陣線。他寫道，雷鳴是困在雲層中的空氣猛烈撞進其他雲層所發出的聲響，他還說：「閃電是在這衝擊之後所產生，所以比雷鳴晚，但我們好像會覺得閃電先於雷鳴，那是因為我們聽到響聲之前

就先看到閃光。」

　　這並非全是胡扯。這是已知最早做出光**移動**比聲音快的陳述。這似乎是開創性的概念，又一項證據顯示亞里斯多德是資優班的。其實，判定光和聲音的**相對**速度完全不需要用到天才級的智商。大廳內和峽谷裡的回聲一直都暗示著聲音是動作慢的那個。

　　經過一個世紀又一個世紀，用雲層互撞來解釋雷雨依然廣受採用。西元前 1 世紀中葉左右，羅馬詩人盧克萊修（Lucretius, c. 99–c. 55 BC）在其《物性論》（*On the Nature of Things*）中描述閃電：

> 〔……〕群風爭戰之際。絕無一絲聲息
> 響自碧空萬里如洗；
> 第於天象更添深濃處
> 重雲偶合，遂發緊密益切
> 轟隆隆破空巨響。

　　為什麼「先有閃電」這個百分之百更加正確的想法沒有流傳開來呢？大概是因為在那個槍炮尚未出現的年代，那是個獨一無二、全無先例的事件。[3] 光不曾發出聲響，尤其是天上。日月當然是寂靜無聲，常見的火流星和螢火蟲也是如此。曙光一樣靜默無語。即使是生物學領域的螢火蟲和發螢光的海中生物，亮光也是在寂靜中展現。

　　在此同時，有些古希臘人跳過暴風雨，直探聲音的本質。畢達哥拉斯納悶：為什麼某些音符的組合聽起來就是比其他組合悅耳？他有了一個驚人的發現。他拿各種不同長度的弦來做振動實驗，發

現當弦長互為整數比，所產生的組合總是悅耳和諧。例如，如果彈撥某條弦產生音符 A 的音，2 倍長的弦也會發出 A，只是低了八度，對應的數值比為 2:1。這兩個音之間的音符，則是彈撥弦長比如 8:5、3:2、4:3 等等的弦所發出。亞里斯多德後來正確寫出：聲音無非是空氣因靠近脈動或振盪物體，如弦、沙沙作響的葉子、聲帶及正在震動的銅鐘，而產生的擴張與收縮。

這就是當時的情況，而隨著世紀交替的鐘聲響過一次又一次，音響學並沒有更進一步的發展。聲音這個主題依然神祕，直到科學革命的黎明到來。17 世紀初，莎士比亞藉李爾王之口問道（第三幕第四場）：「天上打雷是什麼緣故？」卻得不到回答。大約同一時期，1637 年，笛卡兒頗具說服力地撰文論光學及影像、聲音的傳播〔譯注：指笛卡兒《方法論》一書的附錄〈屈光學〉〕，依然主張雲層互撞產生雷鳴，犯了和兩千年前希臘人相呼應的錯誤。

但事情開始有了改變。我們對伽利略的讚揚在於對重力與自由落體的探索，但這位偉人對於聲音的觀察同樣精準。早在 17 世紀，他就寫道：「波是經由發聲物體的振動而產生，這種振動透過空氣散播，帶給耳膜一種刺激，而心靈將這種刺激解讀為聲音。」〔譯注：出自 1638 年《關於兩種新科學的對話》〕

值得一提的是，這段話答覆了「如果森林中有一棵樹倒下」這個陳年謎題。〔譯注：謎題內容大致如下：如果森林中有一棵樹倒下，而附近無人在聽，那麼這棵樹有發出聲音嗎？〕今天絕大多數的人都會認為，倒下的樹有發出聲音，即使附近無人在聽。伽利略不以為然。說得確切一點，倒地的橡樹使得空氣受壓而產生複雜的噴吹——實際上是一連串彼此相關的小噴吹，或是數千次非常短暫、個別的氣

壓變化——並向外散播。這些短暫的小小微風並非原本就有聲音，
而是這些靜默的噴吹以一種非常細膩的方式令耳膜振動，脈動快慢
緊接——這就是伽利略觀察到的：「心靈解讀為聲音。」伽利略說
得太對了。他所倡議的，是量子力學出現前罕見希聞的說法：觀察
者的重要性。如今我們知道，自然界與有意識的觀察者彼此相關、
同進同退。要有聲音，兩者缺一不可。

　　因此，伽利略基本上是把聲音定義為壓力波，是快速、複雜的
風吹，是空氣或其他物質中的亂流。後來的研究者發現，周遭氣壓
出現僅僅十億分之一的短暫變動，人類便會感覺到有雜音——也就
是耳膜所受刺激大到足以產生振動。不只如此，只要那些空氣脈動
每秒重複不多於兩萬次也不少於一萬五千次，人類就會聽到聲音。
這些是人類聽覺反應的參數，令耳膜中的神經發出電子訊號給大
腦。出此範圍之外，小小微風無聲疾吹。

　　伽利略之後，聲音的科學進展快速，所揭露的內容更加驚人。
雷電交加的暴風雨也吐露出刺耳的祕密。1752 年 6 月，在一次危
險且稍有不慎可能便會致他於死的著名風箏實驗中，富蘭克林
（Benjamin Franklin, 1706-90）發現了閃電的真正本質。他得出正
確的結論：閃電生雷，而非雷致閃電。不管怎麼說，他早就在實驗
室中製造過火花，而且每次總是隨之聽見**劈啪聲**。富蘭克林以優美
的詞藻寫下：「萬畝電雲霹靂，這勢必響亮之聲會是多響亮呢？」
（他可不是略有涉獵而已。他著迷於揭開電的祕密已逾十年，正是
他打造出**電工**、**導體**和**電池**這些字眼。）

　　德利爾（Joseph-Nicolas Delisle, 1688-1768）甚至更進一步。這
位法國天文學家拿凶宅來當天文台〔譯注：可能是指巴黎的盧森堡宮，

此地在 1789 年法國大革命後的雅各賓派恐怖統治期間曾充當監獄，但德利爾在此地設立天文台是 1712 年，時序不對，作者應是故作誇張之語〕，之後又幫彼得大帝建立俄國的天文學計畫，他在五十歲那年開始研究雷雨。他的判定是：閃電在極遠處也能看見，甚至是超過 160 公里之外，但一般而言，如果閃電出現在不過是 24 公里外的地方，就聽不到雷聲了。即使在我們這個時代，人們還是錯把無聲的閃光歸類為「熱閃電」（heat lightning）——一種其實並不存在的現象——卻不知這只是聲波消散已盡的遠地雷雨。

　　我們接著再回頭來談那罕見的場面：當閃電觸及地面、留下疤痕，就能定出與觀察者之間的精確距離。運用此一距離與先前所測的閃光與雷鳴時間差，「自然哲學家」毫無困難便能給聲音標上 1236 公里的時速。但音速變得**眾人皆知**，是因為一個迷人的概念：**音障**。這之所以引起關注，是因為音障有如一項挑戰。沒有味障或光障，為什麼單單聲音有？

　　這個觀念興起於現代航空年代，在此之前，除了趕牛鞭和子彈，從未有任何人造物跑那麼快。這個障礙之所以成問題，是因為空氣的壓力波會積壓在逼近音速的物體上，音爆就是因此而產生。在飛行員試圖達到音速的 1950 年代初，這種密集的空氣壓縮古怪地導致噴射飛行器的控制問題。至於雷鳴會拉長而呈連續的隆隆聲，19 世紀的科學家正確指出原因：離聽者較近的那些段落的閃電所發出的聲音，比其他段落先傳到。因為電光的長度要超過 1.6 公里很容易，從不同段落傳來的聲音可以使轟隆聲持續超過五秒。

　　但即使到了 20 世紀，當雷雲開始與飛行機器分享天空舞台，還是沒有人知道閃電是如何產生雷。有三種出色的理論，每一種聽

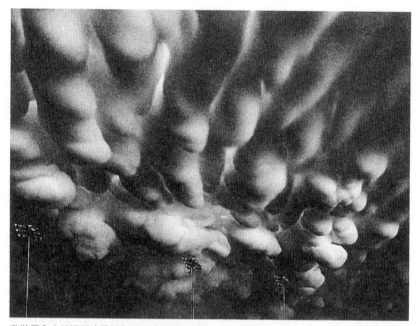

乳狀雲內含的這種疾風猛烈到所有飛機，無論大小，都要避而遠之。（Jorn C. Olsen）

起來都滿有道理。來吧，試試手氣，你會把你那一票投給哪一種？

　　1903 年的蒸氣理論說，閃電突如其來地蒸發其路徑所經雲層的所有水分，這種高壓蒸氣猛烈擴張，產生了雷聲，像正在爆發的火車頭蒸汽鍋爐內所發生的情形一樣。

　　另一個理論從 1870 年就有——正值化學發展的狂熱高潮——主張閃電中的電就像燒杯水中的電極，把雲裡的水解離成各自分離的氫原子和氧原子。當這些原子快速地再次化合，其結果是一場大爆炸。畢竟這些元素混合在一起，如果旁邊有火花，免不了要爆炸。這就是 1986 年挑戰者號太空梭災難事件所發生的情況。

　　第三種想法發表在 1888 年的《科學人》雜誌。一位名叫赫恩

（M. Hirn）的人提出這個理論：「名之為雷的聲音起因很單純，電火花、也就是閃電所經過的空氣突然溫度升到非常高，且體積大為增加。因此而突然受熱膨脹的氣體柱有時長達數英里，而且……接下來噪音一口氣從整個氣柱中衝出，但在觀察者聽來，無論身在何處，這聲音是從離他最近的閃電發出。」

　　最後這個假說——歷經過數十年爭論——獲得了科學社群認可。雷就是爆炸性膨脹的空氣。

　　全都是運動，大規模的運動。作用於甾類化合物的電弧、超音速的氣體膨脹，然後是與閃電成直角、以音速競跑的壓力波。

　　接下來就談到細節了。不過，這細節還真不得了啊！閃電是在十毫秒內產生的約攝氏 30,000 度熾熱——遠比太陽表面相對微溫的約攝氏 6000 度更熱。相較之下，鋼，力量的象徵，「僅僅」攝氏 1371 度就變成液體。閃電那發了瘋的熱使得原子裂成碎片，剩下猛烈膨脹的電漿，所產生的壓力比周遭空氣還要大上 10 倍。難怪這些暴風不會安安靜靜地躡腳尖。

　　抓狂般擴張的氣體產生了寬程聲譜。但高音馬上消散，幾英尺就沒了。高音波脈動快速，卻沒法維持下去。這就是為什麼當那些青少年開車從你旁邊經過，收音機放得震天價響，你卻只聽到沉悶重擊的低音。音樂中的高音甚至無法撐過 9 公尺距離、傳到你靠人行道那邊的耳裡。這也解釋了為什麼霧笛設計成只發出低音。這種聲音傳得遠，而高音發揮不了作用。

　　因此，雷聲傳得越遠，就變得越低沉。這麼一來，閃電的音軌以三種方式透露出閃光的位置：響度、聲音有多銳利（相對於混濁程度）和音高。如果你差一點被閃電擊中——這種情況下的聲音和

閃光會同步——你所聽到的是均衡許多的音樂作品，有很多銳利、高到劈啪響的音。本書剛剛完成時，這種情況真實發生在我家中工作室的外頭，剛好趕上寫進這段。閃光和震耳欲聾的爆裂聲完美同步，彷彿大自然正在說：「你們想要親身體驗這種經驗？好，這就來吧！」的確，把耳朵震聾的爆炸音高完全不在低音音程內。當轟隆隆的雷聲緩慢而且模糊，這一定是在 3.2 公里外。

不過，談到真正的精準度，古老的作法依然適用。計算閃光到第一聲雷響之間的秒數，每多一秒就意味著閃電離我們又遠了 335 公尺。五秒標示著閃電在 1.6 公里處——幾乎就在鼻尖上。

所有人都可以輕易察覺出八分之一秒的光、聲落差，這對應的距離是 45 公尺。所以當閃光與爆音似乎真的同步時，閃電離你只有市區兩個路口的一半還不到，名符其實的擲石所及。真的是擦身而過。

當我們說到音速，通常指的是聲音在空氣穿行的運動速度。但聲音在各種不同物質、甚至是其他氣體中的行進各有差異。從宴會汽球裡吸一點氦氣，我們就會有小矮人的聲音，因為我們的聲音穿過氦氣時，速度會達到瘋狂的每秒 975 公尺，也就是比聲音穿過正常空氣還快 3 倍。聲音穿過液體或非多孔性固體時衝得更快。穿過水比穿過空氣要快 4.3 倍，而穿行鐵軌的鋼則要快上 15 倍。[4]

在此同時，閃電，這種種聲音和狂暴的肇因，以光速——**比聲音快 100 萬倍**——奔向觀察者，根本是瞬間到達。精確來說，1.6 公里外的閃電在發生後 0.000005 秒就被看見了。

幾千年來，光一直被認定擁有快到無法測量的速度。人們覺得

光在發生的同一瞬間就抵達遠處。到了 17 世紀，當真相終於透漏時，光在某些方面變得比較容易理解，但對那些研究光的人來說，卻也越來越引人好奇。即使到了今天，我們這些非以教授科學為業的人，也少有能直截了當陳述光到底是什麼。一口氣說出光的速度——每秒 299,792.458 公里——要比說出光的成分來得容易。確實是如此，不論我們認為光是粒子或是波。

波似乎是以明顯可見的方式在運動，但絕不涉及任何前進運動。實際上是沒有任何物質在前進。當海浪通過某一片著生海床的藻類，這植物只是上下浮動。所以，正如我們在第十三章所見，海浪向前移動，但構成海浪的海水並未前移。

同樣的情形也適用於聲音。朋友在購物商場中庭的另一頭大聲招呼，但沒有任何東西從他那邊跑到你這邊來。他只是在嘴前的空氣中製造出一股亂流，空氣中的分子推擠旁邊的分子，就這樣一個接一個，直到鄰近你耳膜的分子振動了那片薄膜。沒有任何實質物體跑過來，一顆原子也沒有，連 1 英寸也沒動。

對此有一經典證明，這必須把一條長繩從旗桿或鷹架頂端垂掛下來。給繩子底部啪地抽一下，製造出一個漂亮的波形，流暢地一路往上疾奔。這看起來像一個正弦波在進行活生生的鉛垂運動，但實際上，繩子的每一個部分只是前後波動而已。

所以就光而言，一開始的那個問題變成：到底是什麼在運動？

古希臘人相信，光是從眼睛向外跑的一道射線。但古代其他思想家則認為，視覺是這道眼射線與太陽這類光源所發射的某物之間的交互作用。最接近真相的希臘人是盧克萊修。他在《物性論》中寫道：「太陽的光和熱是由微小的原子所組成，當這些原子被往外

推，便一刻不待地跨越空氣的間隙，順著那一推的方向射出。」

　　盧克萊修把光當成粒子的觀點——最終得到牛頓的支持——其中那句「一刻不待」意味著同時性。不管怎麼樣，在接下來的幾個世紀，大眾依然把光當成只是一種眼睛的現象。

　　等了整整一千年才有所改變。下一次真正的突破來自阿爾哈金，我們之前已經見識過他對大氣層的精準評價。西元 1020 年前後，他說視覺純粹是光進入眼睛的結果，眼睛本身完全沒射出任何東西。他那高人氣的針孔攝影機令他的論證更有分量。但阿爾哈金的成就遠不只此。他以出色的解說指出，光是由細小、直線運動的粒子流所構成，這些粒子來自太陽、遇物體而反射。他堅持光是以快但**有限**的速度在行進。他說，折射——光的彎曲，就像落日看起來扭曲那樣——是因為光通過密度漸進式增大的物質時**減速**所造成，像是地平線附近的濃密空氣。

　　阿爾哈金說得一點也沒錯。他字字珠璣的結論領先眾人六個世紀。舉例來說，克卜勒在 1604 年針對光做了巧妙的觀測，但還是相信光的運動無限快，而經過一個世代之後，笛卡兒又把這個錯誤的觀點重申了一次。更糟的是，笛卡兒一再發表無限速度的論證，並宣稱他願「為此賭上自己的名聲」。

　　到頭來，斬釘截鐵成了虛妄一場。但我們不應仗著後見之明嘲笑這些偉人：無限速度是一種非常前衛的概念。想像極快之物誰都會，人人都知道反正光一定是快到破表。但，一出發就抵達呢？完全不花時間？這會使得光殊異於整個自然界（後來知道量子現象才是跑無限快，我們在倒數第二章會談到）。

　　在此同時，關於「光是什麼？」的辯論吵翻天。這場辯論越來

越火熱，幾乎有拿食物互砸的水準。17 世紀後期，牛頓加入克卜勒陣營，主張光是粒子流，但虎克、惠更斯（Christiaan Huygens, 1629–95），這些人則堅持光是一種波。當然，如果是的話，那是什麼波？這麼一來，這些文藝復興時代的科學家不得不相信空間中充滿物質（後來稱為乙太），因為必須有一種物質實際進行波動。

有一項顯而易見的事實，最後令許多人轉而支持牛頓的粒子觀。當一個張角小或距離遠的物體，如太陽，所發出的光通過一道銳利的邊，如房屋的牆壁，會在鄰近物體上投下一道邊緣銳利的陰影。那就是直線運動的粒子會做的事。反之，如果光是由波所構成，應當會向外擴散——**衍射**——就像漣漪和海浪繞過防波堤的情況。這些邊緣銳利的陰影為牛頓的天才聲譽再添一筆，讓波動說支持者一副腦袋怪怪的樣子。

在此同時，有限對無限的吵吵鬧鬧，終於在 1676 年丹麥觀測者羅默（Ole Rømer, 1644–1710）確定光速時畫下了句點。〔譯注：羅默任職於法王路易十四治下的巴黎天文台時算出光速〕任何一個有小型望遠鏡的人都可以看到木星的四個大衛星，在 399 天的循環週期中繞著巨大的行星加速又減速。意思是這些衛星有大約半年移動得比另外半年快。這產生了不難觀察到的特殊現象，像是每顆衛星通過木星前方時，都出現比平均軌道繞行速度「提早」或「延遲」多達十五分鐘的情況。每當地球接近木星時，這些衛星就衝得比較快。反之，當地球慢慢遠離，說也奇怪，這些衛星變得拖拖拉拉。

當時，羅默的腦中有某樣東西**啵地**跑了出來，他咬到一半的糕點也掉了下來。當地球正在飛離木星時，木星動態境況的每一幅影像都必須走得更遠才能到達我們這兒！在這種時候，我們兩個世界

相隔距離每秒鐘增加 30.5 公里。用我們今天的視覺化說法，這部電影的每一「格」畫面都必須傳送得比上一格更遠，而這就要花點時間了。**當然**，這麼一來，這些景象似乎會以慢動作呈現。這種遲延證明了光並非無限快。

這位了不起的丹麥人計算出光的速度為每秒 225,309 公里。由於每秒 299,792.458 公里的正確速度得再等兩個世紀才能定案，羅默只少算了 25%，算是很厲害了。的確是沒辦法做得更好，因為當時還不知道地球到木星的真正距離，而這得再等上三個世代的後浪推前浪，才有合理的方法來揭曉謎底。

此處並不適合――細述諸如法國物理學家菲涅耳（Augustin-Jean Fresnel, 1788–1827）、法國數學家暨物理學家帕松（Siméon-Denis Poisson, 1781–1840），還有法拉第（Michael Faraday, 1791–1867）、馬克士威（James Clerk Maxwell, 1831–79）、普朗克（Max Planck, 1858–1947）和愛因斯坦這些天才的迷人故事，他們對於光的理解都有卓越的突破創見。或是量子力學派的印度物理學家玻色（Satyendra Nath Bose, 1894–1974）、丹麥物理學家波耳（Niels Bohr, 1885–1962）、法國物理學家德布羅意（Louis de Broglie, 1892–1987），還有海森堡和薛丁格（Erwin Schrödinger, 1887–1961）――他們使光的理解更加清晰，卻也更加怪異。本書的目標只針對速度和運動的部分。

不過，還是可以花幾分鐘釐清究竟是什麼在運動。

波粒爭議？彷彿有某位大智大慧的所羅門王在統治自然界一般，三兩下就宣布**各家**說法都對。[5] 蘇格蘭物理學家暨數學家馬克士威證明，光就是自續磁力波加上與該磁力波成直角的電脈衝。兩

者一起出現，以相互培養的方式孳生彼此。這麼一來，光理所當然被稱之為**電磁**現象。與聲音有所不同的是，光不是某種介質中的亂流，光是依憑自身而存在，光很樂於在空間的真空中穿行。

電磁一詞中的「電」字頗有幫助，聽起來像「電子」，1899年第一個發現的次原子粒子。這並非巧合。後來知道光的誕生只有一種方式：如果一個原子受到能量衝擊，因而激發其電子，想像它大叫一聲後跳到離原子核更遠的軌道上。這些電子不喜歡待在那兒，所以幾分之一秒內就掉回到比較接近原子核的軌道。電子這麼做，原子就失去些微能量。這些微的能量立即轉換成些微的光，像魔術般在空無之中具體成形，接著以其名聞遐邇的速度衝了出去。

這是從古至今光唯一的誕生方式。誕生自看似一片虛無之中，每當電子向其原子中心移近之時。簡單，真的。但你去問你的朋友光是如何創造出來，所有人都會賞你白眼。

所以，光是一種電與磁的波。至少，這是對行進當中的光最佳的具象化方式。但在光發出的那一刻，還有光撞及某物之時，其行為卻像是顆小小子彈、無質量的粒子，也就是光子。如今我們可以稱之為光子，或稱之為波，同等正確。無論你把宇宙分切得多細，還是有很多的光——每一個次原子粒子有十億個光子。

不管怎麼樣，量子派的傢伙證明，電子這類固態物體也可表現出能量波的行為。當觀測者用實驗儀器去確定原子中的光子或電子位置，光子和電子總是表現出粒子的行為，並且做出只有粒子能做到的事，像是通過兩個小孔的其中一個，但不會一次通過兩個孔。但當沒有人在測量到底各個光子和電子位於何處時，它們就表現出波的行為，模糊難辨地同時通過兩個孔，在另一邊的感測器上產生

干涉模式——這只有波能做到。

因此，觀測者對於自己之所見扮演了關鍵的角色。現在大部分的物理學家都認為，必須要人類意識才能讓電子的「波函數」坍縮，以致如粒子般占據一特定地點。否則的話，波函數只是不確定的機率項，既無位置、也無運動。

但如果有一隻**貓**在看的話，電子的波函數會坍縮而變成實存的粒子嗎？如果周遭無人，光會一直都是波而絕不會是各自分立的光子嗎？我們對這兩個問題的最佳解答分別是「我哪知道啊？」和「沒錯」，但顯然這整件事就像愛麗絲漫遊奇境那麼怪異。

而光速這件事也與直覺牴觸。光子在真空中總是每秒前進299,792.458 公里。光速恆定的名聲當之無愧，但只有在穿行空無一物的空間時如此。在通過較為稠密的透光介質時，像是水或玻璃，光子似乎就慢了下來。**似乎**？呃，到底是有慢還是沒有慢啊？

你來決定。

光通過玻璃時，只以其常速的三分之二在移動，也就是每秒「只有」193,122 公里，而通過水則為每秒 225,309 公里。這種速度變化一點都不微妙，也不傷腦筋。這使得魚缸裡的魚出現在引發錯覺的位置，也導致半玻璃杯水中的湯匙看似彎折。玻璃的密度讓瓶裡裝的蘇打汽水看似比實際的還要多。

但再靠近一點看：光子正在撞擊物質原子、被吸收，然後產生新的光子繼續行進。你透過窗戶看到影像，而組成這些影像的光子與一開始撞擊玻璃外側的，是不同的光子。由於吸收與再射出的過程要耗費一點點的時間，光通過窗戶要比通過空氣耗時更久。但在各玻璃原子之間，每個光子實際上仍然是以其名聞遐邇、超級快的

恆定速度飛馳。

各種色光以各自的速度穿過清透的材質，這種差異使其路徑有所分歧。阿爾哈金在一千年前就知道這一點。

各色光因其速度有別以致其路徑彎折，稱為**折射**。在陽光射中稜鏡且其成分色光彎折成牆上絢麗開展的光譜時，我們看到此一現象。牛頓發明一套容易操作的儀器加以解釋，令所有心存懷疑的人都閉上嘴巴。在他之前，所有人都認為玻璃引入的只是扭曲影像，色彩都是捏造的。牛頓擊敗他們的方法是讓這些色光射中第二塊的反轉稜鏡，把這些色光再次彎折、再次組合。白光出現。如果玻璃產生的色彩是扭曲的結果，那麼牛頓的雙稜鏡應該會產生更大的扭曲。相反的，他證明當我們看到白光，那是我們的眼睛對所有色彩混合的反應。

白光就是彩虹放進了攪拌機。[6]

但在真空中，所有色光都以相同速度飛行。這是萬物所能達到最快的運動速度，而其實，沒有任何具重量的物體真能達到這個速度。光一奈秒、也就是十億分之一秒行進 1 英尺的距離，所以當我們看到 10 英尺外的某物，我們看到的不是它此刻的影像，而是它十奈秒前的樣子。我們總是看著過去。

我們觀測到的太陽是它八分半鐘前的樣子。如果它此時此刻爆炸，我們可以稍晚一點再去面對這個令人喪氣的消息。我們看到的恆星是它們幾年前或幾世紀前的樣子，星系是它們幾百萬或幾十億年前的樣子。[7]

我們把快但有限的光速應用在我們最喜歡的幾項科技上。GPS 衛星裡有一具原子鐘會送出時間訊號，你車上的 GPS 接收器了解

這是錯誤的時間。之所以錯誤，是因為光速行進的訊號需要二十分之一秒，才能從你頭上 17,700 公里處的衛星到達你的車上。你的 GPS 知道正確時間，馬上計算出那顆衛星必須有多遠，才能讓訊號剛好延遲那麼久的時間。GPS 靠著三、四顆衛星來做這個計算，並由此三角定位出你的必然位置。這一切都是運用已知的光速。

但光的恆定性**太過**完美，這說不通。如果你一邊朝著太陽飛、一邊測量它射過來的光子，按理說，與光子互撞的這個動作應該會使它們更快擊中你，這是你自身速度加上光子速度的結果。或是你以近光速從燈泡裡衝出來，應該會認為所有光子都是勉勉強強追上你而已，而且所測到的光子速度會比較慢。但並非如此。在每一種情況下，光都是每秒跑 299,792.458 公里地擊中你。[8]

地球一邊繞著太陽公轉，8 月時以每秒 30.5 公里朝橘色恆星心宿二（Antares）咻地猛衝，每到 2 月則背對著它快速遠離。但它的光子在不同季節是以不同速度來到我們這兒嗎？根本不是，實際情況就好像我們靜止不動一般。

所以，光速恆定比牴觸直覺還糟。它是怪，而且驚人。[9]

結果是距離收縮，而且時間以我們根本沒注意到的方式改變其流逝速率，這一切使得我們所察覺到的光不管怎麼樣都以相同速度在跑。不知怎的，光具有比時空，以及其他我們一向認為不可改變的種種事物，都更加基本的真實性。

為了給致力尋找真正光速的故事做個了結——這項引發偏頭痛的探索持續了好幾百年——我們之前讚揚了羅默的木星衛星法，這種方法給出的數字只少了 25％。但要是能在地球這兒加以測量，

豈不是既神奇又令人滿意，還能贏得同行的讚賞？牛頓和他同時代的人試過拿著明亮的燈站在山頂上，燈上裝有快速遮罩。他們的同伴位於幾英里外的另一座山上，按照指示一看到對面的燈光，立刻掀開自己那盞燈的遮罩。對面那個人應該可以簡單地加以計時，算出打開自己燈罩到看見同伴回射光線之間的時間間隔。但當他們實際去做，這個時間差對人類反射反應來說永遠只是一眨眼而已（後來知道即使是射到位於 32 公里外的鏡子再反射回來，所產生的時間差其實也只有千分之五秒）。

1850 年，迷霧終於散去，傅科改良了另一位法國人所發明的儀器〔譯注：這位法國人即物理學家斐索〔 Armand Fizeau 〕〕，終於逮住光速。這個想法是讓光從快速旋轉的多邊形鏡子跳到平面鏡上再跳回來。光子在空氣中短暫飛行的期間，旋轉鏡的角度改變，光線反射的方向稍有差異，可以透過標有精細刻度、類似顯微鏡的裝置判讀出來。知道鏡子的轉速，因而知道其角度變化，也知道光線行進的總距離，以傅科的例子來說是 32 公里，我們就能精確測定光的速度。七十五年後，波蘭裔美籍物理學家邁克生（Albert Michelson, 1852–1931）改良了這個方法，當時所確知的光速之誤差範圍僅只每秒 3.2 公里。〔譯注：作者指的是 1926 年的測定，其實邁克生早在 1879 年就因光速測定實驗而聞名〕

到了我在大學裡做這項驗證時，一間實驗室就放得下整組儀器，誤差範圍每秒不到 1.6 公里，而今天的雷射使得光線更細小也更加精準。

唯一仍令人困惑的還是那個老疑團：我們朝向或背向光源的速度怎麼就不能改變所測到的光速呢？為什麼一輛快速逼近的跑車頭

燈射出來的光子，與一輛停放好的車子所射出來的光子，會以相同的速度射中我們的測試裝置？這好比我們從那個疾馳跑車裡伸出手來，感覺到空氣依然靜如死水，這說不通嘛。

只要牽扯到光，我們就又回到〈創世紀〉裡靜止不動的地球。

只要牽扯到光速，其他事物的運動都不存在。

所有苦思此事者流，包括一代又一代的物理學家和科學愛好者，都大搖其頭，驚奇又難以置信。

注釋

1. 一說到閃電，家就不一定都是安全的。我有一次為了一篇發表於 1984 年、談安全性的文章，仔細蒐集了許多當事人的陳述。第一則是來自一位朋友，他們家祖孫三代在紐約州卡茲奇鎮（Catskill）歡度感恩節。他們有幾個人透過凸窗看到閃電擊中草坪另一端的一棵大樹。緊接著，一顆閃電「球」出現在樹下。那顆「球」開始沿著草坪「滾」向窗戶，正對著他們而來。閃電球滾到窗戶下方，暫時消失在他們視線之外，但接下來令他們心生恐懼的是，板牆上的所有接縫開始發光。突然，那顆炫目刺眼的球出現在屋內，繼續「滾」過客廳。我的朋友說，當那顆球直朝電視機而去時，他那位多年沒有起身走路的伯母跳起來躲開，而那台電視機在一陣火花中炸掉了。經過漫長的好幾秒鐘，所有人都不出聲。然後，他那以不愛廢話著稱的父親終於開了口。他說：「我猜那東西把**那台**電視給收拾了。」

   我的第二則故事與一位住在紐約州索格提斯鎮（Saugerties）村落裡的婦女有關，這是 1983 年一件眾所周知的意外。她說，事情發生的那天，天

空晴朗蔚藍，看不到任何暴風雨的跡象。當閃電爆擊屋頂、把柏油碎塊如雨點般灑在街坊裡，她就在屋內。她在客廳裡被擊中頭部，電從她的大腳趾出去，留下一個黑色烙痕。雖然她的牙齒有很多顆碎掉，而且需要好幾個月復健治療，她把自己大難不死歸功於當時穿著橡膠拖鞋。我問她現在怕不怕閃電。「不，當然不！」她向我保證：「那是百萬分之一機率的事件。我只做了人人都做的預防措施。不管有什麼事，我都確保自己隨時穿著拖鞋。」

2. 其他感覺的傳播速度都無關緊要，甚至引不起注意。很少人想知道嗅覺傳送得有多快。（其實我們有想過──在第七章。還有傳送觸覺與痛覺的神經衝動速度，在第十一章。）

3. 當伽利略在 1610 年至 1630 年代以望遠鏡觀測土星，他把這顆行星描述為──以文字和圖畫──兩邊各有一個握把，就像糖缽那樣。一直到日後惠更斯的觀測，那是伽利略之後整整半個世紀，土星環的真實特性才開始為人所知。〔譯注：惠更斯在 1655 年最先正確描述土星環〕為什麼？或許是因為在地球這邊，一顆球被毫無接觸的環所圍繞，這種例子一個也沒有。看到毫無先例的東西，觀測者就頭痛了。同樣的原因或許阻礙了所有人想到閃電先於雷鳴。在還沒有鞭炮的時代，沒有人聽過有任何的光會發出聲音。閃電應該是第一種會這麼做的光。

4. 聲音在空氣中只有一種運動方式──壓縮氣體，然後再解壓縮。結果就是聲音推著空氣中的一股擾流往前進，而這股擾流會隨時間而減弱，這也解釋了為什麼隨著距離增加，聲音會變得比較模糊、比較不清楚。聲音所謂的縱波，也就是只沿著行進方向運動，也出現在聲音穿過固體時。然而在後面這種情況下，還會有第二種波存在。這就是物質在上下方向的變形或彈性變形，通常稱為剪力波或橫波，其行進速度其實可以不同於縱波──讓聽者接收到兩種不同的聲音。剪力波在固體中的速度，由牛頓在其 1687 年的萬能大作《自然哲學之數學原理》中精確計算出來。這個速度決定於固體的密度、硬度和壓縮耐受性。

5. 鬧得沸沸揚揚的波粒之爭讓我想起那個老笑話：和藹可親的法官從不想讓任何人難過。兩造之一在他的庭上爭論案子，他說：「你說得對。」接著對造提出強烈的反方辯論，法官對他說：「**你說得對！**」聽到這話，原告憤怒地起身說道：「但庭上，我們論點相反，不可能全對！」法官只是微笑著說：「你說得對！」照同樣的道理，波、粒雙邊的鼓吹者全都正確。

6. 其實，要讓我們看到白光，混合時只需要納入等量原色光就行了——紅、綠、藍。任兩種或全部三種原色光不等量混合，會創造出其他各種可以想像得到的色彩。顏料的原色是青、品紅和黃。藝術家混合這些原色，創造出其他顏色，但與光不同的是，光只需要加入更多不同波長的光就能改變色彩，而顏料則需要**減去**混合物所反射的一些光。畫布不會自己發光，相反的，畫是擺在白光下看的，上面的每一種塗料都吸收了室內光線中的一種或多種色光，使得反射到你眼中的是藝術家希望那個部位呈現的色調。如此一來，增加更多的顏料，就是減去更多周遭的光。事實上，顏料的每一種原色都是由光的兩種原色等量混合所構成。也就是說，紅光和綠光結合產生黃光，而黃是顏料的原色。同樣的，紅光和藍光產生品紅色，藍光和綠光產生青色。

7. 我們有沒有可能對於以光速前來的物事有任何預警？不可能。在《星際大戰》類型的電影中，片中英雄的太空船熟練地閃避、迂迴以躲開雷射武器和光子魚雷。現實中無法預料光製武器的脈衝或射線何時到來，無法「看到它們快來了」。然而，我們可以偵測到**反射**。就拿太陽突然變暗來說吧，儘管我們無法預先看到這件事發生，但我們可以看到各行星一個個瞬間暗掉，因為自其表面反射的光不再到來。水星會最先消失，然後是金星，在地球的向陽半球失去光明之後，土星還會繼續閃耀超過一小時。因此，如果太陽之死發生在晚上，我們可以預先察覺，不用等到永遠不會來的日出時刻。

8. 如果這樣還不夠怪，把棒球的行為方式想像成光子那樣好了。想像開著

一輛小貨車，以每小時 145 公里直衝打擊者而去，投手站在貨車車台上，飆出他最佳的時速 160 公里速球。邏輯上，這球應該會以沒人打得到的每小時 305 公里抵達打者那兒。但要是球仍以相同的 160 公里時速抵達好球帶，無視於車輛的運動，即使車輛從投手板急速衝出？那還不怪嗎？但這正是光子的所作所為。

9. 來想點比較合邏輯的行為，以音波來說好了。當我們接近音源時，就像一輛鳴笛救護車向我們衝來一樣，它的警報器音波撞到我們的速度變快。這使得音波擠成一團，音調聽起來升高了。這就是著名的都卜勒頻移（Doppler shift）。但當我們接近光源時，光波的確擠成一團，改變所觀察到的色彩（因為和紅光的光波比起來，藍光的光波彼此間靠得比較近），但每一個光子的速度從不變慢。這很怪，而且與直覺牴觸。

第 16 章

廚房裡的流星

以及其他特殊的流星墜落地

未經探查的宇宙為吾居處，

我過門不入，任性的陌客：

我的摯愛依然是空曠道路

與危險的明眸。

——史蒂文森（Robert Louis Stevenson），
〈青春與愛：之一〉（Youth And Love: I），1896

距今一個世紀多一點的 1908 年 6 月 30 日，一個黑鬍子男人，坐在他那位於地球上最偏遠地區之一的小屋門前階梯上。時間正好是早上 7 點 14 分，雖然他不知道時間，因為他沒有時鐘。他在西伯利亞中南部的平凡家屋有高大筆直的松樹環繞，而其建造並未借助動力工具之便。選在這個地點，是因為貝加爾湖西北方動物繁多的區域鄰近水量豐沛的溪流。

此時此地，他見證了史上有紀錄以來最大規模的隕石撞擊。

明亮的藍色球體，幾可與太陽爭輝，「把天空分成兩半」。這些幸運的觀察者每隔幾年就會在他們家上空看到火流星或爆炸流

星，但這回不同，這顆既未消失於地平線，也非以滿天花火告終。而是當他站著看到目瞪口呆之際，在東北方 64 公里外的天空中直接爆炸，讓他的眼睛看不到通常出現在同一方向低空中的晨曦。

他朝向那一側的身體馬上感受到強烈的熱度，「好像我的襯衫著了火似的」，他在多年後這麼解釋。他不確定是不是應該脫掉衣服；他裸露的皮膚會不會因此接觸到這不知是什麼的東西而有危險？當聽到一聲重擊巨響，他不再猶豫不決，地球震動，而且「好像大炮射出來的熱風在房屋和房屋之間狂吹，地面上也留下痕跡，好像一條條的道路」。這股暴風當場把他往旁吹上半空、拋了 3 公尺遠。他躺在塵土中，勉強算是清醒。

當蘇聯第一支調查隊在超過十年後來到這處爆心地（更大的科學隊伍在 1927 年抵達，這樣的延誤在那個動亂的時代是可以理解的），他們發現占地 2070 平方公里的樹木全毀、燒成焦炭，呈輻射狀被吹倒，其朝向全都背離入侵物爆炸位置下方 4.8 ～ 9.6 公里的地點。日後的分析顯示，這是一顆大小如一棟大房子的小彗星或石質小行星。其爆炸所釋放出的力量介於 5 百萬噸～ 15 百萬噸，相當於一千顆廣島原子彈。[1] 只不過是一塊小小的彗星或小行星碎片，比一間電影院還小，沒什麼超乎尋常之處。光是它的速度就使它帶有危險性。

令人擔心的是，它有二十萬個表親。

在史上有紀錄以來最奇特的天體巧合中，一個有點小的噴氣流星再次於西伯利亞上空爆炸，這次是 2013 年 2 月 15 日。我們知道它比較小（大概是一輛巴士的大小），而且在比較高的地方就炸開了，因為這一顆沒有把人拋上半空，而且一棵樹也沒倒，不過它的

震波打破許多窗戶，造成千人受傷。說它是巧合，不光是因為再次衝著西伯利亞而來，也因為在同一天發生了歷來所觀察到最接近的大型（足球場大小）小行星飛掠——這顆小行星僅以 27,358 公里與我們錯身而過。

在此之前，人類因天體而受傷的正式紀錄只有一件。2013 年，全世界因外星物體造成的傷亡名單從史上有紀錄的五千年只有一人受傷，一下子增加到一千人。

宇宙中沒有任何東西是靜止的。一點也沒錯，萬物都在運動。

我們甚至不必把我們的觸角伸向星系級的距離，最容易和我們扯上關係的速度應該就在我們鄰近一帶。這些物事對我們有影響。月亮和太陽在天上或者排列在同一邊，或者在相反兩邊——兩種型態都施加同等的「拉力」——製造出每兩週一次的大潮。依賴潮汐的生物，像是蛤蜊——尤其是遼闊的海濱草澤中的蛤蜊——及其獵食者，像是海鷗，所表現出來的行為模式配合著一天四次的大小潮，也配合著更大的雙週大小潮。來自天上的天體節奏，就這麼回響並溢流到動物王國之中。

如果限定在離地球相對較近、我們的機器代理人造訪過的地方，或許可以從人類曾經留下垃圾的四個天體之一開始：月球。[2]碰巧月球是宇宙中最慢的物體之一，光是自轉一圈就需要四個星期。而且眾所周知，月球繞我們公轉一圈，正好要花同樣的時間——27.32166 天。結果證明，這看似怪異的巧合既符合邏輯，也稀鬆平常。太陽系一百六十六個衛星——大半有格蕾普（Greip）、帕克（Puck）和涅娑（Neso）之類少有人聽過的名字——幾乎也

都是自轉與公轉週期相同。這些衛星的月分和日數相同。〔譯注：格蕾普為土衛五十一，北歐神話的女巨人之名；帕克為天衛十五，莎士比亞劇作《仲夏夜之夢》的小精靈之名；涅娑為海衛十三，希臘神話的海中女神之名〕

　　這意味著，當兩個天體鄰近時，彼此會互相影響。較大天體的重力主宰這個系統，對其鄰居施加潮汐減速作用。較小天體的自轉逐漸變慢，直到某一半球被鎖定，這個半球永遠面對其母行星。因此，我們總是看到月球熟悉的那一邊，上面的斑點似乎被黏在固定位置上，而隱藏的半球終年朝外，這種情況和白吐司鮪魚三明治一樣常見。[3]

　　這並不意味著月球的動作一點都不酷。恰恰相反，天體中只有

月球是已知宇宙中唯一每小時移動一個自身寬度距離的物體。看這張 2006 年在利比亞沙漠拍的照片，月球剛剛用一小時完全遮蔽太陽。（*Terry Cuttle*）

月球是以「每小時一個直徑」的速度橫越太空。

　　這一點用我們的肉眼就可以看出來，而且一直都可以。在日蝕或月蝕期間，當月球進入地球陰影或遮蔽太陽時，整個隱沒需要幾乎一小時。不管是哪個晚上，離我們最近的鄰居以繁星為背景，每五十七分鐘移動一個「月球寬度」，以時速 3684 公里嘿咻嘿咻地橫越太空（這是平均值，在繞著我們轉的橢圓路徑中，它的移動時速會加減 203 公里）。

　　說到運動，最靠近地球的行星──金星和火星──扮演了美國知名喜劇雙人組伯恩斯與艾倫（George Burns and Gracie Allen）的角色。它們是正常先生和奇怪小姐。火星是不苟言笑的男士，自轉方式和我們非常類似，它的一天長 24.5 小時。但金星很怪，它是宇宙中轉動最慢的物體，一個金星日等於 244 個地球日，簡直沒在轉嘛。

　　把思維局限在離我們最近的四顆相鄰行星，我們發現木星提供了最棒的對照，因為木星是轉動**最快**的天體。儘管木星體積龐大──把木星挖空可以放進一千三百顆地球──僅僅不到十小時就自轉一圈。這是一顆舞姿曼妙的行星。它的赤道移動比我們快 24 倍，快到雲成了水平條狀，好像把顏料潑到正在轉動的唱片上──尤其是從木星兩極上空的太空船往下看的話。這顆行星的轉動快到赤道都向外隆起，使得木星非但不圓，兩極還壓陷。

　　為了把這些全然不同的行星自轉具象化，請畫出你自己沿著各行星的赤道單車路線在兜風。在金星，光靠步行速度就足以超過自轉。輕快的單車兜風便能讓夜色永不降臨。

　　在月球上，你需要走得稍快一點，但馬拉松跑者還是能讓太陽

不下山。月球自轉每小時只有 16 公里，這就是月球群山所投下的陰影在火山口底躕足行進的速度。但木星的赤道以每小時約 40,000 公里一路疾馳，比子彈快 50 倍。

除了自轉速度，每一顆行星逆時針繞太陽公轉（這是從太陽系上方或北方看，所有行星都朝相同方向、單向列隊運動），也有它自己獨一無二的前進速度。

行星速度有一個簡單、合乎邏輯的序列。規則很簡單：你越靠近太陽，就必須移動得越快以維持穩定的軌道，才不會被拉進太陽的重力場而蒸發掉。嬌小的水星以每秒 48 公里一路飛奔。

金星以每秒 35.4 公里咻地衝過去，我們的星球每秒移動約 30 公里，火星跑出每秒 24 公里。你看出其中的運作模式了吧。離太陽較遠的行星移動較慢，可憐被降級的冥王星懶洋洋地拖著腳步，每秒只有 4.8 公里。

在我們的鄰近天體中，沒有哪一個速度特別突出，都沒有超乎預期太多。這些行星就像是圓形軌道上的賽跑選手，一個緊挨著一個在各自的跑道上競速。靠太陽那一側、最接近我們的行星只比我們每秒快 5.6 公里，外側那一顆每秒慢 5.6 公里，沒有哪個跑得比隔壁的瘋狂太多。這就是為什麼飛掠我們夜空的流星看起來很快，但不會快到像發瘋。幾乎所有的流星都是彗星或小行星的碎片，廣義而言，這些流星之母都在我們附近繞著太陽轉，它們的速度與我們相類。

看流星總是充滿樂趣，尤其是在午夜到黎明之間，每小時固定會有六顆飛流星橫越天際。如果這還不能讓你滿意，地球一年會有幾次攔截到濃密的彗星碎片群，到時就能讓你一次看個夠。如果我

　　們遠離城市燈光進行觀測，一小時能看到六十顆以上的流星，一分鐘一顆。這些流星雨──8 月 11 日、12 月 13 日，有時 11 月 18 日也有──提供了生動活潑的運動展示秀，其原因如下：

　　流星撕裂我們大氣層的速度還要看流星走向而定，真夠怪的。這和我們在地球上的經驗非常不同，我們這兒的東西向公車不會衝得比南北向公車更猛。但流星體的空間速度和我們頗為類似。

　　請注意**流星體**（meteoroid）這個新字眼。太空岩石的名稱似乎老是變來變去，以下是這些名稱的使用方式：當猛衝疾馳的岩石飛過太空時，稱之為流星體。就是這種東西能夠且有時真的撞上我們的衛星、甚至是太空站。太空中一顆寬達 0.3 公尺的石頭，以每小時 96,500 公里飛馳、不發出任何的光，是完全看不見的。但要是進了大氣層燒掉，就稱為流星（meteor）。我們很少看到金屬塊本身，因為其尺寸通常如葡萄乾、甚至是蘋果籽大小。我們倒是會看到發光的離子化熱空氣包圍著小到看不見的白熱石子。這種現象通常稱為飛流星（shooting star）。最後，如果流星有辦法落到地上並且被發現，就會再改一次名，這次叫做隕石（meteorite）。

　　不管怎麼樣，流星體的速度不如它的方向那麼重要。要緊之處在於它是不是從後方剛好趕上地球，或是反過來迎頭撞上我們，這是最重要的。8 月 11 日的流星、著名的英仙座流星雨，便是迎頭朝我們撞進來。於是，它們的公轉速度加上我們自己的，我們見證到每秒 61 公里猛烈的總合撞擊速度。11 月的獅子座流星雨同樣如此。這些耀眼刺目的飛流星劃過天際，僅僅一、兩秒的時間，還不夠你說：「嘿，看那邊！」你才掃視一遍就錯過了。

　　但 12 月 13 日的雙子座流星雨到達這裡時，與我們的公轉方向

相對成九十度，而不是迎頭碰撞。這就像汽車倒車離開馬路，吱吱嘎嘎地從側面輕輕撞上我們的車，撞擊速度只有其他流星雨的一半。這些流星只以每秒 32 公里掠過，懶懶地拖著腳步在天上走秀。大多數情況下，它們甚至慢到沒法在後方拉出發光的尾巴，不像英仙座和獅子座足足有三分之一會拉出。令人激動又滿意的是，無須望遠鏡或其他任何設備，這麼輕易就能親眼目睹這些全然相異的宇宙速度。

1908 年通古斯（Tunguska）那顆流星是由東向北移動。在那天一早，這個走向是從側面進入我們的大氣層。2013 年的西伯利亞火流星（爆炸流星）與此類似，以每秒約 18 公里從太陽的方向進入我們的側面。要是從頭頂上的方向過來，速度會快上許多，所釋放的能量也會因而大上許多。我們那位瘦小、滿身塵土的 1908 年目擊者瑟門諾夫（Semen Semenov），是在妻子的引導下回到當時窗戶已破的屋內，如果當時是前述這種狀況，他大概就沒有那麼好命了。

顯而易見，天體運動不見得都像教科書上說的那般枯燥。我們花個幾分鐘看一下，就當著我們的面、在我們頭頂上大搖大擺地逛大街呢。

但要是天體速度似乎真的太傷腦筋，我們可以把它整個打包帶回家，一點都不誇張。要記住，我們的星球不是孤島，彗星和小行星不斷給我們狠狠來個近距離接觸。

大眾對**隕石**——落地流星的名稱——有很多錯誤的觀念。人們想像隕石很熱，事實上，通過我們寒冷的大氣層時急速冷凍之後，

它們勉強還算溫溫的。1991 年 8 月 31 日，印第安那州諾伯斯維爾（Noblesville）的兩個男孩站在自家前院草坪上，看到一顆隕石砰地一聲掉進幾英尺外的草皮裡，馬上撿了起來，並未受傷。

人們也想像隕石很致命，但阿拉巴馬州錫拉科加（Sylacauga）的荷吉絲（Ann Hodges）是歷來唯一直接被隕石擊中的人。1954 年 11 月 30 日，一顆隕石刺穿她家屋頂、撞上一台落地式收音機，然後彈到她的屁股上，她只是瘀青而已。

光說荷吉絲是史上唯一被隕石擊中受傷的人，那是把一則驚人的故事給輕描淡寫了。事情從那天下午開始，當時荷吉絲覺得人不舒服，躺在她家客廳沙發上睡著了——那是一棟租來的白色屋子，就座落在「彗星來」戲院（Comet Drive-In Theatre）的對街，戲院霓虹招牌上畫著一個疾馳如流星的物體。

荷吉絲被一個高速砸穿客廳天花板的 3.6 公斤重金屬物體給弄醒了。她還沒來得及跑，這東西就從收音機上彈過來，撞上她的左邊屁股，把她的左手弄瘀青。這樁意外很快吸引了電視台和報紙記者蜂擁而來，讓這名三十四歲的婦人名留青史。史書上還為當地醫生傑可柏（Moody Jacobs）加了一則注腳：唯一曾為受外太空物體撞擊的人進行治療的醫生。

但荷吉絲沒有從這個歷史事件得到任何好處——不像其他人，比方說紐約州皮克斯基爾（Peekskill）的娜菩（Michelle Knapp），她的生活從 1992 年一顆隕石撞上她的車子之後就改變了。對荷吉絲來說，麻煩是從她和丈夫被突然蜂擁而至的群眾給惹毛之後開始，接著警方和政府官員未經這家人同意就把隕石移走，令他們震驚又憤怒。

荷吉絲夫婦找律師幫忙，終於爭取到隕石返還，但他們想從這顆石頭上撈一票的希望很快便幻滅了。因為他們的房東太太蓋伊（Birdie Guy）聲稱隕石依法歸她所有，並在法庭上力爭監管權。針對隕石所有權的法律之戰與多項高額索求的訴訟，全都衝著荷吉絲夫婦而來，但輿論不滿的是「貪心的」房東太太，這是她在新聞報導中的普遍形象。荷吉絲夫婦終於達成和解，蓋伊接受 500 美元以代替隕石，但到了那時候，新聞熱度早就過了，隕石不再是熱門或高價的物件。到最後，這對夫婦把它轉讓給阿拉巴馬州自然史博物館，位於塔斯卡盧薩（Tuscaloosa）的阿拉巴馬大學校區內，換得一筆小額補償。這顆隕石至今還在館內展出。

唯一在整個天體遭遇中獲得正向經驗的人，是名叫麥金尼（Julius Kempis McKinney）的農夫。1954 年 12 月 1 日，隕石撞上荷吉絲家的次日，麥金尼正在幾英里外駕著一輛滿載柴薪的騾車，那些騾子在路上一顆黑岩石前停了下來。麥金尼把那顆古怪的黑石子踢到路旁，繼續上路回家。但稍後當他聽到荷吉絲事件的新聞報導，回到那個地點，把那顆岩石拿回家給孩子玩。

他只把這個訊息告訴給他送信的郵差。郵差幫麥金尼找了一位律師，那位律師協商出一個驚人的價格，把隕石給賣了。買家是一位來自印第安那波里的律師，代表史密森學會（Smithsonian Institution）出面交涉。

礦物學專家確認，這個 1.4 公斤重的岩石確實是荷吉絲那顆較大隕石的碎片；流星體撞擊地面之前就在空中解體或炸成好幾塊，確實是很常見。雖然售價始終沒有公開，但足夠麥金尼一家買車又買新房。在那個州、在歷史上那個種族不平等習以為常的時期，對

一個非裔美國人來說，這意料之外的好運是一樁罕見的大事。

　　這一切夠不夠拍成一部電影？當年五歲的菲爾德（Bill Field）看到流星劃過天際、留下一條白色尾跡，並且聽到一聲響亮的音爆──算是 2013 年西伯利亞鎮民經歷的寧靜版──長大後成為電影製片人。他研究這個事件及發生在所有相關人等身上的事，成功地把他的電影劇本賣給 20 世紀福斯公司。但電影始終沒拍成。

　　至於荷吉絲，她後來說她徹頭徹尾改變了──改變她的不是左臀上的 15 公分瘀青，而是法律戰和失望所導致的情緒創傷。她在 1972 年因腎衰竭死於錫拉科加一所護理之家，享年五十二歲。

　　根據歷史紀錄的記載，17 世紀的米蘭也有一位方濟會修士，被一顆 5 公分大小的流星切斷腿動脈致死。但誰敢打包票？因為誰都知道，這有可能是一顆步槍流彈。證據不足。2009 年，一個德國男孩聲稱他的手指被一顆豌豆大小的隕石弄傷，這顆隕石「在一道閃光過後」出現，然後「陷進路面下」。儘管上了全球頭條，但這個故事毫無可信度。荷吉絲的瘀青依然是唯一經過認證、因轟隆疾馳的太空物體所造成的人體傷害。

　　流星充當天地之間唯一肉眼可見的實體交流，是「上面那兒」和我們地面生活之間在視覺範圍內僅有的連繫。流星掉落地面是突如其來的，甚至帶了點危險的暗示，剛好給生活加點調味。

　　不管暗不暗示，末日愛好者對於「來自太空的危機」這種主題向來樂此不疲──害怕來自地獄的巨石重擊地球，一顆極致版的通古斯流星。末日新預言如雨後春筍般發芽，結果當人人畏懼的日子無風無雨地度過，而且很快便如春夢一場被人遺忘，這些預言也煙

消雲散。為了對這種危機有合乎現實的了解，你得知道它是怎麼回事才行。

我們不應注目於太空中的流星——少有流星撐過大氣層之旅，而是靜靜地分解為塵埃——而當凝視一路上克服萬難才戲劇性抵達地面的罕見流星。我們也不打算去談那些真正糟到改變歷史的事件，包括六千五百萬年前造成恐龍滅絕的白堊紀—第三紀撞擊，那一次撞擊砸進了猛禽的最愛、墨西哥希克蘇魯伯（Chicxulub）的猶加敦半島海灘。或是兩億五千一百萬年前更糟的二疊紀「大死絕」，那一次毀滅了地球上大多數的物種，彷彿這些物種是黑板上的塗鴉一般，而且幾乎把盤根錯節、環環相扣的生態圈徹底抹除。這類事件通常牽涉到超過 1.6 公里寬的小行星，這種小行星似乎每隔幾億年左右就會撞上我們。1.4～11 公斤重之譜的較小石塊常見得多了，這種石塊差不多年年都會造成屋宅損壞，通常發生在經過一番昂貴裝修之後。

能抵達地面的流星體不同於流星雨那一類，那一類通常是由薄冰所構成。能殘存下來的是堅硬的石質或金屬質小行星破片，甚至是月球或火星的碎塊，這些東西的到來事先毫無警訊。

流星體撞擊我們的大氣層時，重量可達 1 噸；2003 年 3 月 26 日在芝加哥郊區上空裂成幾十塊碎片的入侵者，據估計就有此等質量。其中一個小碎片射入一名青少年的臥房，擊中他的印表機，還打碎了一面穿衣鏡。這樣就算倒楣？本來有可能比這糟得多喔。

在太空中穿行的流星體，以火熱的每秒 11～71 公里不等，與地球相遇。要是這顆流星體重量超過 10 萬噸，其速度便不會因我們的大氣層而有絲毫減緩：它會以十足十的宇宙級速度，一頭撞進

地面。

　　反之，要是流星體少於 8 噸，來自空氣的摩擦力會使其原初速度**完全**喪失。這麼一來，其衝擊便全由終端速度決定，如同掉落的垃圾或飛鼠一般。幸好通常都是這些質量較小的物體。

　　在大約 15,000 公尺的高度，流星體減速到每秒 3.2、4.8 公里，而且不再發亮。從那個高度以降，流星體成了暗到肉眼不可見、轟隆作響的岩塊，多半是石質或半鐵半鎳汞合金。儘管如此，每小時 112,000 公里的速度、比子彈快上 3 ～ 6 倍，賦予 0.45 公斤重流星足以把噴射客機打下來的動能。這事還沒發生過，但有可能。

　　繼續往下、依然觀測不到的流星體和越來越濃的空氣遭遇，使其減緩到每小時 400 公里左右的終端速度。這就是它撞擊地面或隨便什麼東西時的最終速度。

　　單單在北美洲，就差不多每年都有建築物被射穿。光溜溜站在戶外的動物們也活得可憐兮兮：

　　1860 年 5 月 1 日：俄亥俄州協和鎮（Concord）的一匹馬被隕
　　　　　石打死。
　　1897 年 3 月 11 日：西維吉尼亞州一陣石雨又害死一匹馬。
　　1911 年 6 月 28 日：一顆後來發現是來自火星的流星，打死了
　　　　　埃及亞歷山卓市郊的一隻狗。
　　1972 年 10 月 15 日：委內瑞拉巴雷拉市（Valera）的一頭牛被
　　　　　隕石打死。

　　汽車似乎也會吸引流星。1930 年 9 月 28 日，伊利諾州本爾德

（Benld）有一輛車靜靜停放在自家車庫裡，一顆流星射穿了車庫屋頂、車頂和車子的木質地板，然後從消音器上彈了起來，落在椅墊上，為小行星碎片與汽車之間漫長的戀愛史揭開了序幕。

在過去四分之一個世紀裡，最令人嘆為觀止的邂逅當屬停放在紐約州皮克斯基爾的一輛雪佛蘭，這輛車的後車廂在 1992 年 10 月 9 日被一顆 11.8 公斤重的傢伙給毀了。十八歲的車主拿到收藏家付給她的 69,000 美元時，覺得自己的人生因而改變。（收藏家想要那輛被砸爛的車和那塊隕石，車主說：「沒問題。」你要一輛挨了一頓好打還拿不到車險理賠的雪佛蘭 Malibu 十年車？你是在開玩笑吧？拿去啊！）

僅 2002 年至 2010 年間，隕石就闖入世界各地至少七戶人家。通常，石頭剛著陸時「勉強還算溫溫的」，外觀色黑有熔化痕跡。

在缺乏空氣的星體上，如水星和月球，沒有終端速度，被那兒的重力捕捉到的流星體持續加速到相當於該行星逃脫速度的極大值。在地球上，這個速度是每小時約 40,000 公里。如果沒有空氣，隕石不會只射穿屋頂和地板就算了。它們會一直持續到把地下室遊戲間和周邊鄰近大片地區變成巨大的隕石坑為止。再怎麼說，動能等於隕石質量乘上速度的**平方**。以每小時 400 公里來到你家廚房桌上的流星所造成的損害，即使和每小時 40,000 公里這等太空低速比起來，都還小了 100^2 倍，也就是 **1 萬倍**。

這就是為什麼至今所聽到的流星故事往往是離奇古怪（或是拿 2013 年西伯利亞事件來說，是令人驚恐且平添苦惱），而非悲慘。

有時，流星墜地之前會有天體煙火秀被很多人看到，像 1992 年在烏干達某村落出現的數十顆流星。我最喜歡的流星故事是關於

1981 年 11 月 30 日美國東北部所發生的這類情景。

　　那天晚上，一名受驚嚇的女子打電話到我們天文台來（我自辦的眺望天文台，從 1982 年營運至今），回報說有一團烈焰熊熊的火球橫空急降，把鄉下地區照得一片明亮。有些人以為天文台是幽浮回報站，我們經常接到關於天空有光出現的詢問。但如同大部分的天體現象，這次也有個簡單的解釋，我告訴這名女子，閃亮發光的物體可能只是顆流星，沒什麼不尋常。當時我怎麼可能知道，在我們東方僅僅 160 公里外的事態一點都不尋常。

　　康乃狄克州中部的觀星家同樣注意到天空中的耀眼亮光，但在他們看來，這亮光沒有移動。只有一種情況，亮光才有可能看似靜止：亮光正對著他們而來！

　　葡萄柚大小的流星不只在通過大氣層後存留下來，還砸穿了康乃狄克州韋瑟斯菲爾德（Wethersfield）一棟房子的屋頂，當時唐納修夫婦（Robert and Wanda Donohue）正在隔壁房間看電視節目《外科醫生》（M*A*S*H*）。他們後來告訴我，那是他們這輩子聽過最大的聲音。他們衝進此時滿是塵埃、家具全被打翻的房間，發現天花板上有一個洞。

　　康乃狄克州沒有流星警察，唐納修夫婦打電話到 911 報案後，幾名消防員和鎮上警察一起來到他們家。一名消防員在餐廳桌下找到這顆 2.7 公斤重的隕石，這東西經過幾次高速彈跳、在地毯和天花板留下磨損痕跡後，在這兒窩了下來。

　　這對夫婦簡直可以說是處變不驚。此前十一年的 1971 年 4 月，上一回有隕石擊中美國境內房屋的時候，撞擊點是康乃狄克州韋瑟斯菲爾德。同一個鎮。這是我們這個時代最詭異的巧合之一，距離

唐納修家 1.6 公里多一點點的一棟房子也被打過。

　　對於同一個鎮連續兩次被擊中，只有一種解釋似乎說得通：韋瑟斯菲爾德是哈特福的郊區，而哈特福是多家保險公司的總部所在地。這裡是統計學家和保險精算師居住地，他們才知道這有多麼不可能。

　　（要是你好奇的話，答案是肯定的：唐納修家的保險全額給付他們因隕石所受的損失。這是他們應得的。幾年之後，唐納修夫婦慷慨地把這顆宇宙房屋殺手捐給紐哈芬市〔 New Haven 〕一所博物館。）

　　面對這些一而再、再而三的撞擊，我們真該憂慮嗎？或許有一點。著名的通古斯事件發生在亞洲地區，當時的世界人口只有今天的三分之一。要是發生在今天、在一座城市上空，我們可能會有兩千萬人死亡。

　　值得關注的流星體不斷跑過來，就像 2012 年 4 月 22 日內華達州那個令窗戶喀喀作響的 1.8 公尺寬氣爆物，當然還有 2013 年西伯利亞的奇觀。寶石學家和探險家很快群集兩地，像是 2012 年那回的隔週在北加州哈洛德百貨特價代購店，以及 2013 年那次的第二天就在俄國車里雅賓斯克（Chelyabinsk）市內及周邊，開始尋找隕石——大部分都鑽出精準孔洞進入雪中。但現今的專家評估，真正有傷害性的隕石撞擊每隔數百年才會擊中我們的星球一次，最有可能的原爆點是在海上某處。

　　小行星阿波菲斯（Apophis）會在 2029 年 4 月 13 日以每秒30.5 公里的速度極為接近我們。屆時它將與我們擦身而過，在地面

與 36,000 公里上空的電視衛星之間通過！如果因為這次近距離擦身而過，它的軌道以一種雖然不太可能的精準方式產生變動，那麼下次再來時，2036 年 4 月 13 日，它可能擊中我們，撞擊所產生的爆炸相當於五百顆氫彈。不過，撞擊地球的機率據美國太空總署專家目前緊盯的結果，只有二十五萬分之一，這和你家裡的青少年拿起吸塵器自動自發打掃整棟房子的機率不相上下。

　　遠在我們太陽系之外、真正破表的速度——像是星系以百分之幾的光速互撞——則對我們毫無影響。宇宙充滿了僅供心靈冥想之用的快速運動，只有外星文明要為保險傷腦筋。

　　你我——以及我們這個慈悲行星上的一切事物——在太空中的最快行進速度呢？阿里斯塔克斯在兩千三百年前揭露了自轉加公轉的雙重運動，加上古希臘數學家暨天文學家埃拉托斯特尼（Eratosthenes, c. 276–c. 194 BC）在一個世紀後準確定出我們這顆行星的大小，少數不喜歡地心說的人類在耶穌誕生之前就知道地球在自轉。

　　18 世紀和 19 世紀四次金星凌日，讓天文學家定出太陽與我們之間的真實距離，我們終於能夠計算地球精確的公轉速度：每小時 108,000 公里，也就是每秒 30 公里。因為周遭一切事物也在移動，加上沒有可感知的加速度或運動變化，我們不會有任何感覺。

　　只需要再加上另一項重要的地球速度，歷來最大的一項。這是沙普利在一個世紀前所揭露。我們繞著太陽轉，這顆恆星本身則繞著銀河系自身中心咻咻猛衝，還帶著我們一起湊熱鬧。我們這顆星球因而參與了銀河系每秒 225 公里的高速自轉。這是最快且有意義的地球速度，因為出了銀河系就沒有固定參照點可言。我們說仙女

座星系正以每秒 112 公里向我們逼近，但我們同樣可以把該星系視為靜止不動，而說我們正以該速度向它移動。或者我們可以平分這個速度差，說兩者各以每秒 56 公里行進。我們只知道彼此間的間距正在縮減。由於缺乏任何靜止不動的參考座標可供外星系運動之用，我們靠速度計算來說運動故事的本領，過不了銀河系的產權界線這一關。此外，星系團之間的空間在變大，但沒有人能確定到底誰在移動。

以前的教科書上說，太陽和地球一起僅以每秒 21 公里在太空中移動。那是因為不算太久之前，我們只知道自己**相對於周遭恆星**的運動。想像一團漂流的樹葉順著河裡的急流直衝而下，其中一片葉子相對於其他葉子有點向旁邊慢速漂移。這就是以前那些書上所說的情況。就像旋轉木馬中的相鄰木馬，夜空中的恆星——平均只有 150 光年遠——和我們一起進行相同的運動。所以，相對於我們，它們似乎移動得不多。觀察這些恆星，我們似乎正以每秒 21 公里緩慢飄向織女星（有些權威機構把這顆星劃入天空中同一區域的武仙座）。然而我們現在知道，我們、武仙座和織女星，全都以每秒 225 公里同步朝天津四的方向狂奔，而我們永遠到不了那兒，因為天津四正以同樣速率往前移動。

我們的星球此一終極可感運動，表現得比我們最好的火箭還要快上 10 倍，但也不過是光速的千分之一，如此而已。

注釋

1. 1908 年襲擊通古斯之物通常被界定為流星。這只是個通用名稱，指任何從太空來到地球的物體。含金屬成分的岩石所構成的小行星和主要由冰組成的彗星，當它們疾馳橫越天空或撞擊地球時，分別名之為流星和隕石。有一種少數看法認為，通古斯事件（還有發生於兩億五千一百萬年前的「大滅絕」，二疊紀滅絕事件）是困在地球內部深處的瓦斯逸出，然後在空中高處引燃所致。但絕大多數科學家堅信是一顆沒能走完其大氣層旅程的噴氣流星，這也替沒有任何隕石坑或隕石殘骸做了解釋。再說，噴氣流星在過去有過紀錄，而如果是在大氣層中上升數英里才爆炸的甲烷逸出氣團，那可是世界史上絕無僅有的事件。

2. 美國太空總署和俄國人也在金星、火星和土星的衛星泰坦（Titan）留下用過的登陸艇。曾有一具探測器空投進了木星，但被吞噬且被木星的濃稠氣體給壓碎了，所以我們不會把那次算作亂丟垃圾的一例，因為可能有人會爭辯說，那部探測器「看不到、記不得」了。

3. 幾千年來，天文學家永遠的挫折之一，就是無法觀測到月球的隱藏面。但所有人都預期，那一面看起來大概和我們確實看到的正面差不多。這就是為什麼俄國的「月球三號」（Luna 3）探測器在 1959 年 10 月咻地越過另一面時，它那滴溜溜轉的電視攝影機造成這麼大的震撼。隱藏的半球是不一樣的世界！可以說沒有任何大而暗的污斑——所謂的海——我們熟悉的那一面是以這些斑為特徵，還很沙文地把這外觀名之為月亮上的男人。顯然，離我們較遠的部分逃過了較近這一邊所經歷的火山活動期。這一點得到以下事實的支持：月球質心不在其地理中心，而是往地球靠近了 1.6 公里。同時，俄國人利用他們的發現者特權，給每一座山、每一個隕石坑，還有幾乎每一顆石頭，都取上了俄國名字，這種尷尬處境使得許多西方教科書一直不提月球那半邊。

第 17 章

無限速度

當光速也到不了那兒時

> 我就算困在果核之中，也能自命為坐擁無限空間的君王，
>
> 如果這不是我在做噩夢的話。
>
> ——莎士比亞，《哈姆雷特》，約 1600

有了快，接著有了無限。

很多東西都很快。我們周遭的原子全都每秒振動數兆次。光纖纜線中的光子真正是一眨眼就繞完地球一圈。遠處星系咻咻疾奔，每秒遠離我們 24 萬公里。

無限快完全是另一回事。這個意思是，某物從最遠處的星系出發，就在你讀到這一句的**這個**點上的此刻，它已經到了曼徹斯特。我們一向認為這種超光速的速度是不可能的。我們錯了。

要探索無限性，得先快速一窺那圍繞著光速、引人入勝的領域；很多人在上學之後，光速似乎成了絕對的限制。

1905 年，愛因斯坦闡釋一項二十多年前由洛倫茲和愛爾蘭物理學家費茲傑羅（George FitzGerald, 1851–1901）所進行、超乎常

識的觀測。他們兩人已經了解光以恆定速度行進,也明白這有多麼了不起。[1]

這意味著,一架接近中的噴射機落地燈所發出的光子,以光那堅定不移、每秒 299,792.458 公里的速度擊中你,彷彿飛機完全沒在移動一般。打從一開始,光就是獨一無二且與直觀不合。

不只如此,愛因斯坦還證明有重量的物體絕不可能真正達到光速。假設有一具動力超強的火箭,當你坐在裡面進行加速,你的質量隨之增加。你好像變魔術一般,越來越重。當速度僅低於光速一點點時,即使一開始輕於鴻毛的物體也會重逾整個宇宙。要給這東西增加最後一點點速度所需的能量將會是無限大。因此,你絕不可能達到那個速度。

愛因斯坦在 1905 年和 1915 年提出他的兩套相對論之後,光在真空中的主權就再也不曾受到像樣的挑戰。不過,在量子力學崛起的 1920 年代,怪異的例外說法開始出現。

這是一個奇妙國度,那兒的物體要被觀察到才會存在。主要有兩種理論競相要讓這個說法在邏輯上說得通。第一種是關於量子現象的「多重世界」闡釋。這種理論主張,生命中的每一次選擇都創造出一個分隔宇宙(separate universe),這個宇宙便由此發展下去。當另一種可能行動出現的那一刻,不管是什麼樣的行動——即使是看到一片落葉掉在離你不到 2.5 公分之處——宇宙分生出兩種分隔真實以涵蓋兩種結果。

如果你測量一顆電子,你就已經刻意或非刻意地迫使這顆電子以特定屬性,如上旋或下旋,出現在特定位置。或是用更精確的說法,你突然間加入了該電子以你所觀察到之狀態存在的那個宇宙。

但不同的你依然存在、居住在分隔宇宙中，而你在這些宇宙中各自觀察該電子處於當時有可能的其他各個位置或狀態。

按照這種推論，某個另一種版本的你真的帶著你祕密交往的對象去參加學校畢業舞會。不幸的是，你的某個分身當晚很白痴（記住，**有可能**發生的，就**真的**發生了），你的約會對象從此再也不跟那個版本的你講話。

大多數的理論科學家和科學界專業人士對這些同步真實並非照單全收。大多數人倒是比較偏好**哥本哈根詮釋**（Copenhagen interpretation）。哥本哈根詮釋排除多重真實說，但卻說宇宙充滿了微粒與片光，這些微粒與片光直至被觀察到才有確定的存在、位置或運動。只有到那時，它們的波函數才坍縮，也只有到那時，它們才具體成形於依統計所定的位置，並且從那一刻起開心地在那兒繼續存在下去。

愛因斯坦一點都不喜歡這個說法。1935 年，他與兩位同事俄裔美籍物理學家波多爾斯基（Boris Podolsky, 1896–1966）及以色列物理學家羅森（Nathan Rosen, 1909–95）一起寫了一篇著名的論文〔譯注：羅森與愛因斯坦共同提出愛因斯坦—羅森橋，也就是蟲洞假說〕，文中基本上就是在批評量子理論的基礎不完備、因而有嚴重缺陷，並指出量子理論有一種即使依量子標準都嫌怪異的面向。他們所思考的是一起製造出來、也就是「纏結」的粒子所發生的情形。按照量子思想，當時這對粒子**共用**一個波函數，而且兩個物體各自知道另一個物體正在做什麼。如果其中一個被觀察到，迫使其失去其模糊、機率式的波函數狀態，並坍縮成具有「向上」自旋的電子，其孿生體——無論當時它在宇宙何處——知道自己的分身做了什麼，

這導致孿生體自己的波函數坍縮。它立即變成具有互補性質的粒子，在這個例子裡是「向下」的自旋。

製造這種纏結配對的方法很簡單，就是把雷射打進偏硼酸鋇或其他特定晶體中。**兩個**光子突然出現，各帶初始能量之半（2 倍波長），所以沒有能量的淨流入或淨流出。接著，這兩個光子以光速跑掉，可能跑上數十億年，維持著看似獨立的壽命。同樣的過程也發生於電子，甚至是整個原子、成團的物質。但我們讓這雙人組其中一個成員坍縮成特定狀態，其孿生體知道有這件事發生，而且立即比照辦理。

愛因斯坦、波多爾斯基和羅森主張，這類表面上的平行行為必定可歸因於局域效應，也就是實驗因素波及，而非某種「鬼魅般的超距作用」，他們這麼稱呼量子理論的這個面向。這篇論文遠近馳名，這種同步化的量子詭異行為因而借用了這幾位物理學家的姓氏字首，以 EPR 關聯（EPR correlations）之稱為人所知。而「鬼魅般的超距作用」這句話就成了帶有貶義的標準說法，用以描述這類驚世駭俗又愚蠢的信念──這是對真正即時行為的挖苦奚落。在物理學教室裡，這句話以輕蔑的口吻複誦了幾十年。

但近年來的實驗證明愛因斯坦錯了。1997 年，日內瓦研究人員、瑞士物理學家吉辛（Nicolas Gisin, 1952- ）製造出一對對纏結光子，使之沿著光纖分頭飛離。〔譯注：吉辛為量子資訊科技奠基者〕當其中一個光子撞上研究人員的鏡子，被迫往某個方向跑，11 公里外的纏結孿生體每次都立即產生一致反應，並在撞上自己的鏡子時做了相反、互補的選擇。

關鍵字是**即時**。孿生體的反應並未出現光穿越那 11 公里以傳

遞訊息會有的時間延遲，反應發生快了至少 1 萬倍，而這只是實驗測試能力的極限。量子力學告訴我們，回聲般的行為真的是完全同步。量子理論的確預測纏結粒子知道學生體正在做什麼，而且**即時**模仿其行為，即便這對粒子分別處在相隔數十億光年的不同星系。

這太詭異、所蘊含的意義太大，驅使某些物理學家急得拚命找漏洞。有的主張吉辛的測試儀器有偏差，傾向於只偵測那些表現出預期中學生體互補性質的粒子。到了 2001 年，美國國家標準與技術研究院的研究員瓦恩蘭（David Wineland, 1944- ，2012 年諾貝爾物理學獎共同得主）把這些批評一筆勾銷。

瓦恩蘭運用鈹離子和效能非常高的偵測器，觀察到數量大得足以蓋棺論定的事件。所以，這種夢幻般的行為是事實。這是真的。但一個實質物體如何能即時指令相隔遙遠的另一個物體一定得如何行動或存在？沒幾個物理學家想到原因在於某種先前未曾想像過的交互作用或力量。我想盡辦法要弄明白，於是問瓦恩蘭他相信哪一種說法，而他說出了越來越多人接受的結論。

「真的**有**某種鬼魅般的超距作用。」

當然，我們倆都知道這話說了等於沒說。

所以，粒子和光子——物質與能量——看起來是即時傳送知識橫跨了整個宇宙。光的行進時間不再是極限。

有些物理學家說，這並不違背相對論，因為**我們**無法利用這一點把資訊傳送得比光還快，粒子行為的「傳送」受機率左右，不是我們所能控制。而且，沒有任何具質量之物踏上這趟旅程。事實上，也沒有任何無重量之物，甚至是光子，踏上這趟無限快速的旅程。不過，有**某種東西**即時傳送了出去。

　　科學上的意涵（更別提哲學和形上學的）很驚人。這麼說好了，當初在大霹靂後不久，你身上某些原子與其他粒子以纏結的方式形成。從那時起，兩者分道揚鑣，如今相隔數十億光年。你的原子組成你的大腦片段，物理位置是在伊利諾州的皮奧利亞（Peoria），另外那些粒子成了畢宿五星系某行星上外星人的一部分。

　　就在此刻，那邊的某個生物正在實驗室裡觀察你的孿生原子。這下好了，這些原子坍縮而展現特定的性質。就在當下，沒有任何遲延，你自己的大腦原子知道 50 億光年外發生了這件事，然後，它們也坍縮成互補物體。這個效應突然發生，改變你的思想過程，然後你做了明快的決定。你穿著一件令人尷尬的圓點花紋燕尾服，出現在你老闆的宴會上。你說不清為什麼有這麼古怪的舉動，但你的人生毀了。這聽起來像科幻小說，但 EPR 關聯是真的。

　　首先，這意味著從某個根本的角度來看，整個宇宙是一體的。這意味著此地和遠處之間沒有祕密，無論相隔多遠——而且資訊「交流」是以無限快的速度同步發生。

　　這意味著愛因斯坦在**局域性**這一點錯得離譜。

　　任何關於運動的探索，局域性都很重要。說到底，所謂運動的意思，就是有東西被其他物體或力量，如風、水和重力，給擠啊、推啊、撞的。這是愛因斯坦所相信的——物體只受其毗連周遭所影響。這就叫做局域性原理。

　　有一種增補原理叫做**局域實在論**（local realism），意思是：所有物體都具有獨立於任何測量之外的實在性質。一顆原子，或是月球，是真的在「那兒」的某個位置上，而且進行著一定的運動，不論是否有人正在觀察它。我們的工作就是找出方法認識此物並測

量其特性，如果我們有這打算的話。

　　與此相較，量子理論不接受局域性。量子理論堅持原子會受到與其全無接觸且分屬宇宙兩端的事件所影響（像是纏結孿生體的波函數坍縮），而且這樣的影響是即時發生。不需要「載體粒子」把訊息從甲地帶到乙地，或讓甲地的影響在乙地實現，且該影響也不受限於某種速度，即便是光速。反而是眼睛還沒眨一下，這影響就從遙遠的國度跳了過來。

　　至於局域實在論，也被量子理論拋諸腦後。廣受歡迎的哥本哈根詮釋堅稱，整個宇宙是由無數像電子這種**並無固有位置**的粒子所組成，這些粒子也沒有任何運動。實際上，它們甚至不具有任何形式的真正存在，而是以**潛在性**的一種模糊機率狀態存在，其動向可透過統計解讀。一旦加以觀察，它們就根據機率法則具體成形。

　　愛因斯坦確實厭惡這種理論。這意味著除非被觀察到，否則沒有任何東西存在或移動，也意味著沒有人能夠確認個別物體的實際行為——我們只能以統計的方式把它們說成是一個群組，並評估它們在此而非在彼、運動方式如此而非如彼的**可能性**。就是這一點，使得愛因斯坦說出他的反量子名言：「上帝不擲骰子。」

　　如果我們配置好儀器，讓我們偵測到粒子的位置，這個物體會很配合地在特定地點具體成形。但它還是沒有特定的運動。但如果反過來，我們建造一套可以偵測運動的裝置，恰如其分地觀測到該物在運動，然而它在給定時刻的位置還是模糊且難以定義。我們無法精確地看到它的位置**及**它的運動。

　　一開始，科學家認為，這一定是我們自己在科技上還有某個地方不成熟的結果——如果我們的設備變好了，應該就能確認運動**及**

位置，一如我們處理土星之類大型物體的方式。最後我們才明白，問題比這還要深層得多。構成宇宙萬物的微小物體並非每個都**具有**位置或運動。而且，唯因我們的觀測動作，方使其一得以存在。

大型的巨觀物體確實看似居於特定位置，**而且**有運動，這是因為它們是由多到無法計數的微小物體所組成，一個個微小物體的機率多到令人不知怎麼處理，在我們正在觀測的點上積聚而產生統計上的確定性。

那樣的統計還是難以掌控。雖然物體通常都出現在最有可能的地方，但它們在統計上永遠有一絲機會表現出怪異的行為，也就是它們會在遠離預期之處具體成形。

想像有一條剛鋪好的道路，拿碎石當作臨時的新鋪面。路過車輛使得每顆新石子跳上空中、落地某處，石頭蹦向路邊、跳向路中央的機會各一半。隨機往路邊跳的石頭現在有一半的機會被下一輛車噴得往路邊飛更遠。久而久之，所有機率都出現過，路上的碎石全都清空。所有的碎石現在**全都**跑出路邊──因為一旦有石頭被移出路面，對那顆石頭而言，遊戲結束，不會再動了。等通過的輪胎夠多，就連那些違抗機率、循著可能性很低的路徑一直朝路中央跳回去的卵石，最終還是讓步而連續朝路邊跳去。證據明擺著：道路通車後僅僅兩星期，沒有半顆碎石留下來。只要時間夠，統計上有可能的事件全都會發生，即使可能性很低的也一樣。

但請仔細看一下。這裡有一顆不知是怎麼巴上卡車輪胎邊邊的石頭，被旁邊一顆石頭以一種非常不可能的方式給刮了，噴到幾百英尺外某人的餵鳥器裡頭。此一個別事件大概沒有被預測到。可能性**極低**，但就是**有可能**。而且只要時間夠，涉入物體也夠多，所有

可能性，無論多麼微乎其微，都會發生。

　　按照量子理論的哥本哈根詮釋，你家冰箱裡的牛奶桶所含粒子的位置模糊且呈機率式分布。構成牛奶桶的原子數目比路上的碎石多得多（3.8 公升裝的牛奶桶含有多少原子，地球大氣層就有幾口空氣，兩者數量相同）。你下次打開冰箱時，極有可能牛奶桶的所有原子都在，而且桶子就擺在你前一晚放的位置。即使有一顆原子出現在別的地方，也不會影響桶子存在於你記憶中所擺放的同一層架子上。但有可能，不是不可能喔，**所有**原子全都出現在統計上最不可能的位置。果真如此，桶子便會消失不見，說不定會突然出現在緬甸的一間臥房裡。

　　這些粒子全都以統計上如此不可能的方式一致行動，這個機率小到即使在地球五十億年的生物壽命中——從第一批細菌到最終大滅絕——都不太可能發生。但重點在於：**有可能**發生。如果真的發生了，我們看到的是顯而易見的奇蹟。在那個時候，我們觀察到的是**沒有任何顯見起因的運動**。

　　所以，真有這種瘋狂的事。觀察者和宇宙合而為一。不可能發生卻偶然發生的運動，到頭來並非不可能。由於量子力學運動及本書所討論的運動大多與隨機性活動有關，或許值得我們花點時間來檢視隨機性的效力和局限。常見的老掉牙例子是猴子與打字機。你大概有聽過：一百萬隻猴子打字打了一百萬年，到最後光憑隨機機率就會生出莎士比亞的作品來。真的嗎？

　　2003 年，英國一所大學的研究小組把一堆打字機放在動物園圍欄裡的六隻獼猴前面擺了一個月，看看會發生什麼事。動物們根本打不出東西來。牠們倒是把食物和塵土塞進按鍵裡，還把幾台機

器扔到地上，拿來當夜壺用，這些打字機很快就不堪使用。牠們根本什麼名言佳句也沒生出來。

然而，在公眾對自然運動的「觀感」中，隨機動作和機率理論依然是一個重要的部分。「機會」是亞里斯多德等人所密切關注的運動一個關鍵的面向。據說一旦讓它長時期自由運作，效力巨大。

所以，說真格的，一百萬隻勤奮、心思細膩的猴子在一百萬具鍵盤前坐上一百萬年，真的**能夠**如所聲稱那般創作出偉大的文學作品嗎？不管相不相信，這種問題百分之百可以有解。唔，鍵盤上有很多地方可按，即使最舊型的打字機也有 58 個按鍵，而最現代的鍵盤有 105 個左右。說到隨機事件，那就來思考《白鯨記》開場句的創作難度，其字母加上空格為數僅僅 15：Call me Ishmael（叫我以實瑪利）。這需要隨機嘗試多少次？

假定有 58 種可能的按鍵，有望成功之前所需嘗試次數應為 58 自乘 15 次，也就是 3 兆兆。〔譯注：原文此處數字有誤，應為 283 兆兆〕一百萬隻從不睡覺的猴子，每隻猴子每分鐘打六十個字且零錯誤（所以按十五個按鍵只需要四秒），其中一隻最後的確會打出 Call me Ishmael。

但難就難在這得花上 38 兆年。〔譯注：原文此處數字有誤，應為 239 萬兆年〕宇宙壽命的 3000 倍。〔譯注：原文此處數字有誤，應為 2 億倍〕

所以，一百萬隻打字很猛的猴子，連一本書的短短一個開場句都無法重現。重點：隨機性獲致成果的效力遠比一般想像弱得多。

另一種超光速的超快現象也有可能存在。這一種與哥本哈根無

關。理論上，如果大霹靂創造出可觀測宇宙，可能同時也創造出迅子（tachyon）——比光快的粒子——的宇宙。至少這在數學和物理學上是可成立的。那是因為儘管沒有任何具質量之物能達到光速，但這有一項重要的例外條款。也就是速度的極限只適用於加速物體——一**開始**比光慢的物體。對於這些物體而言，要達到每秒 299,792.458 公里是一項無望的任務。

但要是在宇宙誕生之初，有一種類型的物體一開始起跑就比光快呢？這些迅子——1967 年才造出這個名稱——得到了科學的批可。對這些迅子來說，光速障礙還是有的，但它們是被困在另一邊。它們完全沒辦法比光速慢！

變慢所耗費的能量和變快一樣多。所以，據推測，當迅子試圖**減速**成光速時，會變得越來越重，而且使得它們的時間逐漸扭曲。

和我們一樣，它們絕不可能跨越那項障礙。我們絕不可能看到彼此，因為光子絕不會從它們那邊跑到我們這邊，反之亦然。因此，對迅子的任何搜尋都像是在捕獵看不到的東西。

之所以提到這種種，純粹是因為運動研究應該把最快速的可感知物體納入考量。理論上，我們應該能夠偵測到迅子的效應，它們應該會影響宇宙射線射叢（cosmic ray shower，又稱為空氣簇射〔 air shower 〕），而且當它們失去能量時，應該會射出可偵測的藍光契忍可夫輻射（Cherenkov radiation）。就算有物理學家相信迅子存在，也為數不多，即便迅子仍是科幻界大咖。

所以，我們應該可以把迅子從運動物體清單上劃掉。看來是沒有辦法打破光子障礙了。快過光速，出局。

得到認可的，唯無限耳。

注釋

1. 其實，費茲傑羅不會相信光始終恆定，無論我們是朝向或遠離光源而運動。他認定觀測者及其測量工具的長度沿著行進方向被擠壓，以至於光只是**看起來**恆定。他認為，高速引起了實驗的扭曲。

第 18 章

在爆炸宇宙中沉睡的村落

回到一切的起點

溯懶人河而上，我們會是多麼歡快

溯懶人河而上，與我同在。

　　　　——卡麥可（Hoagy Carmichael）與亞羅汀（Sidney Arodin），
　　　　　　〈懶人河〉（Lazy River），1930

　　漫遊結束，我回到已經修好的家。在我出外期間，我那人口兩百、從不改變的村落未有擾動。就連惱人、無所不在、花園殺手的鹿，似乎也一模一樣，倒是多了幾隻新生小鹿接棒傳承。中國或許正快速改變，但在我過去四十年所居住的上紐約州鄉下地方，你可能得多花點時間才能看出有哪裡很不一樣。郵局的布蘭妲面帶微笑，交給我一大疊用橡皮筋綁起來的郵件。

　　我的書桌四周到處都是螺旋裝訂筆記本、活頁紙和筆跡潦草的採訪稿，多到爆滿。收尾的時間到了。我抓起電話盤問卡內基天文台的天文物理學家，很久以前，我人在智利那座山上的那個夜晚，他們承諾會把結果告訴我。

　　他說話算話。克爾森興奮之情溢於言表——他依然朝氣蓬勃，

也許有點蓬頭亂髮，這得歸功於他那兩個在辦公室裡跑來跑去的小孩。那天晚上他親自測量的四千個星系，連同他後續的觀測，已經揭露出是哪些位置的恆星群落以令人敬畏的百分之幾光速飛離我們。這些測量結果帶領他來到奇異的障壁之前，人類永遠看不到這障壁之外：此即可觀測宇宙的邊界。

我們都為這更新的資料興奮不已。他在 2013 年就已經因為發現歷來最快也最遠的星系而上了全球頭條。我不久之前才和何雪莉（Shirley Ho）聊過，她隸屬勞倫斯柏克萊國家實驗室（Lawrence Berkeley National Laboratory）的研究團隊，這個團隊在 2012 年完成了驚人的九十萬個星系測量資料。他們運用聲波傳送穿越比較年輕、比較稠密的宇宙——稱為重子聲學振盪（baryon acoustic oscillation）——取得開創性的資訊，此一資訊近年來以之前僅見於科幻電影的速率大量湧入。

「這些資料證明，毫無疑問，」她對我說：「空間具有平坦拓樸構造。」

克爾森和我此時興奮地討論這一點。你看，如果整個擴張宇宙是有限的，恆星、星系和能量的總數確定而有限，則空間本身將因而翹曲，長距離穿行的光會逐漸彎曲。但現在這個新資料支持卡內基先前的發現：光**並未**彎曲。光以雷射般直線行進。在最大的尺度上，空間具有平坦拓樸構造。

這強烈暗示著無限的宇宙，也就是星系無止境。而且——回頭來談運動——你看得越遠，速度只會越來越快，沒有任何終點。

我們已經觀測到有星系真的以光速在飛離。當然，我們觀測到的是遙遠過去的它們，將近一百三十億年前，它們的光在那時出

發，踏上來到我們眼中的漫長旅程。推估它們今天必至之處，我們得到的結論是：它們**此刻**正以遠比光速**更快**的速度疾馳而去。

而且還一直這樣跑下去。有誰知道這是怎麼一回事？[1]

* * *

我問了美國天文學會會長艾瑪葛琳（Debra Elmegreen）。

「沒錯，我們可能真的需要平坦拓樸構造和無限宇宙，」她確認了這一點，也呼應了何雪莉一星期前才說過的話：「但即便我們只能觀測這整個東西的小小一塊，那還是多達兩千億個星系，很夠我們忙的了。」

一點也沒錯。但她稍有失言了。「無限」宇宙並不意味著「非常大」，並不意味著我們所觀測的一切都是實際宇宙的「小小一塊」。無限的任何百分比都是零。所以，我們所能觀測到的一切都是宇宙的**百分之零**。

我覺得自己就像愛麗絲，翻滾個沒完沒了。我們所觀測的這整張掛毯放在這整幅宇宙大作中，會不會根本連寥寥幾筆都算不上？我連絡上加州理工學院理論物理學家卡羅（Sean Carroll），他字斟句酌地說，儘管我們的觀測或許能夠證明有限宇宙，如果真有這樣的宇宙存在的話，但你永遠不能**證明**無限。話雖如此，就眼前既有的資料而言，他相信「宇宙大概是無限的」。

這對宇宙運動及其他一切的意義為何？這個嘛，他說：「或者是無限數量的不同事物，或者是有限數量的事物出現無限多次。這兩種可能性，不管是哪一種，都滿傷腦筋。」

無限宇宙——越來越有可能是真的——也意味著我們所知能量最巨的運動，大霹靂，大概只是一樁局域偶發事件、局限在**可觀測**宇宙中的一場大騷亂。至於外頭更大的宇宙，除了玄思冥想，也沒人能多做些什麼了。宇宙是否就這麼永遠存在下去？宇宙是否「一開始」比較小，然後由於神祕的暗能量持續撐大宇宙的擴張速率，最終長成之物將會**變成**無限大？如果非得把身家都押上去，老經驗的玩家會賭這種宇宙根本不會誕生。這意思是，亞里斯多德說得對：我們是永恆存在的一部分。

我打電話給芝加哥大學宇宙學者科爾布（Rocky Kolb），看看他對這林林總總的評價。他只是咯咯笑。無限宇宙，他說，應該是「一開始就無所不在，**從一開始就是無限**」。

他證實，既然有可能無限，退離中的恆星和星系之速度**沒有極限**。為求簡明，就把我們所能觀測到、遠及 130 億光年的所有事物稱為「一個宇宙」，或是 1 u。一如我們早就在觀察的，速度隨距離成指數增加的這種無限擴張，意味著有些位置遙遠的星系正以每秒一個宇宙的速度，稱之為 1 ups，加大與我們之間的隔絕。

我們原有的測量單位是根據人類的經驗所創造出來。1 英尺（約 30 公分）非常接近男人鞋子的長度，1 碼（約 91 公分）是一大步，1 英里（約 1.6 公里）是一個人二十分鐘的步行距離。即使憑藉這些粗陋的標準，我們還是能夠陳述——甚或是理解——這一點：已觀測到最遙遠的星系每秒遠離我們大約 274,000 公里。

但是，看不到的眾多星系每秒遠離我們**一個宇宙**？天文物理學家知道，可見宇宙只能勉強算是所有存在之物的冰山一角，而他們說：還沒完呢。一定有更多更多的星系正以 100 萬 ups 的速度疾

馳。每秒一百萬個宇宙，而這也還沒完呢。

　　我們已經看過速度的最低點，就是絕對零度，連原子都停止運動，除了某些微妙的量子效應之外。你沒辦法比停止不動更慢了。而長久以來認為上限就是光速，這個界限如今卻遭到猛烈突破。我們自己和不可觀測的遙遠星系之間的鴻溝，以我們永遠無法加以具象化的方式變大，因為沒有人能描繪無限速度。宇宙學的探討開始和中世紀的魔法研究越來越像：無解。

　　就這樣嗎？不受限的物體不斷增大的加速度？這些全都永遠不可觀測？對這深不可測的神祕之海思索半天的結果，只是留下一則又一則徒勞無功的紀錄？我們拿它怎麼辦？我們應該覺得興奮，或是想自殺？

　　幸好，事情沒那麼簡單。物理學家證明給我們看，空間本身可能在某些層次是實有的，但在其他層次則否。或許這種種的距離和速度裡頭有某種可疑之處，而我們的科學還沒能充分掌握。看著歷經數千年的劇烈改變，甚至是穩若磐石的確定之事在我們有生之年被推翻，我們明白，可以說我們現在所知關於宇宙間運動的一切似乎都可變易。[2]

　　「所有科學理論都是根據觀察而來的自然模型，」我的朋友、紐約州立大學相對論與物理學教授畢士瓦（Tarun Biswas）解釋：「宇宙學的問題在其現有模型奠基於可忽略不計的觀測資料。如果人們不把它看得那麼認真的話——如果他們了解這只是初步模型的話——就還不會有問題。」如果能夠記住，我們現在對於宇宙及其內涵與運動的具象化，只是在最初的嬰兒學步期，我們可能比較不會因其邊緣地帶瘋狂的超光速退離而沮喪。

　　記住，最快的速度不是加速中的實質物體之速度，而是我們與它們之間正在擴張的虛空空間之速度。現代物理學史有一項令人困惑不安的特徵：在量子穿隧現象中，物體通過原本認定無法穿透的障礙物，開開心心地在另一邊具體成形。而且我們在前一章所探討的粒子纏結中，**某種物事**──某種知識或影響或未知之物──以零時差穿透深度不受限的空間。這一切都指出，空間是有趣的東西，而我們才剛剛開始要去了解穿行其中的種種可能性。

　　從伽利略讓金屬球滾下斜坡開始，這一路來，我們已經走了很長的一段。我們已經探討過自然界所有領域中幾乎每一種物體的速度和怪異行徑。至於那些超出我們理解能力極限的超光速星系，嗯，這種破表速度讓我們的腦袋呆掉了，但──放心吧──這對我們的孫子那一代會另有意涵。

　　突然來了一陣微風，把我辦公室窗戶的遮陽布幕往內吹，撞倒一隻塞滿乾燥花的花瓶。罵聲還來不及出口就被我硬生生嚥了回去，窗外吹過的樹枝吸引了我的目光。托里切利，那是你在召喚出某種總結陳述嗎？

　　蠢念頭。我搖搖頭，把這些念頭甩出腦袋。

　　到頭來，越來越像是亞里斯多德和阿爾哈金說對了：運動向無起始。

　　幕，不會落下。

注釋

1. 因為宇宙的擴張速度隨距離而增加，那些真的很遙遠的物體出現了不可思議的狀況。就拿位於可見宇宙邊緣的星系來說吧，我們可以說它古老，因為我們看到的是一百三十億年前它的光出發向我們前進時的樣子。那是它古時候的影像。我們也可以說它年輕，因為我們看到的是新生星系的畫面；因為當時一切事物剛剛孵出來。但它真的如新聞報導所聲稱的，是在 130 億光年外嗎？拿我們此刻之所在與該星系一百三十億年前所處位置作比較，有任何意義嗎？我們此刻正在看的影像離開該星系的當時，我們靠得比較近。它當時距離我們只有 33.5 億光年。所以，邏輯上，它應該會呈現出距離較近——它的光出發當時的所在位置——的星系大小，而不是像現在位置這麼遙遠的星系大小。影像不會只因它花了很長時間才傳送到就改變大小。

　　令人驚訝的是，該星系看起來的確比我們對如此遙遠事物的期待要大上許多，就像哈哈鏡一樣。星系顯得比實際上要靠近許多！

　　以它的尺寸來說，是這樣沒錯。但比起我們對這種距離的物體所期待的，就黯淡得多了。當影像前進，空間也一直在伸展，使影像產生大幅紅移並弱化。此時的影像所呈現的，是 2630 億光年這個不可能距離外的星系超黯淡的樣子。

　　我們現在把這些全兜攏來看。這是我們歷來所見最古老的星系影像，但它是新生星系的影像，所以我們也可以說它是最年輕的。以它的距離來說，看起來太大了，但也太黯淡了。情況還可以再詭異一點嗎？沒問題。科學論文說它離這裡有 130 億光年，因為距離常常用那種方式來表示——影像穿越多少多少光年的空間來到這裡。而一百三十億年也表示它的光花了多久時間才觸及我們。然而，在這整個過程的同時，星系一直在瘋狂地退離。這個星系現在**實際上**是在 300 億光年外，它今天的退離速度遠比光速還快。

2. 1990 年代初的每一個天文學家都會斬釘截鐵地告訴你，宇宙擴張正在變慢。這個說法甚至還有一個名稱：**減速參數**。但才過了幾年，宇宙又蹦了起來，當時明顯可以看出擴張正在**加速**。就宇宙學而言，我們顯然是在幼年期。儘管電視上的專家一直在說整個宇宙這樣、那樣，但堅實可靠的資料不足，使得我們所「知道」的事情可以說沒有一樣能免於來日的修正與**翻轉**。那些知識淵博的天文物理學家會帶著微笑，歡迎一般民眾憑空想像出來的任何模型。

∞

謝辭

　　我要感謝溫柏格（Jane Weinberg）寶貴無價的協助。還有我的編輯帕斯利（John Parsley）和克拉克（Barbara Clark），一切因他們而更好。

自然速度選錄表

非常慢（視覺不可辨識）

鐘乳石	2.5 公分／500 年
板塊	2.5～10 公分／年
山脈	0.36～6 公分／年
海平面（21 世紀）	5 公分／10 年
腳指甲	1.3 公分／年
手指甲	0.3 公分／月
頭髮	1.3 公分／月
樹木	2.5～5 公分／月
生長最快的植物（竹子）	2.5 公分／小時
細菌（常見的）	15 公分／小時
微生物（最快的）	0.3 公尺／小時
空氣中未被擾動的塵埃	2.5 公分／小時
精子	2.5 公分／4 分鐘
蝸牛（常見的）	2.5 公分／50 秒

緩慢但肉眼可見

蝸牛（最快的）	12 公尺／小時
樹獺	5 ～ 50 公分／秒
螞蟻	0.32 公里／小時
巨龜	0.37 公里／小時

肉眼可見

河流	4.8 公里／小時
游泳的人	6.4 ～ 8 公里／小時
毛毛雨（鹽粒大小的雨）	6.4 ～ 8 公里／小時
大雨滴（家蠅大小）	35.4 公里／小時
積雲	32 ～ 48 公里／小時
鯊魚	48 公里／小時
灰狼	72.5 公里／小時
海浪	72.5 公里／小時
最快的陸上動物（獵豹）	96.5 ～ 112.7 公里／小時
大冰雹	170 公里／小時
擊中屋頂的隕石	400 公里／小時
海嘯	800 公里／小時

超音速

在空氣中行進的聲音（雷鳴）	0.32 公里／秒
地震波	8 公里／秒
地球繞太陽	30 公里／秒
進入地球大氣層的流星體	8 ～ 64 公里／秒
太陽和地球繞行銀河系中心	225 公里／秒
太陽風粒子	480 公里／秒
在玻璃中行進的光	224,600 公里／秒
在空間中行進的光	299,792.458 公里／秒

以上皆為一致同意或平均值。

單位的精確性與選用原則

在很多案例中，權威資料來源所引用的資訊彼此衝突。聖母峰每年上升得多快？有的說 10 公分，有的說 0.4 公分。我接觸過三位大學地理教授，連他們給的資訊都彼此衝突！樹獺的最高速度是多少？看似聲譽卓著的資料來源所引用的數字從每分鐘 30 公尺到每分鐘 1.5 公尺不等。碰到這種不一致到讓人抓狂的狀況，我就把曾獲採用的各種資料寫成區間放進來。其他不一致程度較小的，我直接列出平均值。

雖然幾乎全世界、包括整個科學社群，都採用公制為唯一單位，但本書原文大多以美制或英制來表示。這樣的選擇是經過審慎考慮，而且理由很簡單：對絕大多數美國人和很多英國人來說，若能以熟悉的用詞來表達，文章的內容會更有意義。舉例來說，當我們說出雨水落下的速度，會覺得「每秒 9.8 公尺」和「每小時 22 英里」的意義同樣清楚的人，大概不多吧。〔編注：基於同樣的考量，本書將原文數據換算為公制表示〕

∞

參考資料

　　本書中的數據取自無數來源。舉例來說，關於柳樹和楓樹各自生長速度的描述便取自佛羅里達州一家公共事業公司為屋主所印行的一張海報，其中包含植樹節基金會（Arbor Day Foundation）所提供的資訊。至於這篇參考資料，下面列出二十一個資料來源，含括對後繼的研究可信又豐富的內容。

書籍

Bagnold, R. A. *The Physics of Blown Sand and Desert Dunes.* Mineola, N.Y.: Dover Publications, 2005.

Bova, Ben. *The Story of Light.* Naperville, Ill.: Sourcebooks, 2001.

Considine, Glenn D., ed. *Van Nostrand's Scientific Encyclopedia.* 9th ed. 2 vols. Hoboken, N.J.: Wiley-Interscience, 2002.

Gosnell, Mariana. *Ice: The Nature, the History, and the Uses of an Astonishing Substance.* New York: Alfred A. Knopf, 2005.

Leonardo da Vinci. *The Notebooks of Leonardo da Vinci.* Edited by Edward MacCurdy. Old Saybrook, Conn.: Konecky & Konecky, 2003.

McLeish, Kenneth. *Aristotle.* New York: Routledge, 1999.

Meeus, Jean. *Astronomical Tables of the Sun, Moon, and Planets.* 2nd ed. Richmond, Va.: Willmann-Bell, 1995.

Pliny the Younger. *Letters.* Translated by William Melmoth. Revised by F. C. T. Bosanquet. Harvard Classics vol. 9, part 4. New York: P. F. Collier & Son, 1909–14.

Weisberg, Joseph S. *Meteorology: The Earth and Its Weather.* 2nd ed. Boston: Houghton Mifflin, 1981.

網站

Casio Computer Co., Ltd. Keisan Online Calculator. http://keisan.casio.com/has10/Menu.cgi?path=06000000.Science&charset=utf-8.

Darling, David. The Encyclopedia of Science. http://www.daviddarling.info/encyclopedia/ETEmain.html.

Elert, Glenn, ed. The Physics Factbook: An Encyclopedia of Scientific Essays. http://hypertextbook.com/facts/.

Goklany, Indur M. "Death and Death Rates Due to Extreme Weather Events: Global and U.S. Trends, 1900–2004." Center for Science and Technology Policy Research, University of Colorado at Boulder. http://cstpr.colorado.edu/sparc/research/projects/extreme_events/munich_workshop/goklany.pdf.

Heidorn, Keith C. "The Weather Legacy of Admiral Sir Francis Beaufort." http://www.islandnet.com/~see/weather/history/beaufort.htm.

Heron, Melonie. "Deaths: Leading Causes for 2008." National Vital Statistics Reports 60, no. 6 (June 6, 2012). United States Department of Health and Human Services, Centers for Disease Control and Prevention. http://www.cdc.gov/nchs/data/nvsr/nvsr60/nvsr60_06.pdf.

Laird, W. R. "Renaissance Mechanics and the New Science of Motion." Canary Islands Ministry of Education, Universities, and Sustainability. http://www.gobiernodecanarias.org/educacion/3/usrn/fundoro/archi vos%20adjuntos/publicaciones/largo_campo/cap_02_06_Laird.pdf.

Llinás, Rodolfo. "The Electric Brain." Interview with Rodolfo Llinás conducted by Lauren Aguirre for *Nova* online. http://www.pbs.org/wgbh/ nova/body/electric-brain.html.

National Weather Service National Hurricane Center. Saffir-Simpson Hurricane Wind Scale. http://www.nhc.noaa.gov/aboutsshws.php.

Nave, C. R. HyperPhysics. http://hyperphysics.phy-astr.gsu.edu/hbase/ hph.html.

Sachs, Joe. "Aristotle: Motion and Its Place in Nature." Internet Encyclopedia of Philosophy. http://www.iep.utm.edu/aris-mot/.

Sengpiel, Eberhard. "Calculation of the Speed of Sound in Air and the Effective Temperature." http://www.sengpielaudio.com/calculator-speedsound.htm.

科普漫遊 FQ1042

萬物運動大歷史

人體的運作、宇宙的擴張、生物的演化，自然界的運動如何改變世界？

作　　　者	鮑伯‧博曼（Bob Berman）
譯　　　者	林志懋
副 總 編 輯	劉麗真
主　　　編	陳逸瑛、顧立平
封 面 設 計	廖韡

發　行　人　涂玉雲
出　　版　臉譜出版
　　　　　城邦文化事業股份有限公司
　　　　　台北市中山區民生東路二段141號5樓
　　　　　電話：886-2-25007696　傳真：886-2-25001952
發　　行　英屬蓋曼群島商家庭傳媒股份有限公司城邦分公司
　　　　　台北市中山區民生東路二段141號11樓
　　　　　客服服務專線：886-2-25007718；25007719
　　　　　24小時傳真專線：886-2-25001990；25001991
　　　　　服務時間：週一至週五上午09:30-12:00；下午13:30-17:00
　　　　　劃撥帳號：19863813　戶名：書虫股份有限公司
　　　　　讀者服務信箱：service@readingclub.com.tw
香港發行所　城邦（香港）出版集團有限公司
　　　　　香港灣仔駱克道193號東超商業中心1樓
　　　　　電話：852-25086231　傳真：852-25789337
　　　　　E-mail：hkcite@biznetvigator.com
馬新發行所　城邦（馬新）出版集團 Cité (M) Sdn Bhd
　　　　　41, Jalan Radin Anum, Bandar Baru Sri Petaling, 57000 Kuala Lumpur, Malaysia
　　　　　電話：603-90578822　傳真：603-90576622
　　　　　E-mail：cite@cite.com.my

城邦讀書花園
www.cite.com.tw

初 版 一 刷　2017 年 1 月 3 日

國家圖書館出版品預行編目資料

萬物運動大歷史：人體的運作、宇宙的擴張、生物的演化，
自然界的運動如何改變世界？／鮑伯‧博曼（Bob Berman）
著；林志懋譯.--初版.--臺北市：臉譜, 城邦文化出版：家庭傳
媒城邦分公司發行, 2017.01
　　面；　公分. --（科普漫遊；FQ1042）
　　譯自：ZOOM: How Everything Moves: From Atoms and Galaxies
　　　　　to Blizzards and Bees

ISBN 978-986-235-556-5（平裝）

1. 自然史 2. 科學

300.8　　　　　　　　　　　　　　　　　105023873